U0160345

中国建筑文化遗产

20世纪遗产与当代建筑活化利用研究

单霁翔　名誉主编

金磊　主编

31

天津大学出版社

图书在版编目（CIP）数据

20世纪遗产与当代建筑活化利用研究 / 金磊主编.
-- 天津：天津大学出版社，2024.1
（中国建筑文化遗产；31）
ISBN 978-7-5618-7636-7

Ⅰ. ①2··· Ⅱ. ①金··· Ⅲ. ①建筑－文化遗产－研究
－中国 Ⅳ. ①TU-87

中国国家版本馆CIP数据核字(2023)第221968号
20 SHIJI YICHAN YU DANGDAI JIANZHU HUOHUA LIYONG YANJIU

策划编辑　　韩振平工作室　韩振平 朱玉红
责任编辑　　朱玉红
装帧设计　　凡 一　朱有恒　刘仕悦

出版发行　天津大学出版社
地　　址　天津市卫津路92号天津大学内（邮编：300072）
电　　话　022-27403647
网　　址　www.tjupress.com.cn
印　　刷　北京盛通印刷股份有限公司
经　　销　全国各地新华书店
开　　本　635×965 1/8
印　　张　25
字　　数　523千
版　　次　2024年1月第1版
印　　次　2024年1月第1次
定　　价　96.00元

CHINA ARCHITECTURAL HERITAGE
中国建筑文化遗产 31
20世纪遗产与当代建筑活化利用研究

声明

目 录

Jin Lei   Cultural Heritage and the World: Construction of the Theory on 20th Century Heritage and Its Dissemination

金 磊   文化遗产与世界：20世纪遗产理论建设与传播的开端

Shan Jixiang   2   Accumulation and Presentation

单霁翔   — This is No Longer a "Cultural Desert"

积累与呈现

——这里早已不是"文化的沙漠"

Jin Lei   8   Inheritting the Heritage of the 20th Century and Paying Tribute to the Construction of New China

金 磊   —Written on the Occasion of the Publication of *Guide to 20th Century Architectural Heritage*

传承20世纪遗产 致敬新中国建设

——写在《20世纪建筑遗产导读》出版之际

CAH Editorial Board   14   Transformation of a Century from an Architectural Perspective — Publication and Launch Ceremony of

CAH编委会   *Complete Works of Chen Mingda* and Summary of the Academic Achievements Seminar on Chen Mingda

建筑视角下的百年之变

——《陈明达全集》出版首发式暨陈明达学术成就研讨会纪略

Institute of Architectural History,   26   A Glimpse into the Academic Career of Architectural Historian Mr. Chen Mingda

Zhejiang Photographic Press   建筑史学家陈明达先生学术生涯掠影

建筑历史研究所，浙江摄影出版社

Ding Yao   30   The Thoughts Before Publication of *Complete Works of Chen Mingda*

丁 垚   《陈明达全集》出版在即感言

Zhong Xiaoqing   32   An Account of a Conversation with Mr. Chen Mingda

钟晓青   一段陈明达先生谈话记述

Zhang Rong   34   Contributions of Mr. Chen Mingda to Architectural History and the Cause of Cultural Heritage

张 荣   Conservation

陈明达先生对建筑史学及文物保护事业的贡献

CONTENTS

On the Art of Decorative Brick Carving in Lingnan Gardens   40   Luo Yulin

论岭南园林建筑装饰砖雕工艺艺术   罗雨林

A Preliminary Exploration of the Glazed Screen Walls in the Forbidden City   54   Gao Tian

故宫琉璃影壁初探   高 甜

Research on the Architectural Art and Architectural Cultural Spirit of the Merchants' Guild Halls in Southern Jiangsu   60   Shi Yuan

苏南会馆建筑艺术与建筑文化精神研究   石 媛

A Brief Discussion on the Architectural Art of Beidu Iron Pagoda   68   Ji Rongbin, Wu Zhengying

北杜铁塔建筑艺术略论   姬荣斌，吴正英

Hongpu and Duibo: An Architectural Study of the Outbuilding of the Forbidden City in the Ming and Qing Dynasties   72   Zhao Congshan

红铺与围房   赵丛山

——明清紫禁城外围值房建筑考略

The Key Points in the Important Part of the Preliminary Work of the Capital Construction Project of the Heritage Site—"archaeology first"   80   Li Shuo

—Take the protection of ancient wells and ancient drainage ditches in the cultural relics protection construction project of the Forbidden City as an example   李 硕

遗产地基本建设工程

前期工作的重中之重——"考古先行"

——以故宫文物保护综合业务用房工程古井及古排水沟保护为例

Shaoshan Irrigation District   86   Liu Su, Liu Sihang

—An exemplary water conservancy & irrigation project in mid-20th century China   柳 肃，柳司航

韶山灌区

——20世纪中期中国水利灌溉工程的典范

Cui Yong   92   Cultural Landscape Impacted by Western Culture
崔 勇   —Interpreting modern architecture in China's Hong Kong and Macao Regions in the 20th century
西方文化影射的文化景观
——20世纪中国港澳地区的现代建筑解读

Yang Yu   100   Research on the Distribution and Type Characteristics of Modern and Contemporary Cultural Relics
杨 宇   Protection Units in Jilin Province
吉林省近现代文物保护单位的分布与类型特征研究

Song Rui, Hao Wenqi, Tian Lin   108   Terraced Garden Residences
宋 睿，郝文绮，田 林   台阶式花园住宅

Han Linfei   112   A Brief Trip, Lifelong Memories
韩林飞   —In memory of Mr. Chen Zhihua's teachings (Part II)
短暂的旅行，终身的怀念
——纪念陈志华先生的教诲（下）

Yan Yan   120   Research on the Excavation and Inheritance of the Spring and Autumn Period and the Warring States
闫 琰   Period Culture in the Ancient Capital City of Zheng and Han
郑韩故城春秋战国文化挖掘与传承研究

Zha Changsheng, Zhou Xueying   126   The Reasons for the Transformation of Odd and Even Bays in Ancient Chinese Architecture
查昶胜，周学鹰   中国古代建筑奇偶数开间转变之因

Mu Keshan   134   Research on Strategies for Enhancing the Resilience of the Infrastructure System in the Forbidden City
穆克山   故宫基础设施系统韧性提升策略研究

CAH Editorial Board   144   "Following" Liang Sicheng to Trace the Thousand-year-old Temple and Start the First Journey of a New
CAH编委会   Field Investigation in 2023
"跟随"梁思成寻迹这座千年古刹，开启2023年田野新考察第一程

2023 Yunnan Architectural Heritage Expedition   148   CAH Editorial Board

2023年云南建筑遗产考察记   CAH编委会

The Protection of Cultural Heritage in the Construction of Cultural Cities and Inheritance Seminar   162   CAH Editorial Board

and the Seventh Batch of China's 20th Century Architectural Heritage Project Promotion and   CAH编委会

Announcement Activities

"文化城市建设中的文化遗产保护与传承研讨会暨第七批中国20世纪建筑遗产项目推

介公布活动"纪略

New Field Investigation in Yangzhou   166   CAH Editorial Board

田野新考察·扬州行   CAH编委会

A Guide to 20th Century Architectural Heritage Book Sharing Session   176   Committee of Twentieth-century

《20世纪建筑遗产导读》新书分享会   Architectural Heritage of Chinese Society

of Cultural Relics

中国文物学会20世纪建筑遗产委员会

A Seminar on the Protection and Urban Renewal of the Lao Chikou Historical and Cultural District   182   CAH Editorial Board

in Chizhou Was Held   CAH编委会

池州市老池口历史文化街区保护与城市更新研讨会举行

Towards Ten Years, Witness Together the 8th Batch of China's 20th Century Architectural Heritage   184   CAH Editorial Board

Projects Were Promoted   CAH编委会

走向十年·共同见证

第八批中国20世纪建筑遗产项目推介

Integrity, Innovation, Inheritance and Development   190   Xu Jian

—The first ancient architecture and garden protection of Zhejiang Landscape Architecture Society   徐 剑

Seminar was successfully held

守正创新 传承发展

——浙江省风景园林学会首届古建·园林保护与发展研讨会顺利召开

文化遗产与世界：20世纪遗产理论建设与传播的开端

金磊

历史的回眸与精神的跋涉是时代的需要。建筑遗产保护传承的社会责任，不仅仅是推介与认定，还要肩负对有特殊价值遗产理论建设与传播的使命。历时近五载的耕耘，2023年5月4日《20世纪建筑遗产导读》一书（五洲传播出版社，2023年4月）终于第一次印刷问世。对它的价值，单霁翔会长、修龙理事长、马国馨院士等均有高度评价，新书分享会有两个"亮点"：一是向建筑文博界及社会展示了20世纪遗产的独有特点及发展前景；二是从20世纪遗产本体上建构起理论体系，并介绍了成功保护案例。它无疑是以建筑的名义践行着习近平总书记提出的"建设中华民族现代文明"的行动。

2023年2月16日，广东茂名举办了"文化城市建设中的文化遗产保护与传承研讨会暨第七批中国20世纪建筑遗产项目推介公布"活动，活动公布了100项第七批中国20世纪建筑遗产项目，单霁翔会长所做的"文化城市的力量——让文化遗产资源活起来"演讲串联起服务中国式现代化的20世纪遗产发展脉络。2月17日，在单霁翔会长引领下的池州"老池口历史文化街区保护与城市更新研讨会"调研与研讨活动，既"重读"了润思祁红贵池老茶厂的20世纪遗产活化个案，还有针对性地研究了文化池州的振兴点（我们于2023年5月20日完成《首届中国池州世界三大高香茶暨茶文化产业国际博览会（暂定名）项目价值与路径策划报告》）。围绕中国20世纪建筑遗产的研究与传播，我于5月13日在天津大学"第七届建筑遗产保护与可持续发展论坛"上以"20世纪与当代建筑遗产中的问题研究"为主题发言；4月2日在北京建筑大学发展研究院"通识大讲堂"做《20世纪建筑遗产的当代认知——事件·作品·人物》讲座；2月28日，在武汉为中建三局总部及全国分公司技术干部做"文化城市建设与'活化利用'的理念策略"专题报告，旨在完成《传承与更新——工程建设"活化利用"示范手册》的编撰……这些都成为2023年活化20世纪建筑遗产的有价值的传播实践。

2023年6月10日文化和自然遗产日的主题是"文物保护利用与文化自信自强"。就在这一天，中国文物学会、中国建筑学会推介认定了第八批中国20世纪建筑遗产项目101项，会上我向专家委员汇报了全国诸省市扎实推进20世纪建筑遗产活化利用的做法，如上海市建筑学会已经研究了中华人民共和国现当代建筑传承利用的经验之法并推出典型案例，本人介绍了董大西建筑师（1899—1973年）的作品与理念贡献以及第七批中国20世纪建筑遗产项目公布后媒体各界的强烈反响（《中国20世纪建筑遗产再添100项》，《人民日报》（海外版），2023年3月20日11版）。2023年丹麦举办国际建筑师协会（UIA）第28届大会，7月10日传来信息，中国再次成功获得2029年北京UIA大会举办权。

2023年4月16日出席中建西北院"张锦秋院士馆"开馆仪式，并向张院士建言要专门为扬州中国大运河博物馆策划活动，出版建筑设计图书（6月5日完成策划案）。2023年，在重点图书的出版方面完成了叶依谦总建筑师《设计实录》的相关工作，并开启了《中国共产党历史展览馆》图书编研等项目；为落实住房城乡建设部倪虹部长"好建筑·好设计"的精神，如果说2023年5月9日，在单霁翔、马国馨、徐全胜共同出席的"院士书屋"主题系列活动上，我在主持中引用自1949年至今各级领导重视"设计"工作的指示，体现了北京建院以文化自觉践行"好设计"的一贯追求，那么2023年6月27日我为刘晓钟总建筑师《品宅》与《乐活》两书出版策划的工作室20周年的纪念活动，不仅生动活泼，也体现了北京建院"以民为本"在服务首都建设上的务实贡献。

回望2023年上半年有价值的田野新考察活动，有四次尤为难忘：其一，1月10日组织天津蓟州区独乐寺考察，其意义是对2022年未竟事业的"补课"（2022年值梁思成1932年研究发现独乐寺90周年）；其二，2月8日—13日，6天6城26项建筑遗产云南行；其三，3月24日—27日以梁思成鉴真纪念堂建成50周年为契机，造访了古代与现代文明交织的大运河博物馆；其四，值张謇（1853—1926年）诞辰170周年之际，造访南通，感悟"实业救国的民族工业家"、两院院士吴良镛称的"中国近代第一城开创者"，带着张謇对中国无数"第一"的贡献，考察组再赴杭州良渚世界遗产地感受五千年中华文明，并与浙江摄影出版社签署战略合作协议。

金磊

2023年7月10日

Cultural Heritage and the World: Construction of the Theory on 20th Century Heritage and Its Dissemination

Jin Lei

Looking back upon history and tapping into the profound implications of heritage values are the needs of the times. The social responsibility of preserving and inheriting architectural heritage goes beyond promotion and recognition; it entails undertaking the mission of researching, constructing, and disseminating theories on heritage with special value. After nearly five years of diligent work, the book *An Introduction to 20th Century Architectural Heritage* (published by China Intercontinental Press in April 2023) was finally released on May 4, 2023. It has received high praises from President Shan Jixiang, Chairman Xiu Long, Academician Ma Guoxin, and others for its value. The two highlights of the book's launch event are: firstly, it showcased the unique characteristics and development prospects of 20th-century heritage to the architectural and cultural sectors and society; secondly, it established a theoretical framework and presented successful preservation case studies based on the essence of 20th-century heritage. Undoubtedly, it is an action taken in the name of architecture to implement the ideology of building a modern civilization for the Chinese nation, as advocated by General Secretary Xi Jinping.

On February 16, 2023, the "Symposium on Cultural Heritage Protection and Inheritance in the Construction of Cultural Cities, and the Announcement of the 7th Batch of Chinese 20th Century Architectural Heritage Projects" was held in Maoming, Guangdong. The event unveiled 100 projects included in the 7th batch of Chinese 20th Century Architectural Heritage. President Shan Jixiang's speech, titled "The Power of Cultural Cities: Revitalizing Cultural Heritage Resources," presented the development of 20th-century heritage in serving Chinese-style modernization. On February 17, under the leadership of President Shan Jixiang, a research and discussion event on the protection and urban renewal of the "Laochikou Historic and Cultural District" in Chizhou took place. It not only revisited the case of revitalizing the 20th-century heritage of the former Guichi Factory of Runsi Qimen Black Tea, but also conducted targeted research on the revitalization of cultural Chizhou [completed on May 20, 2023, it completed the "Project Value and Path Design of the First China Chizhou International Expo on the World's Three Intense-Aroma Teas and Tea Culture Industry (tentative name)"]. Regarding the research and dissemination of Chinese 20th Century Architectural Heritage, a speech on "Issues in 20th Century and Contemporary Architectural Heritage" was delivered at the 7th Forum on Architectural Heritage Protection and Sustainable Development held at Tianjin University on May 13. On April 2, a lecture on "Contemporary Understanding of 20th Century Architectural Heritage: Events, Works, and Figures" was given at the Development Research Institute of Beijing University of Civil Engineering and Architecture during the General Lecture Hall event. On February 28, a special report on "Concepts and Strategies for the Construction of Cultural Cities and 'Revitalization and Utilization'" was presented in Wuhan to the technical officials of the headquarters and national branches of China Construction Third Engineering Bureau, with the aim of compiling the *Inheritance and Renewal: the Demonstration Cases of Project Construction "Activation Utilization"*. All of these endeavors have contributed to valuable practical efforts in revitalizing 20th-century architectural heritage in 2023.

On June 10, 2023, China celebrated the Cultural and Natural Heritage Day with the theme "Conservation and Utilization of Cultural Relics for Cultural Confidence and Strength." That day, the China Cultural Relics Society and the China Architecture Society announced and promoted the 8th batch of 101 Chinese 20th Century Architectural Heritage projects. During the event, I reported to the expert committee on the solid practices of various provinces and cities nationwide in promoting the revitalization of 20th-century architectural heritage. For instance, the Shanghai Architecture Society has studied the experience and methods of inheriting and utilizing modern and contemporary architecture in New China and has showcased exemplary cases. I also presented the works and contributions of architect Dong Dayou (1899-1973) in 2023, as well as the strong media response from various sectors following the announcement of the 7th batch of Chinese 20th Century Architectural Heritage projects ("100 More Chinese 20th Century Architectural Heritage Projects Added" - People's Daily Overseas Edition, March 20, 2023, page 11). In 2023, the 28th UIA (International Union of Architects) Congress was held in Denmark, and on July 10, news came that China won the bid to host the 2029 UIA Congress in Beijing once again.

On April 16, 2023, I attended the opening ceremony of the "Academician Zhang Jinqiu Hall" at the China Northwest Institute of Architectural Design and Research. During the event I suggested to Academician Zhang to plan activities specifically for the Yangzhou China Grand Canal Museum and publish architectural design books (the planning was completed on June 5). In 2023, of the key books planned, Design Records by Chief Architect Ye Yiqian has been completed, and projects such as the compilation and research of books for the China Communist Party History Exhibition Hall have been launched. To implement the instruction of "Good Architecture, Good Design" advocated by Minister Ni Hong of the Ministry of Housing and Urban-Rural Development, on May 9, 2023, President Shan Jixiang, Academician Ma Guoxin, and Xu Quansheng attended the series of activities themed on "Academicians Library". During the event, I quoted instructions from leaders at all levels since 1949, emphasizing the importance of "design" work, which reflected the consistent pursuit of Beijing Institute of Architectural Design to present "good designs" with cultural awareness. Furthermore, on June 27, 2023, the studio celebrated its 20th anniversary of the publication of Architect Liu Xiaozhong's books Pin Zhai ("Appreciating Houses") and Le Huo ("Enjoying Life") . This event was not only lively and vibrant but also reflected the practical contributions of Beijing Institute of Architectural Design to the capital's construction with a people-centered approach.

Looking back at the valuable field research activities in the first half of 2023, four occasions were particularly memorable. Firstly, on January 10, an investigation was organized at Dule Temple in Jixian County, Tianjin. Its significance was to make up for unfinished work from 2022, commemorating the 90th anniversary of Liang Sicheng's discovery of Dule Temple in 1932. Secondly, from February 8 to 13, a six-day exploration of 26 architectural heritage sites was conducted in Yunnan province. Thirdly, from March 24 to 27, on the occasion of the 50th anniversary of the completion of Liang Sicheng's Jianzhen Memorial Hall, a visit was made to the Grand Canal Museum, where ancient and modern civilizations intertwine. Lastly, on the 170th anniversary of the birth of Zhang Jian (1853-1926), a visit to Nantong was made and reflection upon the "national industrialists for saving the country" ; Wu Liangyong, member of the Chinese Academy of Sciences and the Chinese Academy of Engineering, referred to Zhang Jian as the "pioneer of China's first modern city." With an appreciation for Zhang's countless contributions to China's "firsts," the research group revisited the Liangzhu World Heritage Site in Hangzhou to experience the 5,000 years of Chinese civilization and signed a strategic cooperation agreement with Zhejiang Photography Publishing House.

"大上海计划"中董大酉设计的杨浦区图书馆（2023年6月29日，金维忻摄影）

Accumulation and Presentation
— This is No Longer a "Cultural Desert"

积累与呈现
——这里早已不是"文化的沙漠"

单霁翔[*]（Shan Jixiang）

《人居香港：活化历史建筑》

香港是一座充满文化魅力的城市

事实上，我对香港城市文化的了解，是在对其反复考察和仔细观察后，才得以逐渐形成并深化的，而且前后的认识反差很大，这使我产生了对香港文化重新审视的愿望。

20世纪80年代初，我在海外留学，当时电视中的华语节目以中国港台地区的内容居多。从中可以看到，随着香港经济的腾飞，本土流行文化也得以迅速崛起，以粤语歌曲和粤语电影为主要代表的香港文化产品，越来越多地传播到世界各地，特别是在华人中产生了广泛的影响。当时，我虽然感佩香港大众娱乐文化的成功营销，但也遗憾地感到，由于缺少中华传统优秀文化的积累与呈现，人们提到香港的文化，往往将其与商业文化、消费文化等联系在一起。那时香港也经常被人们视作"文化的沙漠"，视作文化缺位的城市。

20世纪八九十年代，我先后就职于北京市的城市规划部门和文物部门，每次去深圳考察，总要到位于盐田区沙头角的中英街走一走，实际上并非去购物，而是想获得一种与香港近距离接触的体验。站在中英街的分界线上，看到街心有界碑石，一侧是内地，另一侧是香港，虽近在咫尺，却是两个社会。那时候多么希望香港能早日回归祖国，洗刷民族百年耻辱。1997年香港回归祖国以后，我有机会赴香港考察调研，得以接触和体会真实的香港城市文化，并与香港同人进行交流。2001年，我作为北京市规划委员会主任，参加北京市赴香港招商代表团，这是我第一次到访香港。当时北京市正在筹备2008年奥林匹克运动会，全市一年的建设量相当于欧洲所有国家一年的建设量，其中也有一些开发建设项目来自香港企业。通过考察我看到，香港稳健的财政状况、自由的贸易金融、高效的政府运作等，都受到国际社会的赞誉，特别是香港不俗的经济表现得到了国际社会的高度评价。香港连续被评为全球最具竞争力的经济体，为中国的现代化进程作出了不可磨灭的贡献。

* 中国文物学会会长，故宫博物院学术委员会主任。

香港文化艺术菁英峰会现场（右六单霁翔，右七林郑月娥）（2014年9月22日）

紧凑型城市的先行者和实践者

作为一名城市规划师，我考察香港城市规划建设，有不少收获，其中包括对城市发展模式的理解。香港是全世界人口最密集的城市之一，早在20世纪中叶，香港的高密度发展模式就已举世闻名。香港的城市建设主要集中在维多利亚湾两侧的狭长海岸地带，形成高楼林立的城市景象。长期以来，香港的人口增长率超过建设用地增长率，城市建筑密度有增无减。20世纪60年代至20世纪末，香港平均每10年增加100万人口，进入21世纪降低至平均每10年增加50万人口。2009年，香港城市化地区的人口密度是上海的4倍、巴黎的8倍、纽约的15倍。2021年香港人口超过740万人。

香港多丘陵与水域，实际上仅有25%左右的土地可用于城市建设。人多地少的局面给城市的可持续发展带来了挑战。为了有效应对土地投入不足的问题，香港推行紧凑型城市发展模式：通过增加建筑的垂直高度，提高土地的利用强度；通过增加城市建筑的平均密度，减少建筑物的占地面积。

近年来，为了避免城市无序蔓延发展，作为应对策略，紧凑型城市理念应运而生。紧凑型城市理念是一种基于土地资源高效利用和城市精致规划设计的发展理念。是否适合采用紧凑型城市发展模式，取决于城市中人口和建筑密度的大小。这种理念强调适度紧凑开发、土地混合利用、公共交通优先，主张人们居住在更靠近工作地点和日常生活所必需的服务设施的地方，同时依靠便捷的公共交通满足人们日常大部分的出行需求。实际上，城市功能的混合布局，还有利于创造综合、多功能、充满活力的城市空间，就近满足人们的各种文化需求。

紧凑型城市发展模式的推行有利于营造经济发达、交通完善、生活便利的现代化城市。香港城市中心区内的建筑容积率[①]普遍为7~10。在城市中心，利用原有较密的路网，并遵照历史建筑原有较小的空间尺度，组成密集的城市空间形态，两座建筑物之间的空间距离往往较小。区域内集商务、办公、娱乐、公共交通于一体，在提高区域密度的同时，可达性和流动性也得到了提高。通过建筑紧凑布局和功能混合，形成高密度的城市形态，这样不仅提高了空间容量，而且可以缓解城市道路的压力，降低交通需求和能耗。实际上，香港由于其特殊的发展背景和城市化进程，长期以来努力建设多而有序、密而不堵，紧凑、便捷、高效、富有活力的城市道路，并通过不断探索，形成了独具特色的城市形态和发展模式。为了减少高层建筑的负面效应，改善居民生活质量，实现基础设施和公共设施的优化配置，香港在众多领域进行创新实践，例如在步行系统、邻里社区、垂直绿化及天空花园、室内公共空间营造、人口老龄化应对措施以及保护大面积生态资源等领域，均取得了可喜的实践成果。

自20世纪60年代开始，全球掀起了对活力与形态的反思和重塑。美国著名城市规划师简·雅各布斯唤起了人们对街道混合使用、街道活力等问题的重新审视，她提出从空间形态角度对城市活力营造进行思考。美国城市规划理论家凯文·林奇则将城市形态与城市意象相结合，通过路径、边界、区域、节点、标志五大要素，定义了物质环境在人们头脑中的意象。他认为人们是通过这些要素去辨认城市的形态特征的，因此，城市形态不应再是城市规划与设计师的主观创作，而应是每座城市自己的自然和历史特色，其中历史建筑的再利用可以使高密度紧凑型城市更加宜居。

近几十年来，伴随机动车的普及，世界各地形成了标准化的道路，以高效快速的车辆通行为目标，人们的生活方式逐渐发生了改变。街道承载社区公共生活的作用被淡化，活力开始消失。街道上常态化的购物、娱乐、散步和不期而遇的社交行为，被开车去超市购物、电视娱乐、电脑休闲以及电话交谈所取代。许多城市问题和社会问题也接踵而来，如环境污染、交通拥堵、步行不便等。而香港发展公共交通的同时，在早期即对私人拥有和使用小汽车实行控制，其私家车拥有率指标与不少大型城市相比是非常低的。

今日的香港，是一个适合以公共交通加步行的方式进行探索的城市。公众每天交通出行约90%利用的都是公共交通，其中约40%依靠的是轨道交通，此外电车、渡轮、山顶缆车等交通工具已经成为有效的补充。整个香港约75%的商业、办公设施以及约40%的住宅，都在距公共交通车站步行500米可达的范围内。这种以公共交通为导向的高密度紧凑型城市发展模式，已经成为全球城市规划界普遍认同的城市发展模式。香港在这方面是先行者，更是难得的实践者，为世界城市化进程中的可持续发展提供了重要的范式和借鉴。

完整而灵活的土地用途管控

土地使用性质是土地利用的核心要素，土地用途管控是城市规划的重要内容。长期以来，香港建立起具有高

度弹性和伸缩性的城市规划体系。这一体系分为整体发展战略、区域发展战略和地区层面的法定图则三个层次。其中，整体发展战略是关于香港中长期土地利用、交通、环境等方面的发展策略；区域发展战略是将整体发展战略落实到具体的区域层面。但是，这两个发展战略都不是法定文件。地区层面的法定图则是最有执行力的法定文件，由香港城市规划委员会根据《香港城市规划条例》，经过一系列法律程序而制定，是香港特别行政区政府对城市土地利用进行控制管理的法定依据。

香港地区层面的法定图则主要包括分区计划大纲和发展审批地区规划。分区计划大纲将市区分为住宅、商业、工业、休憩、政府机构、社区、绿化、自然保育区、综合发展区、乡村式发展、露天贮物区等用地等，进行分区管制。发展审批地区规划主要覆盖市区以外的地区，为市区以外选定的可进行开发的地区提供中期规划控制和指导。发展审批地区规划也包括用途地区的划分和相应的用途规定。此外，香港城市规划委员会可以根据《香港城市规划条例》②考虑市区重建局②制定的市区重建发展规划，将其作为拟备的方案。市区重建发展规划适用于早期由于缺乏规划管控而形成的土地使用混乱、需要进行再整理的地区。

分区计划大纲、发展审批地区规划，再加上市区重建发展规划，这三类法定图则之间是相互平行的，它们各自覆盖不同的地区。分区计划大纲覆盖城市建成地区，发展审批地区规划覆盖市区以外的地区，而市区重建发展规划针对需要更新改造的地区。这样的架构体现出对城市不同发展地区的控制差别，针对不同的用途地区，规定每个地区未来的使用性质和发展方向。

这些用途地区包括多种类型。一是保护自然环境的地区，例如自然保育区是为了保护区内现有的天然景观、生态系统或地形特色，以达到保护目的并供教育和研究使用的地区。二是明确用于土地开发的地区，例如商业区主要用于商业开发，社区用地通过建设社区设施，为居民日常生活提供服务。三是根据城市发展需要而划分的具有特殊规划意图的地区，例如商贸用途区是鼓励土地混合使用的地区，在此地区内非污染工业、办公和商业用途均属于经常许可的用途。

香港地区层面的法定图则，为每个分区提供了多种满足规划意图的用途类型，例如在住宅区中可以建造住宅，也可以建造图书馆、宗教机构或社区服务场所。商业区中除了允许建造商业用途建筑外，还可以建造政府机构，也可以通过特别许可建造住宅。由此可见，香港地区层面的法定图则允许的用途混合程度较高。

香港油麻地戏院（2012年6月18日）

前水警总部（2011年12月11日）

香港地区层面的法定图则形成了"概括用途"，同一概括用途的所有用途之间可以相互转换。目前，概括用途主要分为18个大类，其分类方式主要依据功能、兼容关系，同时也兼顾经营方式、土地供给方式、投资主体等因素。18类用途分别是住宅用途、商业用途、工业用途、其他特定用途及装置、康乐及消闲、教育、医疗设施、政府用途、社会/社区/机构用途、宗教用途、与殡仪有关的设施、农业用途、休憩用地、保育、公共交通设施、与机场有关的用途、公用设施装置、杂项用途。同时，在每个大类别下，又进行若干分类。例如，商业用途包括食肆、展览或会议厅、酒店、街市、商店等10个中类。法定图则中的用途规定明确到中类。

作为城市规划的核心，土地用途管控体现了城市不同发展时期和制度背景下对规划管控本质的认识。在城市规划体系中，内地的控制性详细规划在规划层次上与法定图则相似，都是用于管控土地开发的法定依据。内地城市规划体系形成于改革开放初期，内地城市主要以用地功能作为划分依据，通过划分地块并赋予使用性质的方式来控制土地用途。随着市场经济的不断发展，这种方式在开放的市场环境下不可避免地面临灵活性和适应性欠缺的问题，难以满足土地管理的复合型要求和控制属性等要求，导致在城市实际开发建设中，更改使用性质的现象层出不穷。

香港地区层面的法定图则既建立了完整的控制规则，又具备高度的灵活性和弹性，值得内地参考。地区层面的法定图则是一种规则式控制方式，即规定每个地区允许做什么、不允许做什么。为了对城市中所有的土地用途进行全面的管控，先将用途进行分类或分组，使管控更具备针对性。在地区层面的法定图则中，每类用地都有明确的设置意图，很多用地带有明显的政策意图以及期望的土地开

发方式。内地也应进一步明确用地分类的管控意图，对城市用地各种用途类型进行充分研究，完善兼容性规划的深度和广度，以进一步完善适应市场经济发展的具有灵活性和弹性的土地用途管控。

历史建筑保护初印象

2002—2019年，我先后在国家文物局和故宫博物院工作。在这一时期，因为工作需要，我先后十余次访问香港，实地考察香港的文化遗产保护现状，亲身体验香港文化遗产保护一线的实际工作，感受香港历史建筑保护理念和实践的迅速发展，深入思考香港"活化历史建筑伙伴计划"产生的前因后果以及值得内地借鉴的经验。

其中，2003年12月，根据香港特别行政区政府访问计划的安排，我先后走访了立法会、律政司、廉政公署、民政事务局等政府部门，倾听各部门负责人介绍香港的相关情况。这对于正确认识香港社会的发展大有裨益。我还与香港古物咨询委员会、敏求精舍等文化遗产保护和文物收藏研究机构进行了交流，并考察了具有广泛社会影响的香港文化博物馆、香港大学美术博物馆。

在香港康乐及文化事务署负责文物古迹保护的吴志华博士的引领下，我还考察了一些历史建筑。首先，我们来到位于屯门区何福堂会所内的马礼逊楼。马礼逊楼曾经是抗日名将十九路军军长蔡廷锴将军的别墅的一部分，建于1936年。这座历史建筑高两层，占地约500平方米，屋顶为塔楼式结构，庑殿式的屋顶以青釉中式片瓦砌筑，四角饰以瑞龙，反映出中西兼容的独特建筑风格。1946—1949年，这座别墅被用作达德学院的校舍。达德学院是在周恩来和董必武指示下创办的，校名取自《礼记·中庸》中的

单霁翔在香港志莲净苑作专题报告（2013年7月30日）

单霁翔出席饶宗颐文化馆落成典礼（2012年6月18日）

"知、仁、勇三者，天下之达德也"。当时多位著名学者曾在这里讲学，学院培养了不少青年知识分子。可以说马礼逊楼见证了香港在近现代中国历史中所扮演的独特角色。达德学院被关闭后，别墅产权几经易手之后归中华基督教会香港区会所有，主楼改名为马礼逊楼，以纪念英国基督教新教来中国的第一位传教士马礼逊。

来到马礼逊楼前，只见楼门由"铁将军"把关，楼门的两侧贴着多份不同时间的香港文物古迹管理部门的公告，强调这栋历史建筑具有重要的保护价值，拟确定为"暂定古迹"，希望业主及时与主管当局联系。据介绍，位于私人土地范围内的古迹，主管当局如果拟宣布为古迹或暂定古迹，须采取书面通知形式，连同清楚显示拟宣布为古迹或暂定古迹位置的图则，送达私人土地的拥有人及任何合法占用人。同时，主管当局须将送达的通知及图则的副本，张贴于该私人所拥有的历史建筑之上。但是，从我观察到的张贴状态看，这些公告似乎很长时间都无人接受。

在香港，由于《古物及古迹条例》的种种限制既严格又刚性，致使一些业主不会积极申报，也不同意政府部门宣布名下物业为法定古迹。但是，即使业主不同意，经古物咨询委员会建议，并获行政长官批准后，古物古迹办事处仍然可以通过宪报公告形式，宣布某私人物业为古迹或暂定古迹。在这种情况下，业主可以根据有关规定，向法院申请补偿。从马礼逊楼门楼上贴的一封封公告中，可以看出香港特别行政区政府对现存历史建筑的珍视。因为这些历史建筑见证了香港的发展，凝结了民众的集体回忆。但是一些珍贵的历史建筑，早已因为失去了原有功能而被空置，甚至政府部门都难以与业主进行联系。

有些担忧有些遗憾，这是2003年我考察马礼逊楼之后，对香港历史建筑保护的最初印象。那是我到国家文物局工作的第二年，作为建筑师出身的文物保护工作者，我自然格外关注历史建筑保护，由此也开始关注香港历史建筑保护状况以及新的进展。经了解，2004年3月，香港古物古迹办事处依据《古物及古迹条例》已将马礼逊楼列为法定古迹，随后马礼逊楼依法得到了维修保护。这件事情也使我坚信，随着时代进步和香港同人的努力，香港文化遗产保护事业必将有新的面貌和经验呈现。

根据国际古迹遗址理事会郭海副主席的建议，此行我还访问了志莲净苑和南莲园池。志莲净苑位于香港九龙钻石山，占地3万余m²，坐北向南，背山面海，是一座仿唐代艺术风格设计的木结构建筑群。志莲净苑以我国仅存的几处唐代木结构建筑之一———佛光寺东大殿为蓝本，采用木、石、瓦等建筑材料，严格遵照唐代建筑形制和传统技术建设，殿堂的柱子、斗拱、门窗、梁等木构件均以榫接方式结合。其整体比例和谐、线条优美、典雅雄浑、生机盎然，完美地体现出中国唐代木结构建筑雄伟古朴的风采。

志莲净苑的文化意义，在于它再现了盛唐时代成熟、精巧的建筑艺术，与敦煌莫高窟再现盛唐佛教文化的意义相一致。唐代是中国经济繁荣、国家昌盛的朝代，也是各民族互相交流共融的全盛时期，志莲净苑的仿唐建筑既表现出香港作为中西文化交汇点及亚洲国际城市的特色，也表现出佛教乐善好施的精神。志莲净苑大雄宝殿内有一幅大型壁画，是依据莫高窟第172洞窟的《观无量寿经变》制成的。当时是由敦煌研究院樊锦诗院长亲自率领技术人员到香港协助绘画的。这项工程也见证了敦煌与志莲净苑在文化上的渊源。

南莲园池以山西绛守居园池为蓝本设计。绛守居园池始建于隋代，是中国现存有迹可寻、有据可考的最古老名园，目前仍然保留着基本的地形和地貌。唐式园林以崇尚优美自然山水为主，有别于明清时代流行的写意山水园林。园林景观包括池水、塘水、溪水、泉水、井水和瀑布等水景，以及叠石、独景石、盆石等石景。植物方面则有各种古树、盆景树以及多品种的绿化植物。园内有多座唐式木构建筑小品③，包括台、阁、榭、轩、馆、亭等，这些古建筑全部用珍贵木材建造。

志莲净苑和南莲园池毗邻，同处于繁华喧闹的香港九龙中心区，被称为都市净土。二者的修建与开放，可以说是社会公众的心血和毅力的结晶，对于香港文化建设具有独特意义。香港作为一个国际城市，每年接待数以千万计的旅客。志莲净苑和南莲园池日后必然会成为香港的文化地标之一，其展现了香港作为中西文化汇聚城市的多元特色，为文化旅游增添了魅力。为此，我们需要悉心对其加以保护，使之得以留存后世。因此，郭海副主席建议，志莲净苑和南莲园池这组具有突出普遍价值的建筑和园林，可以作为20世纪建筑文化遗产申报世界文化遗产。

多元文化气质下的"狮子山精神"

在访问中，我接触到一些香港城市规划界同人，感受到香港并不像过去所听到的那样，只追求短期最大回报率。在充满流动性的时代，香港努力找准文化定位，重新认识自我，体现出了坚韧的文化情怀。香港社会的发展进步，离不开奋斗拼搏的"狮子山精神"。狮子山，端坐于香港九龙塘以及新界沙田的大围之间。它见证了香港从一个海岛渔村走到今天国际化大都市的艰辛历程。对香港人来说，狮子山是香港的精神高地，代表着不屈不挠的拼搏精神。可以说，只要狮子山在，香港的精神就不会倒。

有一首歌《狮子山下》，唱出了香港民众走过的每一段艰辛岁月，为香港的历史留下了重要的注脚：

"人生不免崎岖，难以绝无挂虑。既是同舟，在狮子山下且共济……理想一起去追，同舟人，誓相随，无畏更无惧。"

这首歌表现出香港文化有着顽强的生命力，香港社会富于正义感和同情心，香港民众有着勇于牺牲的精神，这应该也是香港的主流文化传统。我曾在香港历史博物馆的"香港故事"展厅，观看香港回归祖国历程的视频，视频播放的第一首乐曲就是《狮子山下》，可见"狮子山精神"在香港社会发展中的重要地位。香港一直以国际金融中心而闻名，被指是"文化的沙漠"，但是学界泰斗饶宗颐教授接受专访时指出："香港根本不是文化沙漠，只视乎自己的努力，沙漠也可变成绿洲，由自己创造出来。"香港是一个饱经风雨与沧桑的城市，一个彰显坚韧与执着的城市，一个充满人性与温暖的城市，一个珍惜历史与记忆的城市，一个永葆创意与活力的城市。在不断前行中，"狮子山精神"已经加入了更多新的时代内涵。从中，人们感叹香港发展过程的曲折，民众谋生的艰辛与勤勉。

如今，香港特别行政区政府认识到，城市不但是文明的生成地，也是人们日常生活的家园，城市发展不仅包含经济发展，还包括文化繁荣、社会进步、生态健康等更多方面的内容。长期以来，作为世界文化交流的一个重要驿站，东西方文化在香港这块土地上碰撞与融合，形成了独特的城市文化氛围。特殊的历史经历孕育了香港民众自强不息、和衷共济、开拓进取的品格，不同文化的交汇，奠定了文化发展的底蕴。

时至今日，在香港的一些区域依然保持和延续着原有的城市面貌与人文精神。我一次次踏上香港这块土地，感受这里生生不息的世代生活的积淀，城市历史以一种真实的存在方式，融入现代和未来生活，成为城市文化得以延续的生命力量。"狮子山精神"仍然激励着香港社会书写更多精彩的城市故事，不断丰富文化内涵，迈向发展的新高峰。

注释

① 地块内建筑总面积与用地面积的比值，是衡量土地开发强度的一项指标。
② 市区重建局是根据香港《市区重建局条例》于2001年5月成立的机构，其前身是同样负责处理市区重建的土地发展公司，专职负责处理市区重建计划。
③ 结合景观园林设计，在室外场地上建造的，具有简单功能并以美化环境效果为主要目的的近人小尺度构建设施。

Inheritting the Heritage of the 20th Century and Paying Tribute to the Construction of New China

—Written on the Occasion of the Publication of

Guide to 20th Century Architectural Heritage

传承20世纪遗产 致敬新中国建设

——写在《20世纪建筑遗产导读》出版之际

金 磊* （Jin Lei）

摘要：本文以刚刚出版的《20世纪建筑遗产导读》为载体,研究了如何在"导读"20世纪建筑遗产知识化体系的过程中,用一个侧面解读践行中国式现代化需要"文化工程",其中包括重建遗产的评论与认知文本及方法,因为建筑遗产研究应用至今一直未能解决全类型的遗产"补课"任务。《20世纪建筑遗产导读》以专业性与趣味性兼具的特点,成为有文献价值的业界科教读本,不仅呈现了20世纪遗产的视野,而且成为《世界遗产名录》下让国际社会了解现当代中国建筑发展的必读书。文章还在客观品评的基础上分析了在建筑文博与城市管理诸领域,推介20世纪建筑遗产对城市更新及既有建筑实施有文脉的改造之意义。

关键词：20世纪遗产；新中国建筑经典；传播；建筑师巨匠

Abstract: Taking the just-published *Guide to 20th Century Architectural Heritage* as the carrier, this paper studies how to interpret the "cultural engineering" required for practicing Chinese-style modernization with one side in the "guide" of the 20th century architectural heritage knowledge system, including the commentary and cognitive texts and methods of reconstructing heritage, because the application of architectural heritage research has not been able to solve the task of "making up classes" for all types of heritage. With its professional and interesting characteristics, *Guide to 20th Century Architectural Heritage* has become a scientific and educational book with documentary value, which not only presents the vision of 20th century heritage, but also should become a must-read book for the international community to understand the development of modern and contemporary Chinese architecture under *the World Heritage List*. In terms of objective evaluation, the article also analyzes the significance of architectural heritage in the 20th century to urban renewal and the text transformation of existing buildings in the fields of architectural museum and urban management.

Keywords: 20th century heritage; architectural classics in new China; communication; architect masters

* 中国文物学会20世纪建筑遗产委员会副会长、秘书长,中国建筑学会建筑评论学术委员会副理事长。

《20世纪建筑遗产导读》封面　　《20世纪建筑遗产导读》新书分享活动现场（2023年5月4日）　　作者在图书研讨会上

一、20世纪建筑遗产提供了理念认知

2023年7月9日，在哥本哈根举办的国际建筑师协会（简称国际建协，UIA）会员代表大会上，国际建协主席胡赛·路易斯正式宣布北京成为2029年（第30届）世界建筑师大会的举办城市。此次申办世界建筑师大会，是在北京市政府与住房城乡建设部的领导下，由中国建筑学会与北京市规划和自然资源委员会共同完成的。UIA大会每三年举办一届，由国际建协与联合国教科文组织联合举办，且在举办大会的当年对UIA举办城市授予"世界建筑之都"的称号。北京于1999年成功举办第20届世界建筑师大会，并通过了至今仍对国内外建筑界有指导意义的《北京宪章》，第20届UIA大会及《北京宪章》无疑载入了20世纪世界建筑遗产的史册。时隔30年，北京再次成为UIA大会举办地，这将会带动设计行业转型升级，推动中国现当代建筑遗产的发展，真正服务于中华民族现代文明。

2023年5月4日，《20世纪建筑遗产导读》（五洲传播出版社，360千字，2023年4月第一次印刷，定价108元，以下简称《导读》）新书分享会在北京召开的。《导读》一书的编撰得到中国文物学会、中国建筑学会的大力支持，对此正如中国文物学会单霁翔会长所言：《导读》一书是在全国业界与公众中，"让更多文物和文化遗产活起来"的大势下产生的。20世纪建筑遗产的知识与价值传播，也许以其时代特征及国际影响力，较传统建筑，对于增强历史文化自觉有更直接的意义。

何为20世纪建筑遗产？为什么我们要关注并保护20世纪建筑遗产？那些曾经在我们身边的城市建筑与街区，何以成为具有历史文化记忆和科学技术价值的瑰宝？其背后蕴藏着怎样的人和事？代表国际潮流的《世界遗产名录》又是如何看待中国现当代建筑的？……也许这些问题就是面对城市品质化发展、城市更新行动时必须解读的，而《导读》一书出版的真正价值恰恰在此。中国文物学会20世纪

建筑遗产委员会作为《导读》一书的主编单位，旨在从理性上向业界内外讲好中国20世纪建筑遗产的"故事"。我在主持新书分享会时表示：《导读》一书策划于五年前，定稿于2022年9月。2022年恰逢联合国《世界遗产公约》发布50周年，30余位专家不厌其烦地为提升本书的品质一再改稿至最终定稿。所以，可以认为《导读》是国内第一本"20世纪建筑与当代遗产传播的'指南范本'"，它面对大量既有建筑无文保名分的现状，在努力求索着中国20世纪建筑的理论界定与文化担当。如果说人们熟悉的中华传统古建筑是本厚重大书，《导读》则告诉中外建筑界，中国现当代建筑也是一部屹立于世界文化之林的巨著，中国现当代建筑离不开传统文化对现代化中国的滋养。

《导读》一书集中分析介绍了两方面的问题：一是20世纪建筑遗产何以成为面向世界文化遗产的新类型；二是中国20世纪建筑遗产多么丰富的遗产价值和内容。它回答了如何坚持国际视野且借鉴世界遗产先进经验的问题；回答了20世纪建筑遗产如何在20世纪遗产的历史文化长河中乃至科技进步价值阶梯上不断提升的问题。"汲古润今，与时偕行"，20世纪城市与建筑历程，一直以文化自信自强推动中国式现代化的新实践。强烈的文化归属感可激起人们心底最深沉的思念与认同。步入中国第一个公共博物馆——南通博物苑，民族实业家张謇（1853—1926年）开创的诸多近代中国"第一"就呈现在眼前，它为南通文化城市建设留下"中国近代第一城"的基因。"中国早期现代化的先驱——张謇"主题展览在浙江、上海、四川、新疆、江苏、江西等地巡展，南通博物苑苑长杜嘉乐表示：我们承张謇先生的"设为庠序学校以教，多识鸟兽草木之名"的办苑宗旨，通过临展、社教、讲座、志愿服务、文创等方式，使游客量从年均60万人次增至90万人次。张謇不仅是出色的实业家、教育家，还是一位建筑行家。有记载自1902年至1926年，从南通到他的故乡海门长乐，张謇共创办从幼稚园、小学、中学到大学的各种建筑共370多座。研究张謇思想与活

《20世纪建筑遗产导读》新书分享活动嘉宾对谈（左起：路红、马国馨、单霁翔、金磊）

动的史料《张季子九录》记叙他的建筑见解："所最注重者，则择地""便于交通，便于开拓者为宜""宜少辟门径，以便管理者观察""馆中贯通之地，宜间设广厅，以备人观者憩息""隙地则栽植花木，点缀竹石"；等等。除秉承中国优秀传统建筑文化外，他还吸纳了西方建筑先进技术为中国建筑所用。

《导读》特别详细地解释了何为中国 20 世纪遗产国际性的中国标准，展示了建筑文博乃至艺术设计界在百年城市历程中的时代特征，在表现 20 世纪经典建筑杰出建筑师、工程师的创作观的同时，反映了 20 世纪建筑的新技术、新材料、新设备（电梯、玻璃、钢筋混凝土乃至智能技术）的变迁及其对现当代建筑发展的技术支撑，揭示出中国建筑文化自信自强的 20 世纪建筑思想史、建筑文化的价值。《导读》一书的重点内容至少有三项：一是面向中国同行与公众介绍《世界遗产名录》的 20 世纪遗产项目；二是对比与世界同框的中国 20 世纪设计特色与背景，向国内外介绍中国建筑师与工程师的风采；三是不仅为中国补全遗产类型而努力，还在国际建筑遗产平台上赢得话语权。作为该书的主编，我相信，《导读》是让世界领略中国 20 世纪建筑遗产瑰宝的"窗口"，也开启着中国现当代建筑科技文化的魅力之旅，它让更多人有机会"阅读"生动的、有说服力的、可代表城市发展年轮的"教科书"，还有助于强化城市集体记忆，并成为可读、可讲、可延伸的 20 世纪建筑遗产"启蒙书"。

二、20 世纪建筑遗产有着尚待挖掘的丰富内容

马国馨院士在书序中除讲述 20 世纪建筑遗产的可持续性，分析现在在遗产保护过程中面对的瓶颈，还介绍了诸国家正在实施的"可持续遗产保护计划"及不同国度由国家支

持开展的 20 世纪遗产保护的"文化工程"。他还认为，作为遗产学的学科研究，也要注意公众对 20 世纪遗产科技的接受程度，如一方面要采用遗产的图像化手段，因为 20 世纪建筑都是长期真实存在的物质实体，而图像技术可以提供最直观、最快捷、最真实的视觉信息；另一方面要启动遗产传播的文学化，将 20 世纪遗产的研究成果通过选择和简化，以文学、故事的形式对史学和专业的内容及语言改编，从而使遗产中的历史记忆更加生动且精彩。针对 20 世纪遗产越来越从实际出发，即采用"活化利用"这一国际遗产保护原则，且不受时间限制，张松教授对比解读了国际宪章背景下的 20 世纪城市建筑遗产。他在归纳自 1969 年以来的 6 次欧洲委员会文化部长会议时，着重介绍了 2015 年比利时那慕尔会议的《那慕尔宣言》，因为它已经涉及 21 世纪的文化遗产，提醒各国家要关注 4 个优先事项，即遗产对生活质量和生活环境的贡献、对欧洲吸引力和繁荣的贡献、教育和终身学习以及遗产领域的公众参与活力等。

《导读》中笔者曾以 2018 年英国 17 个后现代建筑遗产项目入选建筑遗产的事例，解读当代社会的遗产价值与引导性。值得注意的是，不少建筑的遗产认知的年限在"30岁"之下，这充分说明自 1947 年就开始的英国现代建筑保护已经在国家层面及非政府组织方面有了制度。据"历史的英格兰"官网介绍，在英国建筑史上，对于体现建筑美学的项目，只有通过载入名录的方式才能保护它们，这使得大量有价值的 20 世纪建筑拥有无可争议的传承理由。国际古迹遗址理事会（ICOMOS）《关于 20 世纪建筑遗产保护办法的马德里文件 2011》指出："由于缺乏欣赏和关心，20 世纪建筑遗产比以往任何时期都处境堪忧……20 世纪遗产是活的遗产，对它的理解、定义、阐释与管理对下一代至关重要。"2018 年第 42 届世界遗产大会将意大利皮埃蒙特地区 20 世纪工业城市伊夫雷亚列入《世界遗产名录》，它是"苹果"品牌闻名之前的世界最伟大的工业设计地，奥利维蒂（Olivetti）是世界上第一款台式电脑的制造者，IBM（国际商用机器公司）的著名箴言"设计就是好生意"的灵感也来自 Olivetti 打字机，可见从城镇层面看，工业城市的遗产价值不仅在于其曾是创造生产力的基地，还在于其支撑着 20 世纪遗产的新形态。

在 2014 年起草、2021 年修订的《中国 20 世纪建筑遗产认定标准》中，有 9 个方面特别强调要关注"反映城市历史文脉，具有时代特征、地域文化综合价值的创新型设计作品，也包括'城市更新行动'中优秀的有机更新项目等，也要重视改革开放时期的作品，以体现建筑遗产的当代性"。从 20 世纪遗产对新中国建设成就的反映来看，20 世纪遗产确实对文化城市的塑形有推动作用。对于北京，梁思成早有论

《20世纪建筑项目与宣言》封面　《空天报国忆家园 北航校园规划建设纪事（1952—2022年）》封面　　《中国四代建筑师》封面　　《北京市建筑设计研究院有限公司 五十年代"八大总"》封面

述："北京城必须是现代化的,同时北京原有的整体文化特征和多数个别的文物建筑,又是必须加以保存的,做到古今兼顾、新旧两利。"仅从 1949 年后的北京建筑来看,"国庆十大工程"整体已入选中国 20 世纪建筑遗产项目,20 世纪 50 年代初的"北京八大学院"也已成为推介项目。截至 2023 年 2 月 16 日公布的第七批中国 20 世纪建筑遗产项目,北京共拥有 120 余个项目入选 20 世纪建筑遗产,它们在城市总体规划(2016—2035 年)之中,助力减量发展,给古都带来创新活力。上海在 20 世纪的百年间,融合中西方建筑特色,创造了包罗万象的传统与现代、隽永的城市空间。上海市建筑学会还积极组织了对 1949 年以来上海经典建筑的传承研究,这无疑是有针对性的现当代遗产求索实践。上海入选 7 批 20 世纪建筑遗产的 50 个项目体现了丰富的历史凝聚及人文精神。在 2022 年 9 月,以"设计无界 相融共生"为主题的"2023 世界设计之都大会"开幕式上,上海实现了用设计对 20 世纪建筑进行保护,创造了一系列在中国现当代建筑史上有思辨性及说服力的城市更新实例。

《导读》中有专门篇幅讲述 20 世纪遗产中的工业遗产,以此见证了新的建筑类型与建筑风格、大胆突破的新结构形式、广泛应用的新建筑材料。工厂的烟囱、料仓、冷却塔、超大体量的厂房及油罐乃至因工业发展形成的社区,都创造了 20 世纪崭新的生产与生活文化景观。清华大学刘伯英教授通过分析 7 批中国 20 世纪建筑遗产中工业遗产的分布,发现被推介的工业遗产项目占总数的 10%,他认为工业遗产不仅是中国工业化独特进程的有力见证,也体现了中国对世界工业文明的一系列贡献,它们也是中华文明现当代发展的标识及独树一帜的遗产瑰宝。他分析了新中国成立后从 1949 年到 1978 年的工业化进程,指出其奠定了工业基础,巩固了国防安全,调整了工业结构,书写了几代

人无私奉献的峥嵘历史。21 世纪新型工业化时期,高铁、核能、航空、航天、生物、人工智能乃至"新基建"等的"赶超竞赛",不仅使中国拥有了完整的工业体系,还使超大超难的复杂建筑推动了中国的高质量发展,所有研发、创新的生产基地背后都有智慧筑就的建设奇迹。特别重要的是,世界工业遗产的保护利用正在以多种方式推进,《导读》从荣获联合国教科文组织亚太保护创新奖的景德镇陶溪川文创园,讲到上海黄浦江两岸的民生码头 8 万吨筒仓、油罐艺术中心、船厂 1862 等,再到被国际雪联和国际奥林匹克委员会认可的首钢更新改造的服务冬奥会的场馆设施,它们都是就在身边的 20 世纪工业遗产活化利用成功的蜕变升级实例。此外《导读》既体现艺术美学对 20 世纪中国建筑创作的影响,也有居住、园林、科技在 20 世纪遗产中的变迁,在分述江苏、天津、上海、北京、广东、重庆、山东、新疆、湖北、东北三省等的 20 世纪遗产时,不仅介绍了中国现当代建筑的地域特点,还对中国 20 世纪建筑巨匠的"人和事"予以生动描述。

三、从《导读》中透视中国 20 世纪建筑巨匠

2029 年北京将再次国际建筑师大会。不可忘记的是著名建筑师华揽洪(1912—2012 年),他在 1995 年第一次向国际建协提议中国建筑学会要加入,而后有了中国建筑师的国际化视野与交流。仅从中国 20 世纪建筑学人对世界现代建筑的贡献看,从 20 世纪 40 年代中后期梁思成参与设计纽约联合国总部大楼,到 1999 年在北京召开 UIA 大会及吴良镛院士作为主要起草人起草颇具影响力的《北京宪章》,再到张钦楠《20 世纪世界建筑精品 1000 件》等著述的出版等,都是中国建筑在世界舞台的呈现。在《导读》一书

1999年笔者参与熊明大师《城市设计学——理论框架
与应用纲要》编辑

笔者拜访华揽洪总建筑师（2006年摄于
华揽洪的巴黎寓所）

2023年6月29日，考察杨浦图书馆，在董大酉雕像前合影
（左起：苗淼、劳汜荻、金磊、许佳伟）

中，通过重读20世纪建筑经典，除让读者领略中国建筑"五宗师"的吕彦直（1894—1929年）、刘敦桢（1897—1968年）、童寯（1900—1983年）、梁思成（1901—1972年）、杨廷宝（1901—1982年）的风采外，还介绍了北京建院五十年代八大总杨宽麟（1891—1971年）、杨锡镠（1899—1978年）、顾鹏程（1899—2000年）、朱兆雪（1900—1965年）、张镈（1911—1999年）、张开济（1912—2006年）、华揽洪（1912—2012年）、赵冬日（1914—2005年），以及戴念慈（1920—1991年）、林乐义（1916—1988年）、陈登鳌（1916—1999年）、龚德顺（1923—2007年）、唐葆亨（1927年）、佘畯南（1916—1998年）、钟训正（1929—2023年）等建筑先贤的成就。很巧，在1999年北京UIA大会那年，钟训正院士在杨永生主办的"21世纪初叶中国建筑"主题论坛上，发表《现实与希望》一文，除论及建筑高科技、环境与生态空间外，还透彻地分析了建筑师的地位，呼吁开展正常的建筑评论。他不仅反对无的放矢的评论，更批评有组织的抬轿式评论（实为颂扬）。应该提及的建筑先贤有太多，以下结合建筑师董大酉的贡献研究再进行一些归纳。

董大酉（1899—1973年）在上海有许多代表作品，今年正值董大酉先生辞世50周年。1926年，董大酉申请哥伦比亚大学美术考古研究院的硕士研究生项目，并于9月秋季学期入学。他师从哈佛大学建筑研究生院第一任院长约瑟夫·赫德纳特及建筑史学家威廉·贝尔·东斯莫尔，从事历史研究。1928年春天，董大酉肄业，6月离开学校，12月抵达中国。董大酉回国后一度在庄俊建筑师事务所从业，1929—1930年与其美国同学菲利普斯（E.S.J.Phillips）合办（上海）苏生洋行，1930年建立董大酉建筑师事务所。1929年8月12日，"上海市市中心区域建设委员会"成立，经茂飞推荐，聘请董大酉任顾问兼建筑师办事处主任建筑师，负责市中心区域公共建筑的设计和监造等事宜。

1929—1938年他担任中国建筑师学会会长。在此期间，董大酉深入参与了都市计划的编制工作。

董大酉主持，先后完成了包括原上海特别市政府大楼、原市政府五局办公楼、原上海市博物馆、原上海市图书馆（杨浦图书馆）、原上海市运动场、原上海市立医院、原上海卫生试验所、原上海中国航空协会陈列馆及会所等在内的多座公用建筑。梁思成在其所著的《中国建筑史》上评论道：这些建筑"能呈现雄伟之气概"。中华人民共和国成立后，1951年，董大酉带头响应国家支援大西北的号召，奔赴陕西，任西北（公营）永茂建筑公司总工程师；1952年任西北建筑设计公司总工程师；1954年12月，董大酉转赴北京，调任城市建设总局民用建筑设计院，担任总工程师。而后，董大酉赴天津市建筑设计院从事设计工作，任总工程师。迄今其上海、西安、天津等地作品均令人瞩目。

对于《导读》一书，我发自内心地表白：它是一次扎实的现代建筑中国的文化建设实践，不仅展现了有"故事"的建筑主题，更以"事件、作品与人"构成了20世纪的科技文化记忆体。可以相信，它在见证百年中国建筑经典作品与建筑大师时，能吸引众多20世纪建筑遗产的研究者、参与者、支持者的目光。《导读》的定位是一本20世纪遗产发展的全景式著作，它可以拓展行业继续教育、国民建筑文化教育乃至管理者教育的深度及广度，也必将以建筑文博的精彩带动文化旅游发展。当代建筑遗产观还表明，经典常可打破封闭的过去且对未来作出重释，因为现实中常缺乏关于忧患的知识及严肃对待此知识的行动，缺乏韧性及问责，在建筑文博界这种情况也常常发生：如文博建筑展陷入"沉浸式"误区的例子太多，文博建筑的雷同设计太多；一个尚贫困的小城建成一个大文博馆且馆中只有无审美与历史可言的展览。在文博建筑界，以20世纪建筑遗产导读推介为契机，更客观求实地开展工作，抛弃表面繁荣是应有的态度，更是20世纪遗产应倡导的有韧性的长远发展之思。

"建筑遗产新书写——围绕《20世纪建筑遗产导读》研究与传播座谈会"在京举行

2023年12月13日，由中国文物学会20世纪建筑遗产委员会及中国建筑设计研究院有限公司（以下简称"北京建院"）叶依谦工作室联合主办的"建筑遗产新书写——围绕《20世纪建筑遗产导读》研究与传播座谈会"在北京建院举行。座谈会邀请了包括中国工程院马国馨院士、全国工程勘察设计大师张杰、北京交通大学韩林飞教授、中国建筑科学研究院设计院总建筑师薛明、中国建筑设计研究院有限公司总建筑师张祺、北京建筑大学建筑学院孟璠磊副院长、北京建筑大学陈雳教授等近20位专家，分享了对建筑遗产保护与创新发展的思考。北京建院执行总建筑师叶依谦、中国文物学会20世纪建筑遗产委员会副会长金磊主持了研讨活动。

叶依谦总建筑师在致辞中表示："职业建筑师追求创新被认为是必须坚守的原则。然而，有历史责任感的传承创新被视为凝聚共识之关键。围绕中国20世纪建筑遗产推介项目及学术研究的讨论，是为建筑师的创作实践注入思想动力。"金磊副会长对本次研讨会的建筑遗产"新书写"作出解读。他认为，"当下建筑与文博界正在为发挥文化遗产在推动文明互鉴中的作用及创造活力而贡献设计智慧，中国20世纪建筑遗产的研究者与传播者正从国际经验的学习者向供给者及开创者转变。"他表示，这一转变不仅包括对中华民族古代文明的探源，更涵盖对中国20世纪建筑遗产创新发展的理解。

马国馨院士分析了遗产传承的若干方面，着重提及了遗产的几个"寿命"，并从汪坦、张复合主持《中国近代建筑总览》，讲到2004年中国建筑学会建筑师分会向国际建协递交《中国20世纪建筑遗产名录》，再到梁思成于1956年对北京进行近现代建筑调研。张杰大师指出，北京的近现代建筑面貌尚待全面审视，并提出了20世纪建筑遗产"北京学"命题研究的迫切性。薛明总建筑师认为，"作为建筑设计实践者，我们目前接触到不少改造项目，也常常深陷'该保留还是该拆除'的两难思考中。"张祺总建筑师认为好建筑需要长寿，以适应不同使用者，进而促进更良性的改造。他表示，"2016年首批中国20世纪建筑遗产推介项目的诞生使我颇为触动，这不仅是荣誉，更为建筑留档提供机会。"他强调这种记录不仅承载建筑本身，还包括时间、地点、事件以及设计过程。不同建筑师在不同时态下创造的"新生"特别值得珍视。其他与会专家也从不同角度分享了对遗产传承与创新发展的看法。

建筑遗产"新书写"，要有超越时代之思，在本质上强调要用传承与敬畏观去辩证地审视遗产世界。中国建筑遗产的传承者一贯倡导以实践为先及正心诚意，包容地推进世界建筑文明的交流与互鉴。对于20世纪建筑遗产，在现代文明中对其传承，不能仅将其作为"史料"，更要使之成为文化资源，建筑、文博界要汇聚合力，参与到文化城市构建、塑形的社会生活中，让中国建筑师及全社会从中感悟中国建筑的文化自觉与自信。（文/图CAH编辑部）

"建筑遗产新书写——围绕《20世纪建筑遗产导读》研究与传播座谈会"嘉宾合影

Transformation of a Century from an Architectural Perspective
—Publication and Launch Ceremony of *Complete Works* of *Chen Mingda* and Summary of the Academic Achievements Seminar on Chen Mingda

建筑视角下的百年之变
——《陈明达全集》出版首发式暨陈明达学术成就研讨会纪略

CAH编委会（CAH Editorial Board）

《陈明达全集》书影

编者按： 建筑作为艺术与工程技术的结晶，在人类文化发展史上具有记录文明进程、展示文明成果和展望未来趋势等多重作用。中国古代建筑更是于世界建筑史上独树一格，"在历史上与艺术上，皆有历劫不磨之价值"。自 20 世纪初中国营造学社起始，探究中国古建的独特价值、尝试重新建构中国建筑体系，即成朱启钤、梁思成、刘敦桢、陈明达、刘致平、莫宗江、卢绳诸学术先贤的毕生事业。《陈明达全集》，是继《梁思成全集》《刘敦桢全集》之后，中国建筑历史学界的又一部承载着重大研究成果的学术巨著，记录着几代学人的探索足迹，昭示后学应薪火相传，继续为民族文化之复兴大业奋斗。

习近平总书记指出，"文化是一个国家、一个民族的灵魂。文化兴国运兴，文化强民族强。没有高度的文化自信，没有文化的繁荣兴盛，就没有中华民族伟大复兴""无论哪一个国家、哪一个民族，如果不珍惜自己的思想文化，丢掉了思想文化这个灵魂，这个国家、这个民族是立不起来的"（《光明日报》，2018 年 6 月 7 日，2 版 ）。《陈明达全集》的出版，可谓是建筑学界对"建设现代中国文明"这一时代呼声的适逢其时的响应之一。

Editor's Note: Architecture, as the culmination of art and engineering, plays multiple roles in the history of human culture, such as recording the progress of civilization, showcasing its achievements, and envisioning future trends. Ancient Chinese architecture, in particular, stands out in the history of world architecture, possessing enduring value both historically and artistically. Since the establishment of the Chinese Architectural Society in the early 20th century, exploring the unique value of ancient Chinese architecture and attempting to reconstruct the Chinese architectural system have been the lifelong endeavor of academic pioneers such as Zhu Qiqian, Liang Sicheng, Liu Dunzhen, Chen Mingda, Liu Zhiping, Mo Zongjiang, and Lu Sheng. *Complete Works of Chen Mingda* is another significant academic masterpiece in the field of Chinese architectural history, following *Complete Works of Liang Sicheng* and *Complete Works of Liu Dunzhen*, carrying substantial research achievements. It documents the exploration of several generations of scholars, indicating that future generations should inherit the torch and continue to strive for the great cause of revitalizing

与会领导与嘉宾合影

《陈明达全集》首发式活动现场

首发式由宋力峰、郑重主持

national culture.

General Secretary Xi Jinping has emphasized, "Culture is a country and nation's soul. Our country will thrive only if our culture thrives, and our nation will be strong only if our culture is strong. Without full confidence in our culture, without a rich and prosperous culture, the Chinese nation will not be able to rejuvenate itself." He further stated, "Regardless of any country or nation, if they do not cherish their own ideology and culture and discard the soul of ideology and culture, that country and nation cannot stand upright." (*Guangming Ribao*, 2018-06-07,02) The publication of *Complete Works of Chen Mingda* can be seen as a timely response from the field of architecture to the call of the times for "building a modern civilization in China."

建筑史学家陈明达（1914—1997 年）是学术界公认的继梁思成、刘敦桢二位学科奠基人之后，又一位取得突破性研究成果的杰出学者。他于 1932 年进入中国营造学社，自那时起至 1997 年病逝，从事中国建筑历史研究 65 年，一直致力于建设本民族的建筑学——一个与西方建筑学截然不同的建筑理论体系。

2023 年 1 月，浙江摄影出版社主持的国家出版基金项目《陈明达全集》（简称《全集》）问世。2023 年 2 月 25 日，

由中国建设科技集团、浙江出版联合集团主办，中国建筑设计研究院建筑历史研究所、浙江摄影出版社、天津大学建筑学院、中国文物学会 20 世纪建筑遗产委员会承办，中国建筑设计研究院有限公司建筑文化传播中心、《中国建筑文化遗产》编委会协办的《陈明达全集》首发式暨陈明达学术成就研讨会在北京中国建筑设计研究院举行。

中国文物学会会长单霁翔，中国建筑学会理事长修龙，中国建设科技集团党委书记、董事长文兵，中国建筑设计研究

中国建设科技集团党委书记、董事长文兵

浙江出版联合集团党委副书记、总经理、总编辑程为民

中国工程院院士，中国文物学会20世纪建筑遗产委员会会长，北京市建筑设计研究院有限公司顾问、总建筑师马国馨

中国文物学会会长、故宫博物院学术委员会主任单霁翔

院有限公司党委书记、董事长宋源，浙江出版联合集团党委副书记、总经理、总编辑程为民，中国工程院院士马国馨，中国工程院院士崔恺等领导、专家学者及数百名各界嘉宾出席本次活动。本次活动分上下半场，首发式由中国建筑设计研究院建筑历史研究所所长宋力锋、浙江摄影出版社社长郑重主持会议；学术成就研讨会由中国文物学会20世纪建筑遗产委员会副会长金磊、中国建筑设计研究院建筑历史研究所原所长陈同滨主持。这两个环节中，到会的领导、专家学者均作了精彩发言，因故未能到会的中国工程院院士、著名建筑历史学家傅熹年先生则作了线上发言。

这是一次高水平的学术研讨，业内数位领导与众多顶级专家莅临这场建筑界的文化盛宴，为《陈明达全集》的出版注入了更为多元的精神内核。现择要摘录嘉宾讲话（含线上讲话）如下。

一、《陈明达全集》首发式嘉宾讲话

首发式由宋力锋、郑重二人共同主持，文兵、程为民、马国馨、单霁翔、修龙、陈同滨、王其亨等七人作精彩演讲。

文兵（中国建设科技集团党委书记、董事长）：疫霾终散尽，春暖花自开。今天我们在北京相聚，庆祝中国建科先贤、著名建筑学家陈明达先生的著作《陈明达全集》出版，我谨代表中国建设科技集团向与会的各位领导、专家、学者、建筑学界同人，以及媒体界的朋友们，表示衷心的感谢和热烈的欢迎！陈明达先生从事古代建筑研究数十年，成为继梁思成先生、刘敦桢先生二位学科奠基人之后在中国建筑史研究上取得重大成果的杰出学者之一，他的学术成就、治学理念与高尚品格在学界已有公论。《陈明达全集》收录了迄今为止所能搜集到的陈明达先生全部的学术论文、专著以及古代建筑测绘分析图稿和建筑设计作品资料，全面反映了陈明达先生的学术生涯、研究成果和学术思想，对于我们传承前辈学者的优良学风、加强建筑学科建设都具有极其重要的意义。

中国建设科技集团（简称"中国建科"）作为高度负责的央企，积极践行"六个者"的战略定位，其中最为重要的是做中华文化的重要传承者。近十年来中国建科在历史文化遗产保护、阐释、传承等方面所做的工作，体现了央企对推动国家软实力建设有力的支撑作用，而这些重大成果都是在继承陈明达先生等前辈学者优良学术传统和深厚学术积淀的基础上取得的。党的二十大报告提出："增强中华文明传播力影响力。坚守中华文化立场，提炼展示中华文明的精神标识和文化精髓，加快构建中国话语和中国叙事体系……"陈明达先生晚年曾提出构建"一个与西方建筑学截然不同的建筑理论体系"的设想，这种建筑理论体系其实就是中国文化话语体系的构成内容，我们要继承、发扬陈明达先生的优良学风和高尚品格，在以中国式现代化全面推进中华民族伟大复兴的征程中，贡献中国建科的力量！

程为民（浙江出版联合集团党委副书记、总经理、总编辑）：长期以来，中国建筑的设计智慧远远被低估，历代知识界也极少把具体的营建工程作为一门学问加以研究。这种历史误解不仅存在于国内，也在全世界蔓延，世人往往只知古希腊、古罗马建筑，而不知中国建筑。为了治好中国建筑的"失语症"，1930年，以朱启钤为首的有志之士创办了中国营造学社，他们不仅对中国传统建筑研究和保护作出了空前的贡献，也培养了一批优秀的专业人才，陈明达就是其中一位重量级的人物。

陈明达先生于1932年进入中国营造学社，自那时起至1997年病逝，从事中国建筑历史研究65年。他一直致力于建设本民族的建筑学——一个与西方建筑学截然不同的建筑理论体系。他是继梁思成、刘敦桢二位先生之后在该领域取得突破性进展的优秀学者，以《应县木塔》《营造法式大木作制度研究》等专著而享誉中外。

从梁思成、刘敦桢到陈明达，几代建筑史学家薪火相传，回答了中国建筑"有什么、是什么、为什么"的问题，确立了现代范式，中国建筑找到了属于自己的坐标，其不朽价值得到了世界的认同和尊重，在世界建筑体系中占据了独树一帜的地位。从这个意义上说，浙江摄影出版社出版《陈明达全集》，不仅是对陈明达先生的毕生著作进行重新认识和深入挖掘，也是在传承中国古代建筑思想，推动中华优秀传统文化的创造性转化、创新性发展，为民族复兴立根铸魂。

中华优秀传统文化是中华文明的智慧结晶和精华所在，是我们在世界文化激荡中站稳脚跟的根基。浙江联合出版集团旗下的浙江摄影出版社，深耕建筑领域，相继出版了《中国建筑营造图集》《中国建筑史图录》等一大批建筑类图书，此次为做好国家出版基金项目《陈明达全集》的编辑出版工作，历时四年，付出了艰辛的努力。在此，我要向关心、指导、支持《陈明达全集》编辑出版工作的各位领导、专家、学者和为编撰付出艰辛劳动的所有人员表示衷心的感谢。

每一种文明都延续着一个国家和民族的精神血脉，既需要薪火相传、代代守护，更需要与时俱进、推陈出新。立时代之潮头、发时代之先声，是我们出版人责无旁贷的使命。浙江出版联合集团将以《陈明达全集》的出版为新起点，进一步提升专业出版能力，履行文化使命，努力出版更多"实现中华优秀传统文化创造性转化和创新性发展"的优秀图书。衷心希望在座的各位专家、学者能不吝赐教，用你们的思想精髓、学术底蕴、真知灼见来为《陈明达全集》这套书添加注解。

马国馨（中国工程院院士，中国文物学会 20 世纪建筑遗产委员会会长，北京市建筑设计研究院有限公司顾问、总建筑师）：在所有参会人中，我可能是岁数最大的，但在陈明达先生面前，我还是晚辈。我觉得《陈明达全集》是对陈明达先生智慧和思想的总结，全集的出版不仅仅展示了建筑学或者古代建筑研究方面的成果，还具有多方面的启示。从史学的角度看，《陈明达全集》的出版有以下几点意义。

第一，《全集》的出版是对陈明达先生本身的学术成就和一生成果的重要肯定。全集不是所有人都能出版的，到目前为止，我们这行有梁思成、刘敦桢、杨廷宝诸位先生的个人全集，而全集的出版是对一个人整体学术成就和一生成果的重要肯定。

第二，《全集》的出版是建筑史学研究的一个重要成果。对于古代建筑史的研究，自营造学社以来，先贤们做了很多工作，成果很多，陈明达先生是其中有突出成就的，尤其在建筑史方面。此外，这部《全集》也向我们展示了陈先生在建筑设计方面的工作：陈先生的设计作品不多，但有其独特的设计手法，值得重视；更重要的一点，是一位研究古代建筑学的学者参与当代建筑创作，拉近了古代建筑与当代建筑之间的距离，值得后人深思。

第三，《全集》的出版是古代科学技术史研究的一个重要成果。在陈明达先生的研究成果当中，无论是对营造法

式大木作的研究，还是对应县木塔的结构体系等方面的研究，都对我们了解中国古代建筑技术史的发展起到了重要的作用。

第四，《全集》的出版是人物传记史研究的一个重要成果。现在，我们国家除了党史、国史、世界史这种比较宏观的史学以外，特别注重人物和传记方面的研究，因为每一个个体的成果汇集成了我们整个国家的成果。

最后，《全集》的出版是图像学研究的一个重要成果。过去大家只认为摄影、图像是一种陪衬，而现在都非常注重图像学的研究。陈明达先生拍的照片、摄影的成果经过多年已经成为历史和文献。

大家知道，出版全集是一项非常困难、非常耗费时间和人力的工作。从已经出版的各部全集来看，它们都耗费了各界非常大的精力，但难免有不尽如人意的地方。通过这个会，我们可以进一步总结这方面的经验，能够更好地研究全集出版的各方面问题，让文献中的思想和知识能够更好地为后人服务。我想，《陈明达全集》的出版是一个很好的契机，能够让大家进一步地全面了解全集该如何做，对全集出版的历史意义也会有更深刻的认识。

感谢浙江摄影出版社有这样的远见来出版这样一部鸿篇巨制！

单霁翔（中国文物学会会长、故宫博物院学术委员会主任）：我还没出生时，陈明达先生就在国家文物局工作，后来又在我们文物出版社工作，是我们的老前辈！浙江摄影出版社的这部鸿篇巨制《陈明达全集》的出版，确实是继《梁思成全集》《刘敦桢全集》的出版之后文化遗产保护研究领域和中国建筑历史研究领域的一件大事、一件盛事。

因为我的工作经历，我一直有一个理想，规委会（城乡规划委员会）、文物局等跨界部门，其实是应该融合的。我们的这些先贤们，早已搭建了融合交流的平台，跨领域地研究中华传统文化。我也一直在做一些尝试，比如过去文物部门是不做保护规划的，所以我邀请陈同滨老师，邀请中国建筑设计研究院的专家，联合他们共同开启对中国古建筑、考古遗址的保护规划，并在今天形成了制度。

中国建筑史是谁写的？《营造法式》是谁破译的？这些真的应该进行广泛宣传，应该让更多的人了解梁思成、刘敦桢、陈明达等学界先贤在这方面的辛勤耕耘和杰出贡献。过去我们保护古代建筑有设限，1911 年以前的才能被列入保护单位，后来马国馨院士、修龙理事长和中国文物学会联手推出了七批次 20 世纪的建筑遗产，这些建筑师发挥了很大作用，这也是中国营造学社工作在当今时代的扩展。

我一直希望有像傅熹年教授这样的专家进入我们的文物领域来主持工作，就像当年陈明达先生以学者身份在国

中国建筑学会理事长，中国建设科技集团原党委书记、董事长修龙

中国文物学会副会长，中国建筑设计研究院总规划师、建筑历史研究所名誉所长陈同滨

天津大学建筑学院教授王其亨

家文物局参与文物保护工作那样，通过跨界融合让我们的文化研究工作展现新风貌。之前家里的书架上有《梁思成全集》《刘敦桢全集》，今天又有了《陈明达全集》，感谢浙江摄影出版社！谢谢！

修龙（中国建筑学会理事长，中国建设科技集团原党委书记、董事长）：今天，我们怀着无比崇敬的心情，在这里隆重举行《陈明达全集》的发布会，共同纪念我国杰出的历史学家陈明达先生，深切缅怀他为中国建筑史学、建筑学的发展作出的卓越贡献，学习先生为了我国建筑事业发展坚持求真务实、理性求索的专业精神和潜心追求学术卓越的高尚品质。《陈明达全集》的问世，是继《梁思成全集》《刘敦桢全集》出版后我们建筑学界的又一大盛事。陈明达先生作为中国古代建筑史研究的开拓者，在治学态度、治学方法和治学思想上，为后人树立了标杆；而他的学术境界也如高山流水，润泽和影响着一代又一代学人。在 21 世纪的今天，整理和出版这部全集，深刻体会老一辈学者的真知灼见和家国情怀，不仅关乎中国建筑史学研究的推动，也关乎中国建筑事业的发展，因而意义极为特殊。

《全集》是陈明达先生留给后辈学者的宝贵遗产，从中我们能汲取到无数的养分。当我们读到已收录在《全集》中的由殷力欣先生根据陈先生 30 年前的讲话整理而成的《中国建筑史学提纲》一文时，一定会产生陈先生说在当下的错觉。在被先生的远见所折服的同时，无论是对从事建筑设计工作还是从事建筑研究工作的所有建筑学习者而言，此文都很值得我们反复地思考、学习和体会。在这篇文章中，首先，陈先生认为建筑的民族化要与现代化结合起来。在全球化的今天，我们认识到，民族化是现代化的动力，而建筑的民族化又是一个民族艺术成熟的重要标志。因此，中国当代的建筑设计一定要从中国古代建筑中汲取灵感。当然，也如陈先生所言，学习古代建筑并不是将某朝某代的民族形式挪用在现代的设计上，而是要在充分理解民族的文化传统、生活习惯、建筑设计观念的基础上，不断创新民族

形式。这一点，已深深地体现在我们的老前辈们和当代建筑师们的理论研究和设计成就中，后辈的建筑师们更应在这条道路上有更多的探索和实践。

中国建筑学会自成立以来倡导的严谨求实的学风，已经被几代建筑学人所追求和传承。陈明达先生在建筑学会成立伊始，就担任了第一届中国建筑研究委员会的主任秘书。先生不仅传承了梁思成、杨廷宝等第一代建筑先贤的优良学风，而且赓续了老一代建筑学人的理想和情怀。他以一名公共知识分子的身份肩负起的社会担当，更是为我国建筑行业的发展与成长作出了重要的贡献。

此时此刻，我们共同见证《陈明达全集》一书的出版，在继承先辈的衣钵、赓续古建之路上不断奋进，让理想的火焰生生不息，是我们对这位前辈最好的纪念和学习。最后，中国建筑学界努力奋斗的最终目的，依然是探索本民族的建筑学，建立本民族的建筑学体系。当然这一远大目标绝非一朝一夕就能达成，那么不妨让我们从阅读《陈明达全集》开始，在先生的指引下，一步一个脚印，不断地前行。

陈同滨（中国文物学会副会长，中国建筑设计研究院总规划师、建筑历史研究所名誉所长）：我作为陈明达先生的后辈和同事，今天来参加陈先生的全集首发仪式，感慨万分。在我国老一辈的建筑史学家中，陈明达先生是一位功夫精深、风格独特的学者，也是中国史学界公认的继梁、刘二公之后杰出的建筑史学家。

20 世纪 80 年代后期，为所里的经济情况所迫，我策划的多次古建筑科学模型制作均是在陈先生的大力支持下才得以完成的。他希望有更多的古建筑能像应县木塔那样被制作成科学模型，出口到美国大都会博物馆那样的地方去，以宣传中国的古建筑。为此，他甚至还整理了一份包括 28 座可作为科学模型的古建筑的名单。

其间，我向他请教中国古代建筑史研究的现状。陈先生说，我们目前只有对建筑实物的测绘和法式研究，这样的程度只相当于有了单词和句子，远没能达到形成文章的程度。

陈明达先生学术成就研讨会现场

我听了暗暗吃惊,语言学研究的模式竟被陈先生引入了建筑史的研究中。由此,我们可以理解到,陈先生的学术研究是建立在精准测量基础上的对设计规律的研究,他所谋求的是中国古代建筑研究的科学方法。这种研究方法也明显影响了其后的学术研究,傅熹年先生在 20 世纪 70 年代到 90 年代所有的著作,基本上都是在陈先生这种风格的影响下的进一步深化。

1997 年,陈先生不幸因病逝世。如今 26 年过去了,陈先生的学术成果以全集的形式完整地呈现在世人面前,使他的学术思想和治学精神得以延续,这无疑是建筑史学界久违的盛事。今天,我们有如此多的朋友和后辈为他的全集举办发布会,怀念陈先生的生平与成就,我想这就是一次当代的传承。

陈明达先生的学术成果揭示了中国古代建筑独特的设计理论、美学趣味以及古代匠师的高超智慧。陈先生在古建保护及设计方面的贡献,对于推动我国建筑历史研究,传承中国建筑文化具有重要的作用。建筑从来就是人类文明与文化最综合的载体,因此对建筑历史的研究当归入人类文明与文化发展史研究中。

希望《陈明达全集》的面世,成为我们继承老一辈学者宝贵学说、延续他们严谨笃实的治学精神的新起点,激励我们从建筑遗产的角度、从人类文明文化的视野,保护和传承中华文明,在向世界讲述中国故事的道路上砥砺前行,为坚定文化自信、建设文化强国,为中华民族的伟大复兴贡献我们的绵薄之力。

王其亨(天津大学建筑学院教授、学科带头人):40 多年前,我有缘接触了营造学社的很多前辈,发现当时学术功底最强的就是陈明达先生,所以经过老师允许、经过建筑技术发展中心的认可,我在高碑胡同正式拜师。陈先生对我的学术生涯甚至于我的生命产生了深刻的影响。

第一点是做人,就是把自己和时代结合起来,把自己的生命融进学术当中。20 世纪 90 年代经济大潮汹涌澎湃,陈

学术成就研讨会由金磊、陈同滨主持

先生仍然埋头做学问,那时候他已失聪,我和他只有笔谈,我问他为什么不戴助听器,他淡然一笑:"省得心烦。"他认为该做的事情还有很多没做,一定要全心全意地投入。我后来注意观察,发现 20 世纪 80 年代以后的学术社交圈子里头基本上看不到陈先生,但是梁思成先生的纪念活动、《文物》杂志创刊多少周年的活动,他一定参加,因为这些牵涉整个学科建设。他掏出心来,对我言传身教。

第二点是他的学术功力。他静心做学问,一辈子不停反思,自己给自己挑毛病,这也是我后来自学的一个基本点。透过《陈明达全集》,我们可以看到陈先生这种为人、做学问的精神、务实的精神。

第三点,陈先生做到了跨界,虽然是埋头做学问、研究中国古代建筑学,但他也服务当下,推进学科建设。陈先生关注的是中国的建筑史学,要找寻我们自己的建筑理论,但他认为建筑史学不是纯粹的象牙塔,必须探索前进,就是在解决了中国建筑"有什么""是什么"之后,一定要花大力气解决"为什么",这是核心的核心。我发现"样式雷"以后,第一时间告诉了陈先生,陈先生非常高兴,在他最后的论文当

殷力欣　　　　金磊　　　　柳肃　　　　钟晓青　　　　李兴钢　　　　陈薇

中,也特别谈到了样式雷的设计理念。

二、陈明达学术成就研讨会嘉宾讲话

这一轮次,由金磊、陈同滨共同主持。首先由殷力欣介绍《全集》的整理概括,之后是各位学者的自由发言。

殷力欣(《全集》的主要整理者,《中国建筑文化遗产》副总编辑):这十卷《全集》收录了目前所能收集到的陈明达先生自 1942 年至 1994 年发表的文章、自 1933 年起的古建筑测绘图稿与摄影作品以及建筑设计作品。《全集》的主要内容,是对中国古代建筑历史的研究和一系列研究成果,尤以《营造法式》研究专项而享誉国内外。此次编辑工作使我们进一步认识到:陈明达先生之所以穷毕生之力研究中国古代建筑,其根本目的在于重新确立自成体系的中国建筑学理论体系,从而探索中华文化复兴在建筑方面的路径。《全集》除我个人进行历时三十年的整理校雠工作外,天津大学建筑学院王其亨、丁垚的教研团队也历时二十余年参与其中,使得对陈明达先生学术思想的研究与天大建筑历史方面的教研工作相伴相行、和衷共济。

傅熹年〔现已九十岁高龄,曾率先指出陈明达先生是继梁思成、刘敦桢之后,又一位取得重大突破性研究成果的杰出的建筑历史学家。因近期身体原因,未能出席现场,故通过线上视频的方式参与研讨。〕(中国工程院院士、中国建筑设计研究院建筑历史研究所研究员、著名建筑历史学家):营造学社里面管事的主要就是梁思成先生跟刘敦桢先生这两位,他们是学术权威。他们下面的学生,一个是刘致平(这是梁先生在东北大学的学生),另两位就是陈明达、莫宗江。这都是营造学社招来的工作人员,然后逐渐培养起来、成长起来的。这里面学问最高的就是陈明达、莫宗江。陈明达呢,就是搞建筑史的理论,而且尤其是怎么发生的、怎么发展的、怎么演变成功的,陈明达先生在这方面,是最有成就的。

金磊(中国文物学会 20 世纪建筑遗产委员会副主任委员、秘书长):我先说说我对《陈明达全集》的总体感受。此前我们有了《梁思成全集》《刘敦桢全集》《杨廷宝全集》,《陈明达全集》,它们给我的感受是内容很厚实,出版很精良。要做到“精良”,其实挺不简单,为什么一个摄影专业的出版社,能有如此的眼界,做这样一件事情呢?浙江摄影出版社的领导、编辑们可能对建筑懂得不是特别深,但他们非常有眼界、有格局。梁先生、刘先生、杨先生以及吕彦直、童寯,他们是中国建筑五宗师,出版他们的全集是没有问题的;而给后一辈的营造学社成员出版全集,这是头一遭。当然罗哲文先生也出版了全集,但我个人认为他是建筑领域的组织家,跟陈明达先生不一样,陈明达是个扎扎实实的研究者。从这个意义上来说,《陈明达全集》的出版丰富了中国营造学社的文献宝库,也是对一位中国 20 世纪建筑巨匠的立体展示。我对于把梁先生说成古建筑的传承人是不太同意的,我觉得他绝不仅仅是古建筑的传承人,陈明达先生也是一样,他们都是有 20 世纪建筑遗产大思路的人。我们自己不推崇我们中国的建筑师,中国的建筑又怎么进入世界遗产的系列里面呢?所以我觉得,为中国建筑巨匠著史留名,《陈明达全集》无疑是一个范例。

这些年,我们跟《全集》的主要整理者殷力欣先生肩并肩地做了许多工作,殷先生是我们建筑文化考察组的重要成员、《中国建筑文化遗产》的副总编辑、20 世纪建筑遗产委员会的专家委员。感谢殷先生留存先贤历史底稿,荟萃成这部建筑遗产专著,它是中国建筑文博学人陈明达的 20 世纪学术精神的体现,也是传统接续之当代表达。

柳肃(湖南大学建筑学院教授、原院长):感谢这次会议的组织者给我们这个机会参加这个学术盛会。我与陈明达先生是有渊源的,当年中国营造学社为数不多调查研究中国古建筑的学者中有两位湖南人,一位是刘敦桢,一位是陈明达。我作为湖南大学的学者,算是刘敦桢的徒孙,我觉得我们作为湖南人应该要继承这个传统。陈明达先生为调查研究中国的古建筑付出了很大的努力,在学科建设方面取得了一系列突破性的成果,而作为湖南人,陈先生尽管在故乡湖南生活的时间并不长，但他在建设家乡方面却是尽心尽力，作出了很大贡献的，如他当年设计并监理的祁阳县重华学堂（今祁阳二中），至今仍在使用，并已列入中国20世纪建筑遗产名录。营造学社成立之初，梁思成先生、刘敦桢先生，他们人数不多，在艰苦的条件下坚持调查。中华人民共和国成立以后，力量变大，通过全国大合作调查中国的古建筑，在20世纪50年代收集了大量的资料。但由于种种原因，等到改革开放以后我们这一代人重新开始的时候，不仅大量的资料基本散失，很多古建筑也消失了。由此我就感受到今天这个工作太艰难，各位比我年长的前辈们感受应该更深刻。前辈们当年在那么艰苦的条件下都在努力，我们这一代人就更应该义不容辞地做好自己的工作。

钟晓青（中国建筑设计研究院建筑历史研究所研究员）：（此处略，因此段发言有重要史料披露，发言全文另发）

李兴钢（中国建筑设计研究院总建筑师）：我用三个身份发表感想。第一个身份，作为中国建筑设计研究院里的晚辈，我为院里有陈先生这位了不起的老前辈感到特别骄傲。第二个身份，我毕业于天津大学建筑系，是王其亨老师的学生，王其亨老师是陈明达先生的学生，所以陈明达先生是我老师的老师，而且天津大学在《陈明达全集》的出版工作中也做了很多贡献，我为学校、为老师感到高兴。第三个身份，我也是一个从事一线建筑创作的中国当代建筑师。在早年学习建筑的过程中，我受到中国传统建筑的感染，深信中国传统建筑里面蕴藏着可以对当代中国建筑创作有所启发的深度智慧。今天，我工作能有一点点成绩，我认为传统和历史的研究给我的启发占据了非常重要的地位。在座几代建筑历史理论方面的老师，从王老师、东南大学的陈薇老师，到后一代的丁垚老师、永昕群老师等等，都是我特别愿意向他们学习的老师。当我们再回头看陈先生这一套凝聚他毕生心血的学术全集，他的自述里说到，他的理想是研究"重新发现中国古代建筑学，并结合现实建立自成体系的中国建筑理论体系"。实际上，他的用意是希望中国建筑历史的研究能够对当下建筑的创作有所启发，有所影响，能够形成一种源远流长、承续不尽的体系，一种中国建筑设计从古代走来一直延续到当下甚至未来的体系，这是陈先生的理想。我会好好学习陈先生的这一套全集，让陈先生学术的心血之作带给我们的教益，对我们当下的创作能够起到更多的作用，发挥更大的影响，能够让我们有机会为当代的中国建筑的设计创作作出更多的贡献。

陈薇（东南大学建筑学院教授、副院长）：我代表东南大学建筑历史学科对《陈明达全集》的出版表示祝贺。今天我谈三点。第一，作为晚辈，我没有机会接触营造学社的前辈，但是今天听了很多专家的发言、看了《全集》，我有一种与前辈隔空对话的感觉，非常有感触。去年11月，我们东南大学做了一个"营造学社发现"的典藏版展览，虽然那些图都很陈旧了，有的甚至发霉了，但是其中的内涵仍然让我们觉得熠熠生辉，一百年前前辈们建立的学术研究框架，今天看来仍然有非常强大的生命力。尤其是营造学社的很多学者互通有无、合作无间，这样的传统在今天其实有所瓦解，我觉得这是我们特别需要向前辈学习的。第二，建筑历史学科在中国具有特殊的地位和作用，这是一个基础性的学科，从实践中来、到设计中去。在1953年到1965年的12年间，建筑历史学科有很多成果，对后来的建筑创作产生了很大的影响，这是中国建筑历史学科很重要的特色，我们要不断传承。第三，今天看了陈先生的学术生涯展览，发现他不但研究做得好，设计也做得好，在中国，建筑遗产和历史研究是一体两面、密不可分的，前辈为我们树立了楷模，我们的学术传统也需要这样的回归。

王贵祥（清华大学建筑学院教授）：感谢中国建科与浙江摄影出版社组织了这样一个盛会，一方面是《陈明达全集》出版的发布会，另一方面也是建筑史学界久违了的一次交流聚会，非常难得。

更要感谢为《陈明达全集》的出版作出巨大贡献的建筑历史研究所、天津大学建筑学院，特别是为此付出多年心血的殷力欣先生。没有他们锲而不舍的努力，这样一套大书，是很难问世的。《陈明达全集》的顺利出版，还需要特别感谢浙江摄影出版社。这是一个非常有中国文化传承精神与学术担当的出版社。出版这样一套纯学术性的全集，需要有相当大的经费支出。我们注意到，这套书的左上角有一个图标，就是国家出版基金的标志。很显然，这部学术大著得到了国家出版基金的支持。在感谢国家出版基金委的同时，我想说明的一点是，这样一套独立个人的学术著作全集，能够获得国家出版基金的支持，是非常不容易的。就我所知，在政策层面上，国家出版基金原则上是不支持某一个人的全集的。能够得到国家出版基金的支持，说明了两个方面的问题。一方面是浙江摄影出版社真的是将这套书的出版作为出版社的重中之重，因为一个出版社能够提交申请国家出版基金的项目极其有限，出版社一定是将陈先生的全集放在了优先的位置。另一方面是这部书显然受到了国家出版基金委评审专家的高度重视。出版基金的评审，有多个层级，获得出版基金的支持是非常难的一件事，但这部书能够最终获得支持，显然是其厚重的学术价值获得了每一评审层级专家的充分认可。从这一点也可以看出，《陈明达全集》的学术价值，是得到了学术界与政府的高度肯定的。

图20 王贵祥　　　图21 丁垚　　　图22 贾珺　　　图23 永昕群

作为一位建筑史学人，最初对陈先生的了解还是从他的著作开始的。陈先生的《应县木塔》在20世纪70年代晚期就已经问世，一拿到这部书，就难以释手。读这本书的时候，我大体上还是中国建筑史学的门外汉，但其研究分析的方法，及其对木塔设计规律的诸多阐述与探索，令我不禁对中国古代建筑产生浓厚的兴趣。后来我又仔细阅读过的陈先生的书，就是他的《营造法式大木作制度研究》。可以说陈先生的这两部书，对我本人的学术思想与研究理路，应该是有着深刻影响的。

我与陈先生还有一种十分特殊的关系，那就是陈先生与我的硕士生导师莫宗江先生是两位关系十分密切的学者。在我还是学生的时候，我知道莫先生常常会在周末骑着自行车到天安门附近高碑胡同的陈先生家中去聊天。两位在青年时期一起进入建筑史学之路的学者，肯定有很多的历史回忆，也有很多在过去学术研究中曾经遇到的未解难题，所以两人常常会一聊就是多半天。一次偶然的机会，我随莫先生去了陈先生家里，有了一次与陈先生的近距离接触。陈先生在高碑胡同的住宅，面积很紧凑，屋内的书很多，室内的一张方桌，可能既是先生学习研究的书桌，也是接待宾客的茶案。两位先生聊得很投机，不时地会笑起来。我只是坐在一旁静静地听，但听他们聊天的过程，也是一种享受。记得那天他们聊的话题很多，大部分谈话内容都不记得了，只是隐隐约约记得，他们的话里话外，多少与研究生眼前应该采取的方法论有关。那时，陈先生应该是正在审读我们提交答辩的硕士论文，他对我论文中采用的基于一些古代建筑实例的分析性做法给予了肯定。记得他还展开性地说了一些他自己曾经关注的问题。

在硕士论文答辩期间，我还进一步接触了陈先生和文物局文研所的杜仙洲、祁英涛两位先生，他们应该都是与莫先生交往较深的学界友人。从这些老先生身上，能够感受到一种学术的担当与追求。其中，令人印象最深的还是陈明达先生，尤其是他那敏锐的思维与活跃的研究思路。

作为一个建筑史学人，在多年的学习与研究之中，我大约可以体会到，建筑史研究，特别是中国古代建筑史的研究，大约可以分为几个不同的方面。首先的一方面是需要关注古代建筑"有什么"的问题；第二个方面则主要是关注古代建筑"是什么"的问题。比较多的学术研究，大都集中在这两个方面，即"有什么"与"是什么"。这样的研究，为我们展开的是中国古代建筑本身，以及中国古代建筑的历史发展本身。

也就是说，这样两个十分重要的基础性研究，其在方法论上，主要是叙述性的，其主要目的，是把某一时代某座古代建筑实例，是个什么样态，这些样态大约是如何在历史长河中慢慢地发生演化与变迁的这样一些实实在在的现象，通过文字、图像与数字的表达记录下来，表述明白。

此外，建筑史的研究，包括中国建筑史的研究，还有一个方面，就是关于"为什么"的问题。为什么这座建筑是这个样子，为什么其房屋的柱子、开间、斗拱等采用了这样一种尺度，其中是否存在某种比例，存在某种规律性的东西，这样一种研究思路，就是探索古代建筑中未曾显露在其表面样态中的一些奥秘。揭示这些奥秘，对其可能的用材与尺寸加以解释，从而将古代工匠在最初设计与建造这座房屋时候的一些思考揭示出来，这就关乎建筑史上"为什么"的问题。重要的是这种对"为什么"的关注，可能会揭示古代中国人的设计思想与设计方法论，这其中既隐含了古代中国人的智慧，或许也能够为现代建筑师的建筑创作提供某种灵感。

我想说的一点是，在数不胜数的建筑史论文中，陈明达先生的论著，能够有如此诱人的魅力，恰恰就在于，陈先生在关注古代建筑"有什么"和"是什么"的问题之外，也以其非常敏锐的观测力，特别关注了古代建筑"为什么"的问题。

关于古代建筑"为什么"的问题，其实从朱启钤、梁思成、刘敦桢这些中国建筑史学的拓荒者一代就已经提上了话题。这一点我们从《中国营造学社汇刊》最早的几期文章，特别是朱先生制订的一些研究计划中，能够隐隐地感觉到。梁先生在抗战最困难的时候，就开始了《营造法式注释》的研究，其对古代建筑古籍详加注释的重要目的之一，无疑也是对建筑"为什么"的问题进行最基础性的探索。梁先生在《营造法式注释》中对唐宋时期建筑材分制度、勾栏比例、彩画理论等诸方面的研究，都有对唐宋时代建筑所隐藏的奥秘相当有深度的揭示。

陈明达先生就是秉承了学社的这样一种学术传统，并且加以发扬光大。陈先生的研究，除了重视建筑案例的原始数据,重视《营造法式》的文字表述之外,还特别关注建筑数字之间可能存在的某种比例规律,或《营造法式》文字中隐含的材分制度与建筑开间柱高等尺寸确定之间可能存在的奥秘。

对建筑技术的关注,也是陈先生学术思想的重要组成部分。20 世纪 80 年代初出版的《中国古代建筑技术史》一书中,由陈先生撰写的章节,恰恰是吸引我比较留意阅读的部分。他对建筑的建造与材料性质之间的关系的观点,尤其令人印象深刻。虽然在一些观点上,还不能使人充分信服,例如,他认为根据木材的受压材性,古代文献中记录的北魏洛阳永宁寺塔,不可能达到其所描述的自塔刹以下高49 丈(1 丈 ≈ 3.33 米)的高度。但他的这种研究思路与方法,还是值得我们后辈学人认真学习与深入思考的。

浙江摄影出版社此前出版的《营造法式(陈明达点注本)》就是一套很重要的书。我在自己承担编写工作的《营造法式注释补疏》一书中,充分引用了陈先生这本书中对《营造法式》的点注。目前,这套《陈明达全集》的出版,使我们能够再一次重温陈先生的学术之路,再一次深入体会陈先生在中国建筑史研究方面的诸多深入思考,也进一步学习与体会他在研究中采用的方法论。可以说,这套书的出版,对中国建筑史学科的薪火相传,对年轻一代建筑史学人,都会产生十分重要的影响。

借这个机会,作为一个从事建筑历史与理论研究的学人,我想再一次对会议的组织者中国建设科技集团与浙江摄影出版社,对建筑历史研究所,对为陈先生全集出版作出无私贡献的天津大学王其亨教授团队,特别是现在的天津大学建筑历史与理论研究所所长丁垚先生,也对多年沉浸于《陈明达全集》编辑整理工作的殷力欣先生,对给予中国建筑史学术发展以充分支持的浙江摄影出版社,致以崇高的敬意与深深的感谢。

丁垚(天津大学建筑学院教授、建筑历史与理论研究所所长):(此处略;发表全文另发)

贾珺(清华大学建筑学院教授、学院图书馆馆长):我虽然没有机会亲眼目睹陈先生的风采,但是从我学习中国建筑史开始,就一直把陈先生的书作为最重要的教材和范本,特别是《应县木塔》和《营造法式大木作制度研究》。我与陈先生也有一点很小的缘分,清华以前有一部学术刊物《建筑史论文集》,后改名为《建筑史》,在 1999 年复刊的时候,张复合老师拉我去作副主编,给他当助手。当时,殷先生系统整理陈明达先生的遗著,很多篇目首发在《建筑史论文集》上。很荣幸,我做了些简单的编辑工作,近水楼台,先睹为快,有了一个非常好的学习机会。后来,也跟殷先生多次聊天,对陈明达先生的学术生涯、学术贡献的印象就更深刻

了,从营造法式术语的汇释,到独乐寺、彭山崖墓,一篇一篇读下来,感受深刻,也越发感觉到那一代学人的不容易,让我们这些后学十分敬佩。

我觉得学术研究本身特别像是一艘大船,一直在往前开,不仅满载知识,而且要探索前进的方向。我觉得《陈明达全集》以及之前的《梁思成全集》《刘敦桢全集》,是这艘船很重要的压舱石。因为有这些压舱石在,船会行驶得更稳,也会给我们指明大致的方向。作为后辈的后辈,我们有责任和义务去认真学习和回顾前辈们的学术成果,让这艘船继续前进下去,把学术的星火更好地传承下去。

永昕群(中国文化遗产研究院研究员):我应该算是陈明达先生弟子的弟子,中国讲"所见世""所闻世""所传闻世",我们可能处在"所闻世"这一个阶段,也是一个承上启下的年龄。在《陈明达全集》的整理过程中,殷力欣先生给了我一个任务:结合我的工作,对《应县木塔》这部分文稿做一个轮次的校对。我有三个认识。

第一,通过这几年在应县木塔的工作,我对陈先生的应县木塔研究成果进行了比较多的学习,我觉得陈先生的应县木塔研究是非常有水准的,他把梁先生对应县木塔结构的本质的直观感觉给继承下来了,然后做了一个详细的研究和论证。陈明达先生的《应县木塔》是 1966 年出版的,20世纪 80 年代初又出了一个新版,两版里有他不同的文字阐述,他自己对这个木塔的认识有了提升。这其中主要指的就是对于木塔斗拱层、铺作层的整体性,陈先生做了非常深入的研究。我感觉这就是抓到了中国早期木结构的一个特点,而这个特点事实上往往是专门搞结构工程的研究者忽略的。这必须由建筑史研究者来引领,结合多学科的研究,才能够得出结论,再通过结构实验的数值分析去进行深入的研究。所以,我们现在对于应县木塔、独乐寺观音阁等早期木构建筑的研究,在近十几年是前进的,这包括结构工程分析上的这种假定,包括理论和实验的进步等。而这些进步的一个基本认识,还是梁先生首先提出,后来经过陈先生严密化之后的铺作层分层的这种概念,这种刚性层的概念。

第二,陈先生在国家文物局系统待过很多年,他对古建筑保护提出了非常多的建议。在 20 世纪 50 年代他就给局领导写信,建议做好古建筑的测绘记录工作。像这种建议,我想直到现在都是非常有意义的,并且在很多重要的古建筑中,就采取精细化扫描,使用各种信息留存方法记录信息,事实上这是承袭了陈先生一贯的学术主张。

第三,刚才几位老师也都提到了营造学社,包括早期资料整理的问题,我有一个比较突出的感觉,营造学社的资料事实上抓住了些真问题。包括 20 世纪 50 年代我们院的古建修整所,他们做了很多修缮工程,都有非常详细的记录,

李海霞　　　　张宇　　　　冯棣　　　　成丽

非常认真的讨论。这两个方面，是现在非常需要继承和发扬的，我们也想对这方面的资料进行深入的整理，能够从中学习，给大家以激励。

李海霞（北方工业大学建筑与艺术学院副教授）：第一，有幸参加这个盛会我十分激动，前辈们说的字字句句都特别令人感动，尤其是贾珺老师所说的学术撑船。有前辈们掌舵，后学就有一个方向，有了强有力的学术支撑。与殷力欣老师接触，很钦佩他长年累月做这个事情，能坐得下冷板凳十年、二十年、三十年……就一直在做这个事情，哪怕面临着家庭的变故，双亲的失去，还有经济上的局限。在这种情况下能完成本书，我真心觉得不容易。他曾经给我发过其中一卷的校稿校勘，几十万字的文稿全都要补注引文，我觉得他很认真，而出版社也特别认真，令人钦佩。第二，殷老师曾经与我聊起过陈先生，让我能感受到陈先生其实是一个特别风趣，特别有个人魅力的人，他在西南考察的过程中会关注美食、生活的一些场景。我认为这些前辈必须是有着特别有趣的灵魂，才能成就这么大的事业。因为我跟昆明有一些渊源，所以，这也激发了我个人的研究兴趣，去研究一下陈先生和营造学社在西南调查的一些历史往事。

张宇（西南交通大学建筑学院副教授）：我现在给大家放一些图，要非常冒昧地用直观的方式来展现些许陈先生年轻时候的魅力。我们从营造学社在四川考察的三千多张照片中找出了几十张陈先生的照片，下面我分三个版块介绍。

首先，我想说的是，陈先生是一个非常潮的人，他衣服很潮。只看他的下半身，就已经可以判断出是他了。我给大家看一下，他这个是短袖、帽子、大翻领——他们刚开始考察四川的时候，天还比较热。下一张，到考察高颐阙的时候套了个毛背心。他有一套非常经典的打扮，就是深色的衬衣，浅色的裤子，再带个手杖，这在很多地方都出现过。他这身非常醒目，即使是远远地拍，都能看出是陈先生。冬天的时候还在四川，他就换上大衣，有在梓潼七曲山、广元千佛崖拍的。转过年即1940年的时候，他换了另外一身收腰

的呢子短衣，在渠县的汉阙，也是穿着这套衣服。我觉得，即使在最艰苦的年代，这些前辈们也还是保持着乐观、自信的心态的。

第二个版块，我想说的是，陈先生所在的团队有非常温馨的师长。我们看到的这张照片是梁先生正在给陈先生做画图示范。下一张，中间这个是梁先生，他背一个带短皮带的便携式相机，从右往左斜挎。我们可以看到，梁先生很多时候都背着这个相机，背对着坐那画图。画了以后，可能就给陈先生做示范；陈先生也自己画图，这是陈先生画的。下组照片，梁先生坐在同样一个位置，陈先生也在同样一个位置。我们把图放大点，可以看到跟刚才一样的背影，坐着的是梁先生，站着的是陈先生。当时他们用的是禄来双反相机，就是得低着头，往上面去拍斗拱，这样拍照片。而这个照片呢，我估计是梁先生觉得好玩，正好拍建筑的时候一并把陈先生的工作姿态也给拍下来了。这里还有一张很难得的有刘敦桢先生的合影。最左边就是刘先生，中间是陈明达先生，还有梁先生。他们是四人行，所以照片应该是莫先生拍的。下一张，是很著名的一张照片，从左到右是陈先生、梁先生和莫先生，拍照的应该是刘敦桢先生。

陈先生除了参加营造学社当时为期半年的考察外，还参加了考古团。这张应该是1941年10月，当时李济所长到彭山考察的时候，他们一块拍的照片；最右边这个是陈先生。同样在1941年，陈先生还跟着调查了成都的民居，拍照的人很可能是刘致平。这张照片应该是在成都一个大院子里面，这两个都是陈先生。这张是陈先生已经结婚了，很有家庭氛围。在这个院子里，一群妇女小孩，陈先生蹲那儿逗孩子。

第三个版块，要说的是陈先生和莫先生的友谊。首先这一张，个子较高的是莫先生，他右手边的是陈先生，戴帽子的是梁先生，拍照的是刘先生。照片中，陈先生和莫先生在并肩工作，两个人都爬到阙顶上去了，还在那琢磨画图。这几张是在阆中一个唐代的石刻里，左边照片中两个人都叠在一起了，其实是陈先生和莫先生在那看雕像；旁边那张是梁先生想爬上来，很有爱的画面被定格，应该是刘先生拍的。最边上这张是梁先生又爬下去了，陈先生爬下去了，莫先生在上面还没有下来。这是一个连续的拍摄，是对他们友谊的最直观的视觉呈现。

由我来点评青年时候的陈先生是非常冒昧的，但我觉得他们留下的影像，给予了他们全新的数字生命，使得我们能

够更直观地感受陈先生的个人魅力和所在的整个学术团队的人情味。

冯棣（重庆大学建筑学院教授）：我参与校核了《陈明达全集》的第一卷。陈先生去过的地方，我们也都跟着走了一遍；发现陈先生去过北方，去过南方，看过地上的木构，看过地下的石构，所以他对研究出来的结论非常地笃定。很感谢陈明达先生，他在西南给我们铺垫了学术道路。而且我们也看到，陈明达先生从一个跟随学习者，逐渐成长为可以独立地考察案例、独立地进行学术写作，甚至还做设计——当时中共西南局的政府大楼是他设计的，中共重庆市委办公大楼也是他设计的。这样一位一边拿着书卷，一边在田野间行走，一边还做设计的先生，真的非常值得我们尊重。陈先生是真正做到"知行合一"的学界先辈。感谢诸位先生和各界同人。我们做西南地方的研究，一定是越不过陈明达先生的。他以前那本《陈明达古建筑与雕塑史论》，也是我经常看的一本书。

成丽（华侨大学建筑学院教授）：我 2004 年入学不久，王其亨老师安排给我的就是"《营造法式》研究史"课题，非常幸运地参与了陈先生录音和手稿的整理工作。刚才有学妹问，陈先生说话有没有口音，我回想一下是没有的，还蛮清楚的。关于陈先生手稿的整理，我也有个体会，有些字真不认识——是草体。也是整理了陈先生的手稿，让我认识了很多草书和繁体字；现在想想，我当年读书就已经被老师带到一个很高的平台了，并且进入了营造法式的世界。刚才看展，有陈先生的手稿，说实话看到时我眼圈红了，有很多回忆在里面。今天参加研讨会，让我又有了继续研究的新动力。我就借此表个决心，今后继续做好营造法式的相关研究。

周学鹰（南京大学历史学院教授、东方建筑研究所所长）[因故未到场，由学生何乐军代为发言]：众所周知，陈明达先生是继我国第一代建筑史学大师梁、刘两位学术先贤之后最杰出的学者之一。陈明达先生以研究古建筑技术闻名，其《应县木塔》《巩县石窟寺》《营造法式大木作制度研究》等一系列在我国建筑史、雕塑史及文物保护等方面极具影响力的学术专著，均属具有划时代意义的杰作。尤其是其《营造法式大木作制度研究》，在国内外学术界影响力巨大。陈明达先生重新确立中国建筑学体系的远见卓识，令人惊叹不已；其把个人研究工作中的得与失公之于众，以期年轻一代能够改正先辈错误、突破前人局限、使学科有新的发展的精神和勇气，令人感佩、动容。

我们相信，随着时间的推移，《陈明达全集》必将散发出

愈加恒久的学术魅力，其众多开创性的学术研究成果永存！

结 语

《陈明达全集》共十卷，收录了目前所能收集到的陈明达先生全部的学术论文、专著古代建筑测绘分析图稿和建筑设计作品，包括大量未曾正式刊行的遗作，以及其研究过程中的产物，如研究草图、批注、建筑摄影、绘画等。陈明达生前所留书稿由其后人殷力欣倾力整理，并得到天津大学建筑学院的支持，甚至成为该学院建筑历史教研的重要课题；进入《全集》整理阶段，丁垚、肖旻、李兴钢、周学鹰、永昕群等专业学者受邀担任《全集》的编辑整理委员会成员，参与审阅校订工作，刘叙杰、单霁翔、傅熹年、马国馨、王其亨、金磊、王贵祥等学界名宿受邀担任编委会顾问，支持有关工作；由浙江摄影出版社组织协调编校团队和专家团队，打磨出版《陈明达全集》。

在形式上，《全集》最大程度地还原了所附历史图稿的原貌，处理了褪色、残损、模糊、缺失等问题，最终以高清图版展示了 3 000 余张建筑图片资料。《陈明达全集》真实地呈现了陈明达在中国传统建筑历史与理论研究、建筑文献考证、古建筑保护实践以及建筑设计等多方面的成就和研究进展，展现了他严谨笃实的学风、独辟蹊径的学术视野以及形象思维与逻辑推演并重的治学特点，是一份宝贵的学术遗产和一部珍贵的历史文献，是我国建筑史学界继《梁思成全集》《刘敦桢全集》之后，又一部谨严笃实、见解精深的皇皇巨著。这套《全集》的出版，将对推动我国建筑历史学科的发展、确立中国建筑学体系乃至传承和发展中国建筑文化产生重要作用。

从梁思成、刘敦桢到陈明达，几代建筑学历史学家薪火相传，回答了中国建筑"有什么、是什么、为什么"的问题，中国建筑确立了现代范式，找到了属于中国自己的坐标，其不朽价值得到了世界的认同和尊重，在世界建筑体系中占据了独树一帜的地位。

A Glimpse into the Academic Career of Architectural Historian Mr. Chen Mingda

建筑史学家陈明达先生学术生涯掠影

建筑历史研究所 浙江摄影出版社（Institute of Architectural History , Zhejiang Photographic Press）

建筑视角的百年之变
——建筑史家陈明达的学术生涯

陈明达先生生平简介

陈明达，我国杰出的建筑史学家、文化遗产保护与研究领域权威专家，1914年出生于湖南长沙，1923年迁居北京，1932年加入中国营造学社，后历任重庆陪都建设委员会工程师、原文化部文物局业务秘书、文物出版社编审、中国建筑科学研究院建筑历史研究所（今中国建设科技集团下属中国建筑设计研究院有限公司建筑历史研究所）研究员，1997年8月26日在北京病逝。

"我们应当在熟知和理解本民族文化传统、生活习惯、建筑设计观念的基础上，批判现代习俗的云末以相违新的民族形式。—简化，在现时代，应该有人，规复我中国建筑学体系而已作。"
陈明达《中国建筑史学史》（提纲），1994年

陈明达先生生前出版的部分专著书影

遗著《蓟县独乐寺》获首届中国建筑图书奖

代表作《应县木塔》获第二届中国建筑图书奖

1973年，山西古建筑考察途中的陈明达先生

陈明达先生毕生致力于重新发现中国古代建筑学体系，尝试在新时代确立新的中国建筑理论，著有大量的学术论文和专著，尤以宋《营造法式》专项研究引学界瞩目。所著《应县木塔》《营造法式大木作研究》等是建筑历史学科的重要研究成果、公认的学术名著，并有祁阳重华学堂大礼堂、中共西南局办公大楼、重庆市委会办公楼等建筑设计作品传世。

陈明达先生在中国建筑科学研究院工作期间，与刘致平、贺业钜、傅熹年、孙大章等组成了一个阵容强大、硕果累累、享誉中外学术界的科研团队。

1972年年底，陈明达被调入中国建筑科学研究院建筑历史研究所（左一陈明达，左四贺业钜，左五刘致平，左八刘祥祯，右二孙大章，右四王其明等）

陈 明 达 先 生 学 术 生 涯

1932—1937年

古建筑调查与文献考据并举的初创阶段

陈明达先生于1932年加入中国营造学社，师从刘敦桢、梁思成，是刘敦桢先生的主要助手，历任绘图生、研究生、研究员。至1937年抗战全面爆发之前，陈明达参加了历次河北、河南、山东、山西等地的古代建筑与石窟专题调查；此时期曾手抄全本《营造法式》（包括摹绘其中的六卷图样），可谓其从事此专项研究的起点。

1936年，考察登封嵩岳寺塔（陈明达摄）

1932—1937年

古建筑调查与文献考据并举的初创阶段

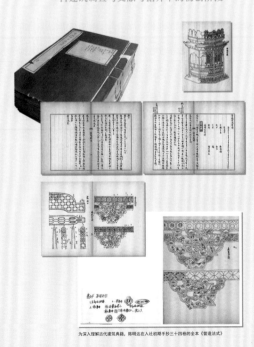

1936年，考察登封少室山初祖庵开山大殿（图中右一为陈明达）

1936年，考察登封少室山少室庙（图中左起为赵正之、陈明达、刘敦桢等）

1936年，考察河北新城开善寺（图中左起为刘致祯、陈明达、赵正之等）

1936年，与赵正之等人在河南武涉调查当地民居途中

为深入理解古代建筑典籍，陈明达在入社初期手抄三十四卷的全本《营造法式》

1938—1945年
坚持学术抗战，投身战时城市建设

抗战全面爆发后，中国营造学社的主要成员梁思成、刘敦桢、林徽因、刘致平、陈明达、莫宗江等在昆明会合，之后又移居四川李庄，开启了一段艰辛而成果丰硕的学术抗战。陈明达参加了云南昆明、大理、丽江等地的古建筑调查，川康古建筑调查，并代表营造学社参加了四川彭山汉代崖墓发掘工作；1943年，他转任重庆陪都建设委员会工程师、中央设计局研究员，从事战时的重庆城市规划工作。

1938年，考察大理元世祖平云南碑（图中左一为吴金鼎、左二为刘敦桢，陈明达摄）

1938年，考察鹤庆民居（图中立者为刘敦桢，陈明达摄）

1938年，考察云南鸡足山金殿（图中立者为陈明达）

1939年，考察楚雄文庙前明代牌楼（图中左起为陈明达、刘敦桢，莫宗江摄）

1938—1945年
坚持学术抗战，投身战时城市建设

陈明达在中国营造学社期间参与普查上千处古迹，详细测量古建筑一百余座，其中四十余座绘成1/50实测图，二十余座绘成1/20模型足尺大样。这一阶段，他厚积薄发，直至从业第十一年，才于1943年撰写完成平生首篇论文《崖墓建筑——彭山发掘报告之一》，但因时局变幻，直至六十年后的21世纪初才得以正式发表。

彭山崖墨画稿之一

定兴北齐石柱测绘图

镇南马鞍山民居测绘图

彭山崖墨画稿之二

冯焕阙测绘图

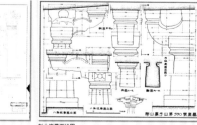

彭山崖墓测绘图

1938—1945年
坚持学术抗战，投身战时城市建设

1939年，考察楚雄文庙大成殿（图中左起为莫宗江、陈明达）

1939年，考察雅安高颐阙（图中左起为梁思成、陈明达）

1939年，考察成都民居陈宅

陈明达考察通行证

1942年，彭山江口合影（图中右起为陈明达、夏萧、李济之、曾昭燏、冯汉骥、高去寻、王介忱、吴金鼎）

1945—1953年
建筑实践与家国情怀

1945-1952年，陈明达在重庆中央设计局公共工程组、陪都建设委员会、重庆市建筑公司任职，从事重庆市道路网及分区规划设计工作，先后设计并监理施工湖南祁阳重华学堂、重庆中共西南局办公大楼及附属工程和中共重庆市委会办公大楼及附属工程。

湖南祁阳重华学堂的设计和施工监理，系陈明达先生为战后重建家园，亲手将家族宗祠改建为公共教育机构之义举。

重华学堂操场及大礼堂全景

重华学堂大礼堂天花板明窗

重华学堂大礼堂立面侧影

1945—1953年
建筑实践与家国情怀

有感于中共西南局有关"党政机关办公楼应厉量节俭而又不失美感"的倡议，陈明达先生设计并监理施工重庆中共西南局办公大楼、中共重庆市委会办公大楼，并为此推送了原文化部文物局于1950年发出的聘任。

中共西南局办公大楼正立面

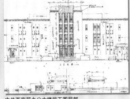

中共西南局办公大楼施工图局部

1950年，参加重庆市委会大楼工程莫基仪式（前排右二为陈明达）

重庆市委会办公大楼鸟瞰

重庆市委会办公大楼屋顶瓦面

1953—1966年
文物保护与建筑历史学科建设

在这一时期，陈明达先后任原文化部文物局正高级工程师兼业务秘书、文物出版社编审。他拟定全国文物保护单位中的古建筑名单，草拟保护法令及办法；协助地方鉴定古代建筑，审查各地古建筑修理计划及技术文件；参与敦煌莫高窟、龙门石窟、南禅寺、永乐宫等重要古迹的保护与研究；参加《中国古代建筑史》的编写工作；个人相继完成两部专著——《巩县石窟寺》《应县木塔》。

正如傅熹年院士所说："这本专著（《应县木塔》）阐明，中国古代建筑从总平面布置到单体建筑的构造，都是按照一定法式经过精密设计的，通过精密的测量，是可以找到它的设计规律的。"

1953年原文化部文物局文物处合影（前排左起为谢元璐、郑振铎、张珩、陈明达）

1961年，调任文物出版社编审

1958年左右，根据陈明达所给模型图制作释迦塔模型

1962年，为编撰《应县木塔》而赴应县补测

1953—1966年
文物保护与建筑历史学科建设

根据陈明达本人的回忆，这是他"打下了理性认识的基础"的第二阶段，也是"综合前两阶段的结果，取得了跃进"的第三阶段的初期。

1956年左右，参加编写建筑史的陈明达（左四）与中国建筑研究室汪之力（左六）、王世仁（左七）、张驭寰（左三）等

1956年参与编写的《中国建筑》，此为陈明达首次参与建研院历史所的研究工作

龙门石窟奉先寺卢舍那大佛胸像（陈明达摄）

1958年刊发《中国建筑概说》之作者批注

南禅寺横断面图

为撰写《应县木塔》所绘"佛宫寺塔院复原想象图"

为撰写《应县木塔》所绘"释迦塔立面构图分析"

1966—1982年
向理论进军的初步尝试

在这一阶段，陈明达先生既有因"文化大革命"而中断学术研究的无奈，也有在非常时期对研究事业的坚守。1973年，他调任中国建筑科学研究院建筑历史研究所研究员、高级建筑师，专门从事古代建筑、古代建筑史研究。1978年完成的《营造法式大木作制度研究》，是他研究《营造法式》四十余年的学术成果，他对大木作"材制"的深入探析展示了中国古代匠师的高超智慧和独特的美学趣味。

1973年，与建研院建筑历史所所长刘祥祯合影

《周代城市规划杂记》手稿

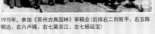

1975年，参加《苏州古典园林》审稿会（后排右二刘致平、右五陈明达、右六卢绳、右七莫宗江、左七杨廷宝）

1973年，陈明达（后排右五）、莫宗江（后排右四）等重访应县木塔

1966—1982年
向理论进军的初步尝试

按照陈明达先生在 1980 年的回忆，"从开始学习到现在已经四十七年了，除去'文化大革命'前后停顿的十四年，实际工作了三十三年，回想起来，恰好可分为三个阶段"——第一阶段着重于实物的测绘，第二阶段着重于建筑设计实践和经典著作《营造法式》的研究，第三阶段综合前两个阶段的成果，取得了建筑理论探索的跃进。

1973年，五台山塔院寺前合影（后排右五为陈明达）

抓紧时间工作的陈明达

1980年初，陈明达夫妇

《营造法式大木作制度研究》征求意见稿、初版的自我批注

1983—1997年
为重新确立中国建筑学体系而皓首穷经

陈明达先生多次强调，中国建筑历史研究学科的现阶段目标应是"发现中国古代建筑学，针对现实重新确立新的中国建筑学体系"。为此，他夜以继日地工作，并不断反思以往，把学科建设的希望寄托后学。

陈明达先生晚年

陈明达先生与挚友莫宗江先生

甘露庵库房分析研究手稿

工作卡片

永乐宫三清殿分析研究手稿

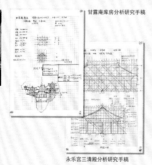

《我的业务自传》节选

1983—1997年
为重新确立中国建筑学体系而皓首穷经

陈明达先生的晚年，是不断取得研究成果的阶段，也是不断思考学科未来的阶段。他所主持的《中国大百科全书》"建筑、园林、城市规划"卷"中国建筑史"分科的编写工作于 1986 年完成，主编的《中国美术全集》"巩县、天龙山、响堂山、安阳石窟雕刻"卷于 1989 年出版，专著《中国古代木结构建筑技术（战国—北宋）》于 1990 年出版。《营造法式辞解》《营造法式研究札记》《中国建筑史学史》等的写作，至临终仍未辍笔。

《独乐寺观音阁山门的大木制度》手稿

观音阁侧立面分析图

1981年，获建工部科研成果一等奖

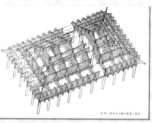

奉国寺大殿木构架示意图

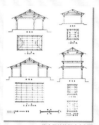

海会殿结构形式实例图

承前启后，继往开来
——《陈明达全集》出版前后

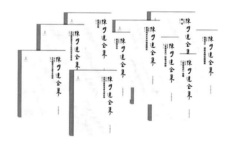

陈明达先生逝世后，陆续有整理完成的遗稿发表。其遗作的整理工作得到了天津大学建筑学院、清华大学建筑学院《建筑史论文集》编辑部、北京市建筑设计研究院《中国建筑文化遗产》编委会等学术机构的大力支持，尤其与天津大学建筑学院建筑历史的教研工作产生了密切联系。近年来，这项工作又得到浙江摄影出版社的全力配合，经四年多的合作努力，国家出版基金项目《陈明达全集》问世。这是中国建筑历史与理论学科一件具有承前启后意义的大事，也将为新时期的建筑创作提供一个意味深长的文化思考课题。

"个人在研究、思考过程中的错误和局限往往是自己无法认识到的，因为每个阶段的认识水平毕竟有限。我把个人研究工作的得与失客观地公之于众，希望年轻一代能修改正前辈错误、突破前人局限，使我们这个学科有新的发展。"

陈明达，1993 年

The Thoughts Before Publication of *Complete Works of Chen Mingda*

《陈明达全集》出版在即感言

丁垚 (Ding Yao)

* 天津大学建筑学院教授、建筑历史与理论研究所所长。

陈先生的著作，是建筑学人的宝贵财富。多年的整理编排工作至此告一段落，从此更方便学界同人全面了解阅读，实在是个大好的消息。《陈明达全集》（以下简称《全集》）的内容以及陈先生的学术贡献和特点，我将另撰专文介绍，这里仅将本书整理编排过程中的几点感想罗列如下，以供读者参考。

其一，分册和目次。

《全集》的目次自非作者本人的编订，而只是出于我们整理出版的便宜从事。这一点与二十几年前出版的选集性质的《陈明达古建筑与雕塑史论》十分不同，那份目次是陈先生晚年指导殷力欣先生整理的，相当程度上是作者"自选"。

十余年前，在整理出版陈先生遗稿《〈营造法式〉辞解》前后，始有《全集》编纂之议，我最初拟作《全集》目次九或十卷，从那时候起，到如今面世的模样，中间变化调整很多，但也都是一种"权宜"和反复思量的过程。像汉阙研究，是陈先生学术工作的重要组成部分，他既参加了 20 世纪 40 年代营造学社的汉阙调查，也在 20 世纪 50 年代整理发表了相关的文章，而后在 20 世纪 70 至 80 年代又在通论著作里有接续的深入探讨，直到 20 世纪 90 年代还在关注，受托为专著作序。而这部分文稿的分册与拟题，连同彭山崖墓，其实在"西南地区"和"汉代建筑"两者之间来回斟酌。两者各有道理，但最后总要选一个。汉阙研究是如此，其他的也类似。这一点是首先要向读者报告的。

其二，《全集》的"全"。

《全集》最重要的特点就是"全"。现在看来，它既是陈先生著作文稿的汇集，更是学习研究陈明达学术的资料宝库。这一点目前的表现，要比当初策划时丰富许多，《全集》收录了很多陈先生研究过程中的阶段性成果，包括手稿、研究草图、表格、测稿、建筑摄影、绘画等。

在此举三个例子。

第一个是关于重要建筑实例的基本尺度图表。这也是营造学社时期即开始的工作方法，经过数十年的积累和调整，第一次完整呈现是在《营造法式大木作制度研究》一书中，继续调整后又单独收入《建筑历史研究》，在这个过程中陈先生还在画个例的分析图以及进行独乐寺建筑的深入研究。《全集》就把以上这些内容全部收录了，时间跨度约为 20 世纪 70 年代中期至 20 世纪 90 年代初，这对完整理解陈先生的学术是很有帮助的。

第二个是营造学社时期的测稿。大家都知道陈先生是学社测绘的主力，以易县开元寺的调查为例，就是他和莫宗江先生跟从刘敦桢先生具体开展的。按刘叙杰先生整理发表的大刘公笔记等当时的资料来看，刘公的现场分工是：莫拍照，陈画图。因为得到清华大学诸位老师的全力支持，所以我们得以收录并仔细分辨了开元寺的现存测稿，目前还在详细核对判

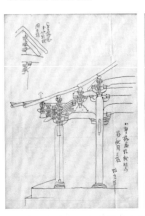

图1 陈明达先生研究《营造法式》图样版本手稿

图2 1962年，陈明达先生为编撰《应县木塔》而赴应县补测

断的过程中，今年或有专文待刊，总之大体上是符合这样的分工的。而为了前述《营造法式大木作制度研究》及图表的写作和整理，实际上陈先生在 20 世纪 70 年代末又与老友莫先生合作，把四五十年前他们俩小时候画的测稿又开始重绘、整理，对于这部分图文我们十几年前就开始琢磨，幸得莫涛先生的反复指点，所以也得以把这个过程梳理清晰，相关的资料也录入《全集》中。

第三是陈先生的批注。这类内容很多，古书上的、今人著作以及自己发表的文章专著上的都有，这里仅举一个很有代表性的例子。梁思成先生遗著《营造法式注释》（卷上），是自营造学社时期的研究工作成果脱胎而来的，梁先生自己在前言里写得很清楚了，而其中很重要的图释部分的前身则是 20 世纪 50 年代印行的《营造法式图释》。陈先生在这两种图释上都有批注，都是很珍贵的学术史料，感谢国庆华教授的帮助，我们得以集齐汇入《全集》。

其三，注释。

详细的整理注释，是《全集》编辑出版的另一个特点。这部分的权衡和写作，除去些许细节的建议外，几乎全是殷力欣先生的贡献。他身兼《全集》作者亲属暨版权所有者和编辑出版工作的全流程推动者，是本书得以问世的第一功臣。不仅如此，陈先生去世迄今二十余年的时间里，殷先生一边整理自己的学习心得，一边督促并指导我们对陈先生学术的研究工作，又将随侍陈先生身边见闻受教的记忆陆续写出，在《全集》之中就集中体现在大量的编者注、按语。既充满撰写者本人的真知灼见，更重要的是，这些内容对于学人依托文字想象陈先生的丰满形象和勤勉学行，具有不可替代的参考价值，和陈先生的著作文稿一起，也成为学术史上的重要历史资料。

其四，关于《营造法式》。对《营造法式》的研究是陈先生之于中国建筑学术最突出的贡献，这一点在傅熹年先生受莫先生所托为陈先生选集出版所作序中已言明，亦为海内外学界所公认。其中最具代表性和影响力的著作，当数 1978 年完稿的《营造法式大木作制度研究》。但实际上，除了这部名著外，即使不算作者前后撰写的学理上相关的木塔、独乐寺等著作，单说与《营造法式》本书有关的研究与各类手稿，尚有很多，这次编纂《全集》，也力争做到了"竭泽而渔"，唯分册编次问题，与前述汉阙研究类似，尚待读者阅读时明察。

另外，还有三种陈先生的特殊"遗物"与《营造法式》有关。其实就是三套《营造法式》。一个是约 1933 年他刚入营造学社跟从刘公学习时亲笔过录的，底本是"丁本"，即江南藏书家们辗转传抄宋本《营造法式》的一个较晚的抄本。唯有两点值得注意，一是过录有刘公等人以其他抄

本校对的记录，二是图样的抄绘方式应体现了学社当时的看法。另一套则是陈先生 20 世纪 50 年代回到北京后买的一套"万有文库"本，即小"陶本"，这套开本小而又版式清晰，所以看来是陈先生后来研究时所使用的主要工作用本，上面有很多陈先生的批注，内容丰富。陈先生后将此本赠予王其亨教授，王老师曾作有一篇"是否全本"的重要文章，就是依据此本及其上的批注，在陈先生的宝贵提示下完成的。此本近年已影印出版，唯付梓匆促，我当时没有来得及把书的基本情况说清楚，尚待重印时补入。再有一种是大"陶本"，亦有陈先生的批注。后两种《营造法式》都没有收入全集。

其五，十卷巨著出版，实属不易。自十几年前酝酿以来，中间一波三折，多亏众多友人无私帮助，殷先生在《全集》里已经写得很详细。但我还想赘言数句，表达一下个人的感想、感谢。

首先要感谢金磊先生，没有他十几年如一日的支持，就不会有本书的面世。也要感谢徐凤安先生，在本书由浙江摄影出版社接手后，幸亏有他和同事们的眼光以及对学术事业的无私关怀，才能有我们一系列工作的开展。肖旻教授自年少时即倾心"陈学"，成就了深厚的建筑史学养，如今又反哺于《全集》的出版，差不多每一卷都经过他的精心审阅，我想，陈先生九泉有知也会十分欣慰吧。在过去十几年中，我们曾以对陈先生遗著的学习、整理成果，就正于学界同人，包括已经辞世的宿白先生、曹汛先生、郭黛姮先生等前辈，那些知无不言的宝贵反馈，经由我们常年的思考已经汇入《全集》整理工作中，汇入我们在编次分册的反复探讨中，以及字斟句酌的种种具体取舍之中。前辈们的指导，一直感铭在心，总会时时想起。

王其亨教授常以"学术乃天下之公器"教示后学们。今日，《陈明达全集》的出版就又提示，我们中国建筑学术公"器"以何熔铸、以何成就。和他的老师梁思成、刘敦桢的《全集》一样，陈明达的《全集》所承载的，依然是一位中国的建筑学人从少年到耄年的生命历程、学术历程与心路历程。孔子说，不践迹，亦不入于室。《陈明达全集》呈现的，满是他和同学好友及老师学习的足迹，我们翻着翻着书，就跟着走下去了。

An Account of a Conversation with Mr. Chen Mingda

一段陈明达先生谈话记述

钟晓青[*]（Zhong Xiaoqing）

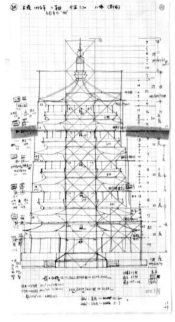

陈明达先生晚年所作应县木塔数据分析图稿

1940年1月4日考察四川南充西桥（图中从左至右为陈明达、梁思成、莫宗江，刘敦桢摄）

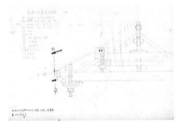

留有莫宗江、陈明达二人笔迹的易县开元寺药师殿图稿（约作于1978年10月）

* 中国建筑设计研究院建筑历史研究所资深研究员。

首先是感谢。作为中国古代建筑史研究者，感谢殷力欣先生，感谢出版社，为学术界留下了一笔重要而宝贵的财富。感谢首发式和研讨会的主办方，举办了这样一场学界盛会。作为个人，则要感谢主办方的邀请并馈赠陈公的巨作。

借此机会，想谈一点自己从陈公那里直接受到的教益，和大家分享。

翻检早年的笔记，找到一段陈公谈话的记述，时间是1985年9月5日，距今37年半了，地点就在我院宿舍区陈公家中。当时随手记了，回来后又凭记忆补充整理了一下（括号内文字为本人所加）。

梁到学社，先搞清式，认识中国建筑。带些老工人转，了解名词用法，搞了半年，《清式营造则例》将印出时，才发现清以前的与清不一样，不是古今一律，这时才开始想搞各代特点演变。但内容还局限于名称。

大刘公来后，才更明确古代与清代相去甚远，因日本人搞中国建筑在前，有书。这才开始出去找古代实例，开始测量……这个阶段相当长，1937年以前仅限于认识具体建筑，从整体到局部。梁与刘不同处是刘把日本的全搬来，注意形式比较；梁公的注意力偏向于整体，从结构到形式上每个时代究竟有何不同。但梁开始时受外国人影响大，如高本汉、布尔希曼等，这几个外国人的共同特点是认为中国东西神秘，不可理解，极力主观推测，有时想得很可笑。如布尔希曼认为屋顶曲线源于帐篷……对斗拱的产生也有很多可笑的想法。现在仍有遗留影响，如注意翼角，看成了不起的成就。现在也有人乱推测斗拱起源，都是受这影响。

1937年以后，在四川时，经费不足，才坐下来考虑怎么写建筑史，解决什么问题。这一阶段明确了中国古代建筑从设计到施工与外国一套完全不同，我们的任务是把它找回来，通过具体实物，找出历代发展的规律，和古代建筑学。

达到这目的需要一定手段。

以前的调查是积累资料的过程，越多越好，现在看，差得很远，要认真继续下去。深入理解的工作更仅仅是开始。

我1953年来京，莫（宗江）、赵（正之）谈，同学提出的普遍问题是建筑史的性质和用途，始终没能很好地回答。有人认为是修养课，这是不对的。

目的应是找出古代的建筑学？找出的目的是什么呢？

这是认识问题，对历史的认识，是吸取知识的问题。不会马上有实际用途，但到一定时候会用上，数学搞得那么深，不一定目前能用上，但总会用上的。搞学术，不能以此为标准，要看是否增加了知识，在现在，往往把学习和研究混为一谈。研究是在已有知识上取得新的知识，是有所发现，得到新的认识。

研究的方法问题是大问题，过去是开始阶段，是积累资料，在积累中也会发现问题。测绘是认识加再现，方法简单。以后在室内集中精力搞营造法式。开始是对照实物搞清名物，以后专门搞，要有图，对不懂处要加解释，并找出证据。证据有直接的，有间接的，如实物或图、画像石等。直接的可信，间接的要分析。再一种可以从文献上互相证明，即推理。搞《营造法式》（下文有时简称《法式》——编者注），最好的推理是利用原书。如壕寨立基，梁（思成先生）只理解为砌阶基，是不对的。因立基规定高不超过六材，但砖作阶基条称殿基五尺以上至一丈，……直到高四丈以上，可知前面的立基不是殿的阶基。但立基指什么，还不能确定，但它在壕寨中，按本卷次序看，是立个台子，做基准点。直到清代，盖四合院也要先砌个墩子。……分析归纳是逻辑学，梁公学过逻辑，搞研究要学点逻辑学。研究书的办法是从书本身找解释。搞《考工记》要看整个《周礼》，特别是有关的各官。

最近很多人问我，搞个什么专题好。研究什么不取决于题目有没有用，而取决于自己的条件、兴趣、看法、资料。成为问题就可研究，解决对了，就是贡献。发现问题加以解决，不分大小，都是贡献，别人出题就不行了。

从应县木塔开始，感觉材分制大有研究必要，当时是非出一本书不可，出就要写东西，恰好我手中有一份资料，在这基础上搞起来，试着用材分制考虑一下与整个塔的关系。以后又搞了一个独乐寺，并没有再搞。

搞《法式》大木是因为"批林批孔"时有人把《法式》贬得不像话，我想写一篇把《法式》的好处说说。

现在有很多想法。

一个是把各重要建筑像应县木塔一样搞一遍；一是把《法式》其他作搞一下；木构技术的下半段①。

以上都搞了，技术问题就有点眉目了，但艺术方面没有搞。艺术方面的问题需搞，不能只说三段法。

单体、组群分开搞，聚合体建筑。

研究正确与否看与事实是否一致。在中国传统概念中对不对只是个大概，没有绝对的。

"木塔"（应县木塔的简称）每层相等，平坐斗拱至柱头18材，柱头斗拱至屋顶17材，观音阁（指天津市蓟州区独乐寺观音阁）就不同了。

地面至四椽脊槫为建筑屋高，它可分两个结构屋高，它们相等，也可稍差，故"木塔"为18、17，不均等。

每结构层高又可分二部分，即斗拱、屋架，比例不定，这是从实测数字来的，基本可信。

我发现"木塔"层高规律有个偶然性，从画图产生的，从反复注尺寸，发现层高相等。

"木塔"从刹高至刹尖为9.93米，等于8.83＋8.83/8，我的解释是为了加高刹。加1/8是工作方便。古代施工以尺定，但一般做时用丈杆，或用绳，折1/8用绳即可。

这段谈话虽然不长，但包含了营造学社的起步与历程，包含了陈公毕生建筑史研究的重点所在，并且他谈到了对研究宗旨及方法的基本认识和一些重要的学术观点。

比如陈公指出研究书的办法是从书本身找解释。搞《考工记》要看整部《周礼》。对此我当时没有感觉，后来做建筑装饰研究，就有了真切的体会。不过不是通览《周礼》，只是在《考工记》中，将匠人营国的内容和篇幅与其他各种工艺门类作比较，从而对匠人也就是其代表的建筑营造在礼仪制度载体中的定位，有了比较清醒的认识。再比如陈公说在中国传统概念中对不对只是个大概，没有绝对的（对错）。这个认识在建筑史研究中很重要，特别是对已经不存在且历史资料匮乏的古代建筑复原研究，要有这样的认识，不能追求绝对正确。

陈公谈到的另外一些情况也很有意思，比如搞《法式》研究的初衷竟然是针对当时贬斥《法式》的做法，这里面反映出陈公的个性：不管对方是谁，若是歪曲事实，不讲道理，那就要讲点道理给你听听。常说湖南人爱较真，其实哪里都有这样性格的人，摒除迷信，独立思考，服理不服人，对于从事学术研究的人来说，这尤其是一种难能可贵的性格。

关于历史研究，陈公明确指出：不能采用实用主义的态度，应是在已有知识基础上通过研究有所发现，得到新的认识，眼下不一定有用，但到一定时候会用得上。研究什么，不取决于题目有没有用，而取决于自己的条件、兴趣、看法和资料。陈

公对《营造法式》大木作制度的研究，对四川石阙、应县木塔以及巩县石窟的研究，无一不是志向与趣味的结晶。有志于此，得趣于此；矢志不渝，乐此不疲。在当前的社会环境中，能够毕生从事建筑史研究，已属不易，而要如陈公所说，依据自己的条件、兴趣、看法、资料，去自主选择研究课题，这个境界就更难达到了。

陈公所处那个时代的科技水平特别是获取信息的手段虽然远远落后于今天，但仍然有许多方面令人羡慕向往。

首先是遗产环境。20世纪40年代前后，他们几乎走遍了中国古代建筑实例密集的所有地区，包括河南、河北、山西、四川等等；在他们面对这些古代建筑实例并进行考察的时候，这些实例的保存尚且相对完好。而在那之后，经历自然特别是各种人为的破坏，不少实例已然不存，更多的则是因种种原因而面目全非。今天的学者，已很难再有发现的机会，不论是实例的发现，还是实例中细部或现象的发现（不包括考古发掘中的遗址）。其次是研究待遇。20世纪的40至80年代（除了"文革"十年），从事建筑史研究的学者的物质生活条件始终是相对优厚的，是在社会平均水平之上的，他们可以心无旁骛地从事自己心仪的事业。而今天，从事这项工作的待遇，虽温饱不愁，可又有多少年轻人能够在这样的条件下安度一生？除非有父母家庭的保障支持，否则即便自己心甘情愿，也很难抵抗住来自社会环境的压力与诱惑。最后还是忍不住想说说陈公与莫公长达70年的学术友谊。

得识陈公，缘于有幸考入莫公门下就读，大约自1979年下半年起，开始和导师有较多接触，也有了陪同莫公去陈公家的机会。都是周日，跟着莫公来到位于人民大会堂西侧的高碑胡同，陈公的家就在其中一个小四合院内。三间东房，收拾得雅静怡人。我们一来，师母便急忙出门，之后便拎着热腾腾、香喷喷的包子回来。聆听二位先生侃侃神聊，又得以享受可口午餐，好开心！后来得知，二位先生每周日相聚，是一个风雨无阻的固定习惯。那时的通信条件远没有今天发达，没有微信，电话也不能畅谈。于是就有了每周一次面对面坦诚而毫无保留的观点交流。研究生毕业后，我又有幸分配到陈公所在的中国建筑科学研究院情报所历史室，也就是今天历史所的前身。陈公家也搬到单位办公楼北面的职工宿舍区，这样便可以于周日就近到陈公家去看望莫公。

这种出自共同兴趣爱好，相互信任、相互给予、相互欣赏、相互激发，无分彼此且维系终生的学术友谊，超乎金钱、物质、名利，完全是一种精神享受，堪称生活乃至生命中的珍贵滋养补品。每每想起，羡慕不已。当然，今天《陈明达全集》的出版，也表明在当前的社会环境之下，只要有坚定不移的信念与担当，有学人之间的相互给予和鼓励，学术团体之间的相互支持和帮助，建筑史学术事业的发展和进步就是大有希望的！

再次向殷力欣先生，向浙江摄影出版社，向两家主办方，致以真诚的敬意和由衷的感谢！

注释

① 当时陈明达的《中国古代木结构建筑技术（战国—北宋）》已完稿，故"木构技术的下半段"似指南宋至明清阶段——编者注。

Contributions of Mr. Chen Mingda to Architectural History and the Cause of Cultural Heritage Conservation

陈明达先生对建筑史学及文物保护事业的贡献[*]

张荣[**]（Zhang Rong）

摘要：陈明达先生为中国营造学社重要成员之一，师从梁思成先生、刘敦桢先生。在中国古建筑、石窟寺的调查、研究方面都做了大量的工作，并取得了重要的研究成果，是我国杰出的建筑史学家。陈明达先生于 1953 年至 1961 年在文化部社会文化事业管理局（今国家文物局）任工程师，主要参与了中华人民共和国成立初期文物保护与管理体系的建设工作，在古建筑调查与全国重点文物保护单位制度建立；文物保护工程评审制度；文物保护思想与制度的建立等方面都作出了突出的贡献。本文结合陈明达先生在建筑史学方面取得的重要成就，重点分析论述陈明达先生在新中国成立初期文物保护工作方面作出的重要贡献。

关键词：陈明达；建筑史学；文物保护

Abstract: Mr. Chen Mingda, an esteemed member of the Chinese Architectural Society, received mentorship from renowned figures such as Liang Sicheng and Liu Dunzhen. He has made extensive contributions and achieved remarkable research outcomes in the surveys and studies of ancient Chinese architecture and cave temples. Mr. Chen is widely recognized as an exceptional architectural historian in China. From 1953 to 1961, he served as an engineer in the Bureau of Social and Cultural Affairs at the Ministry of Culture (now the National Cultural Heritage Administration), actively participating in the establishment of China's cultural heritage protection and management system during the early stages of the country's development. Notably, his significant work encompassed the survey of ancient architecture, the establishment of the initial national key cultural heritage protection system, the implementation of evaluation procedures for cultural heritage conservation projects, and the formulation of crucial ideas and institutional frameworks for cultural heritage protection. This article focuses on Chen Mingda's noteworthy achievements in architectural history and, in particular, highlights his vital contributions to the field of cultural heritage conservation during the early years of the People's Republic of China.

Keywords: Chen Mingda, architectural history, cultural heritage conservation

图1 陈明达先生肖像（图片来自《陈明达全集·第一卷》），1950年初，陈明达由原中央设计局研究员转任重庆建筑公司建筑师时拍摄

* 国家自然科学基金面上项目"中国文物古迹保护思想史"课题，项目批准号：51778316。

** 北京国文琰文化遗产保护中心副总工程师，清华大学建筑学院博士研究生在读。

　　陈明达先生（图 1），湖南祁阳人，1914 年 12 月 25 日出生，1932 年参加中国营造学社，师从著名建筑学家梁思成先生、刘敦桢先生；1953 年，任文化部社会文化事业管理局（今国家文物局）工程师；1961 年，任文物出版社编审、中国建筑技术研究院建筑历史研究所研究员；1997 年 8 月在北京病逝。

　　陈明达先生的学术研究经历大致可以分为三个阶段：第一阶段是从加入中国营造学社到 1953 年，该时期陈明达先生主要投身于建筑史学习、实地测绘调查以及一些相关的设计工作;第二阶段是从 1953 年到 1961 年,该时期陈明达先生在国家文物局工作,主要从事中国文物保护工作及中国文物管理体系的建设工作;第三阶段是从 1961 年至其逝世,该时期陈明达先生主要从事建筑史学研究及其研究成果的总结出版工作。

陈明达先生是我国杰出的建筑史学家,古建筑、石窟寺保护专家,他长期从事古建筑、石窟寺的调查、研究、保护、管理工作,出版《应县木塔》《巩县石窟寺》《营造法式大木作制度研究》《中国古代木结构建筑技术(战国—北宋)》等专著。陈明达先生在中国建筑史、中国雕塑艺术史研究及新中国成立初期文物保护管理体系的建立等方面都作出了重要的贡献。

一、中国营造学社的古建筑研究之始

陈明达先生 1914 年 12 月 25 日出生于湖南长沙,祖籍永州祁阳,原名陈明轮、陈明彻。1924 年举家迁居北京,转入北京师大附小读书,与莫宗江先生同窗,并从此与莫宗江先生结下了一生的深厚的友情。由于生活拮据,在变卖家藏古籍之前,陈明达先生的父亲都会让他手抄全书留底,由此陈明达先生打下了深厚的国学基础。上学期间,陈明达先生还拜同乡齐白石先生为师,学习国画,并自学素描、水粉,由此打下了美学基础。1930 年高中毕业后,陈明达先生赴东北大学,在梁思成先生创办的中国第一个建筑系读书,后因经济原因辍学谋生。1932 年,经莫宗江先生介绍,陈明达先生入营造学社工作,师从梁思成先生、刘敦桢先生学习中国建筑史。1935 年,陈明达先生与莫宗江先生、陈仲箎先生、麦俨曾先生、王璧文先生在中国营造学社读研究生。

中国营造学社当时分为"法式组"与"文献组",由梁思成先生与刘敦桢先生分别负责。在实际的古建筑调查中,两组既有分工,又常常合作,莫宗江先生为梁思成先生的主要助手,陈明达先生为刘敦桢先生的主要助手。陈明达先生跟随刘敦桢先生测绘调查了大量古建筑与石窟寺,参与测绘古建筑百余座。如:1934 年,调查河北定县(今定州市)、易县、涞水等地古建筑;1935 年,考察河北西部八县,考察古建筑三十余处,测绘北平护国寺,调查北平六处藏传佛教塔;1936 年,赴河南调查岳汉三关、少林寺初祖庵、嵩岳寺塔、龙门石窟、巩县石窟;1938 年至 1943 年,调查西南地区的古建筑、石窟寺、墓葬遗址等。

中国营造学社留存至今的大量图纸,很大一部分都出自莫宗江先生与陈明达先生之手(图2~ 图 5)。陈明达先生的制图能力让刘叙杰(刘敦桢先生之子)赞叹不已:"……某天在学社的工作室里,大家正在围观由陈(明达)先生精

图2 中国营造学社绘制的应县木塔图

心制作的山西应县佛宫寺释迦塔立面图。这幅悬挂在墙上的墨线图约有一米多高,它的详尽准确和瑰丽壮观,使学社在场的人员都赞不绝口。这也是我首次看到如此大幅的古建测绘图,虽然对其内容一窍不通,但它的精致和美观,却给我留下深刻印象。并由此产生了十分仰慕的心情,希望将来自己也能画出这样好的图画来。"[1]

1937 年 7 月 7 日卢沟桥事变爆发,梁思成先生一家与刘敦桢先生一家带领中国营造学社部分社员向南迁移。社长朱启钤先生带领留在北平的部分社员紧急整理多年的研究资料、照片、图纸,将其转移到安全地点,后来保存到天津英租界麦加利银行的地下仓库中。陈明达先生就参与了这些资料的整理和转移工作,后来前往云南昆明与中国营造学社汇合,1940 年随中央研究院史语所迁往四川李庄。

1938 年至 1943 年,陈明达先生跟随中国营造学社在中国西南地区的云南、四川展开古建筑调查研究。陈明达先

图3 陈明达先生1939年在四川考察
雅安高颐墓阙

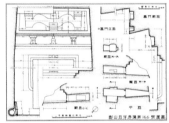

图4 陈明达先生绘彭山崖墓第166号崖墓图

图5 陈明达先生绘汉代明器套阁楼水彩图（约作于1936年前后）

重要建筑实例建立技术档案，以防这些建筑遭遇战火损坏，这些技术档案可以作为复原重建的依据。该项工作主要由陈明达先生绘制完成。目前有八种77张收录于殷力欣整理编纂的《陈明达全集·第十卷》，另外南京博物院、天津大学建筑学院、中国文化遗产研究院图书馆也留存有部分副本。

1944年，由于营造学社维系困难，陈明达先生前往重庆从事规划、道路、水利工程设计工作。

陈明达先生从小便打下了坚实的国学与美术基础，年少时期便确定了将建筑学与建筑史作为自己一生的研究方向，1930年，前往梁思成先生创办的东北大学建筑系读书，1932年投身中国营造学社，跟随梁思成先生、刘敦桢先生学习研究中国建筑史，开展了大量重要的古建筑、石窟寺的调查研究工作，并且直接负责绘制了大量图纸。在留存至今珍贵而精美的中国营造学社古建筑图纸中，陈明达先生与莫宗江先生的贡献最为突出。

在陈明达先生《我的业务自传》中写道："中国古代建筑史是一门新的专业学科。这个学科自己的历史不到五十年。它的创始人是梁思成先生。就在那个创始的时候，我刚十八岁，跟随着梁先生学习和工作，直到能独立进行研究。"③

二、文物保护管理肇始

（一）古建筑调查与第一批全国重点文物保护单位

1951年，梁思成先生向原文化部副部长郑振铎先生推荐陈明达先生到文物局任职。彼时，陈明达先生任中共西南军政委员会水利部工程师，负责设计并监督建设中共西南局办公大楼（图6）和重庆市委办公大楼，故推迟到京。

1953年，陈明达先生就任文化部社会文化事业管理局（今国家文物局）工程师（教授级）、业务秘书，并参加中国建筑学会，任该会中国建筑研究委员会主任秘书。陈明达先生将在中国营造学社多年研究古建筑的经验带入文物局的工作之中，首先由摸清家底做起，组织开展全国及各省的文物调查，并亲自率队对重要古建筑进行调查分析。

1953年1月，山西省文管会主任崔斗辰与北京文物整理委员会杜仙洲赴五台县了解佛光寺文殊殿修缮情况，五台县政府汇报南禅寺为唐代建筑，并残损严重。随后山西省文管会派员对南禅寺进行了前期勘察，并将拍摄照片上报文化部社会文化事业管理局。1953年10月，陈明达先生带领北京文物整理委员会的祁英涛、陈继宗、李良娇、律鸿年、李竹君等再次对南禅寺进行详细勘察（图7）。根据南禅寺大殿建筑大木构造做法、像设及题记碑刻文字，

生重点参与了四川汉代石阙考察，并代表中国营造学社参加中央博物院汉代崖墓发掘工作，撰写完成论文《彭山崖墓建筑》。在研究工作中，陈明达先生解决了"卷杀"等疑难问题，受到梁思成先生的夸赞，称"明达有奇思"。

中国营造学社在李庄工作期间，陈明达先生与莫宗江先生、刘致平先生跟梁思成先生一家、刘敦桢先生一家都居住在月亮田村。刘叙杰先生眼中的陈明达先生深沉内向但爱好广泛，除了工作外，其他时间都在研究数学、下围棋、画国画，或与莫宗江先生一起去进行水彩写生。"对陈先生的生活印象方面，他的籍贯虽然也是湖南，和我家是大同乡，但从来没有听他说过家乡话。从黑黑的皮肤、深凹的眼睛和中等略瘦的身材来看，他更像广东人。他的性格偏于内向，平时说话不多，但思维敏捷，并善于思考（从那丰满的前额就可以看出其高智商和聪慧）。他的衣着一贯整齐清洁。从来未见有邋遢和不修边幅的现象。平时经常穿一件长袖白衬衫和一条有两根背带的西式长裤，并在口里叼着一只弯曲的西式烟斗，所以给人们的印象是颇有些'洋气'而与众不同。"②

1941年，梁思成先生、刘敦桢先生兼任中央博物院筹备处建筑史料编纂委员会正副主任，陈明达先生与莫宗江先生任委员。在这一时期，学社的重要工作就是绘制古建筑模型图。其目的是总结以往的古建筑调查测绘成果，并为

陈明达先生判定:"从殿的建筑本身及殿内佛坛塑像以及寺内残存的三个石狮、两块角石、一个51厘米高的小石塔,都可以证明大佛殿最迟建于建中三年(782年),距今一千一百七十二年,比佛光寺东大殿还早七十五年,是国内现存最早的一座木构建筑。"④ 随后,陈明达先生与杜仙洲、余鸣谦合著的《两年来山西省新发现的古建筑》发表于《文物参考资料》1954年第11期,公布了这一新中国成立后最重要的古建筑发现。在调查研究过程中,陈明达先生将在中国营造学社多年学习到的古建筑调查研究经验传授给北京文物整理委员会的年轻学者们。杜仙洲先生、祁英涛先生、余鸣谦先生、李竹君先生等后来都成为我国古建筑保护领域的著名专家。

1956年4月2日,国务院颁布了《关于在农业生产建设中保护文物的通知》,在这一文件要求下,文化部社会文化事业管理局组织开展了新中国第一次全国范围内的文物普查。以梁思成先生编写的《全国重要建筑文物简目》与20世纪50年代文物普查为基础,1961年3月4日,国务院公布了第一批全国重点文物保护单位,共180处。其中,革命遗址及革命纪念建筑33处,石窟寺14处,古建筑及历史纪念建筑77处,石刻及其他11处,古遗址26处,古墓葬19处。第一批全国重点文物保护单位的公布让全国重点文物保护单位作为一种制度确立下来。陈明达先生作为古建筑及历史纪念建筑名单拟定者,为第一批全国重点文物保护单位的公布作出了重要的贡献。

(二)古建筑保护的专家评审制度

新中国成立后,多项重要古建筑保护工程相继开展。1953年,北京文物整理委员会对河北正定隆兴寺转轮藏殿进行勘察测绘,并编制了修缮方案。1954年8月,召开专家会议进行方案研究,参与的专家有:朱启钤先生、梁思成先生、杨廷宝先生、刘致平先生、莫宗江先生、赵正之先生;陈明达先生与罗哲文先生代表文化部社会文化事业管理局参加;俞同奎先生、祁英涛先生、余鸣谦先生、杜仙洲先生代表北京文物整理委员会的勘察设计方参加。

转轮藏殿为宋代遗构,经过分析判断,副阶本身在转轮藏始建之时就应该存在,但清代曾有过大规模修缮,至少斗拱以上的部分应为清代重修,其二层腰檐可能为清代所加。转轮藏殿的结构分析和年代判断,对修缮方案的制定产生了直接影响。转轮藏殿的修缮设计主要采取了"能复原的部分尽量复原"的原则。修缮方案的制定则遵循主要依照建筑本身的基础进行复原的原则,并以当地同时期的实物以及营造法式作为设计的主要参考资料。主要提出了两个修缮方案:第一方案主要是拆除二层平坐上的腰檐,保留一层副阶。第二方案是在拆除腰檐的基础上,将一层副阶也

图6 陈明达设计的中共西南局办公大楼　　图7 1953年,南禅寺大殿前合影

进行拆除。

最终,转轮藏殿的修缮依照此次专家讨论会意见,采纳了拆除腰檐、保留副阶、局部复原的第一套方案,并在此基础上对二层栏杆和出檐尺寸等进行了进一步调整。修缮工程于1955年顺利完成(图8)。

之后的河北赵县安济桥修缮工程、山西永乐宫搬迁工程、山西南禅寺大殿修缮工程,都采取了专家组、文物管理方、设计实施方三方会商确定最终方案的评审方式。

河北正定转轮藏殿修缮工程、赵县安济桥修缮工程,山西永乐宫搬迁工程、南禅寺大殿修缮工程,是新中国成立初期影响最大的几项古建筑保护工程,以上工程的实践与讨论,基本奠定了我国古建筑保护的基本原则、保护思想与技术路线。而由文物管理机构组织的专家评审制度也从这几项保护工程开始确立,该制度确立了文物在保护过程中的决策判断方法并延续至今,成为我国文物保护程序中的关键一环。当时在文化部社会文化事业管理局工作的陈明达先生与罗哲文先生对于这一制度的创立功不可没。

(三)新中国成立初期古建筑保护思想与原则的讨论

1953年至1961年,除了主持文化部社会文化事业管理局古建筑保护的日常管理工作,陈明达先生还发表了多篇论文,提出了他的古建筑保护思想。《文物参考资料》1953年第10期发表了陈先生的文章《古建筑修理中的几个问题》,提出:"我们要修理的是那些具有历史、艺术价值的建筑物,是要继续保存那些具有历史、艺术价值的实物,也就是就现在还存在的建筑物加以修理,并不是想保存一个空洞的名称去建筑一座新的。……我认为一个具有历史、艺术价值的建筑文物,不但不会影响都市新建设的发展,相反地它还能丰富都市的内容。"⑤ 早在20世纪50年代,陈明达先生就观点鲜明地提出保护古建筑就是要保护其历史、艺术价值,以及保护古建筑与城市新建设发展之间的关系。陈明达先生在这篇文章中阐释了"保存原状"的概念,并将修缮分为"保养性的修理""抢救性的修理""保固性的修理"和"修复性的修理",并提出了文物修缮的程序。该论文是新中国成立以来第一次明确对我国古建筑修缮工程提出分类方式。1961年国务院公布的《文物保护管理暂行条

例》和 1963 年原文化部颁布的《革命纪念建筑、历史纪念建筑、古建筑、石窟寺修缮暂行管理办法》都参照了这一修缮分类原则,并且该分类方式一直延续至今。以上文物保护工程的分类方式以及"保持现状或恢复原状"的原则能够在文物管理系统明确并通过法规确立,陈明达先生作出了重要的贡献。

在《文物参考资料》1955 年第 4 期中,陈明达先生发表了《保存什么? 如何保存?——关于建筑纪念物保存管理的意见》一文,该文章提出要保护中国历史上有重大意义以及建筑艺术上有高度创作成就的建筑、成组的大建筑群、唐宋以前的建筑物,但对城墙是否保留提出了不同的观点,在该文中陈明达先生认为城楼、角楼价值较高,普通城墙价值不高,但也表示不必专门费时费力地去拆除。该文章的发表引发了文物保护界对城墙是否保护的论战,魏明先生在《文物参考资料》1957 年第 2 期中发表论文《对"保存什么,如何保存"的意见》,针对陈先生的观点提出了不同意见,尤其提出了要保留城墙,并说明如果遇到马路交通问题可以"打窟孔、开豁口"。陈明达先生在 1957 年的《文物参考资料》上发表论文《再论"保存什么? 如何保存?"》,首先对自己上一篇论文中的有些观点引发的误会进行了澄清,"在那篇文字中,也存在一些缺点。有些词句仅仅是针对当时某几个城市中发生的问题提出的,又没有加以详细解释,因此是有片面性的。其次所举例证,代表性不明确,或者举得过少,不能说明我的原意。"论文再次阐述了对古建筑保护对象的分析,尤其以朝阳门的拆除为例,分析了为解决北京城东西交通问题,在必须拓宽道路的前提下,朝阳门无法解决周边火车站与居民的搬迁问题,所以只能拆除。文中说到:"当然我也不反对保存得多一些,但要有保存条件。当它没有保存条件时,我是不主张硬要保存,因而造成浪费、妨碍建设的。"⑥

我们将这场论战放在其历史背景中观察。1955—1960 年,正是我国第二个五年计划时期,在当时以国民经济恢复、经济建设为社会发展主要目标的背景下,这场围绕"保护什么""怎样保存"的讨论很快统一意见,古建筑应当"重点保护"的思想成为当时文物建筑保护领域的基本工作方针。此时,在客观经济条件和"重点保护"思想的影响下,对于文物建筑的修缮大部分是以保养为主,只对极少数残损严重且有重要价值的古建筑进行了重点修缮。1961 年 3 月 4 日颁布的《国务院关于进一步加强文物保护和管理工作的指示》中,明确表述为"重点保护,重点发掘;既对生产建设有利,又对文物保护有利"(即"两重两利"方针),"两重两利"方针是以基本建设为前提的,"把基本建设放在一切工作的首位"。20 世纪 50 年代,在如此的时代背景下,梁思成先生与陈占祥先生提出保留北京城墙的"梁陈方案"最终也无法实现,可以说文物保护与经济发展的争议一直持续到今天。

1961 年 3 月 4 日,国务院公布的第一批全国重点文物保护单位名单中赫然包含西安城墙,陈明达先生作为第一批全国重点文物保护单位古建筑名单的拟定者,其对城墙价值的认可可见一斑。

1953 年至 1961 年,陈明达先生在文物局工作期间,主持全国古建筑保护工作,协助地方普查、鉴定重要古建筑,拟定全国重点文物保护单位中的古代建筑名单,草拟保护法令及办法,审查各地方古建筑修缮计划及技术文件,着手建立古建筑技术档案。陈明达先生对我国文物保护对象认定及管理制度、保护原则的制定都作出了非常重要的贡献。

三、著书立说

1961 年,陈明达先生调至文物出版社任编审,负责审定古建筑、石窟寺两类书稿,并将精力主要投入古建筑、石窟寺研究与著作出版中。

1959 年,陈明达先生参加刘敦桢先生主编的《中国古代建筑史》的编写工作。1961 年,受刘敦桢先生委托,他执笔改定《中国古代建筑史》第四稿。

1962 年,陈明达先生率黄逖、彭士华再度考察应县木塔,并开始绘图与撰写论著,1966 年《应县木塔》由文物出版社出版,该书通过精细的测量与缜密的分析,研究应县木塔的设计建造规律,对我国建筑史学研究影响巨大。同时期,陈明达先生还编写了《巩县石窟寺》,其研究视野除了古建筑,还包括石窟寺的雕塑艺术。

陈明达先生对古建筑研究具有敏锐的洞察力与独到的见解,1963 年,陈先生发表于《建筑学报》第 6 期的文章《对〈中国建筑简史〉的几点浅见》中写道:"有些现存建筑物,不一定是原状,也需要做复原研究。例如:佛光寺大殿(古代史 66 页),它的装修本应在第二排柱子之间,而殿的前面一排七间都应当是开敞的。现在的外观是后代改建的结果,因为没有进行复原工作,常常使人误以为现状即原状。"⑦陈明达先生最早提出佛光寺东大殿第一进为前廊,版门现状为后期更改的做法。直到半个多世纪后的 2018 年,发表于《建筑史》的《佛光寺东大殿建置沿革研究》⑧一文,根据碳 -14 定年法分析结果与其他勘察手段的综合分析研究,才最终印证了陈明达先生的推断,唐代东大殿原来位于第二排柱子上的版门是在元至正十一年(1351 年)被移至第一排柱子上,在唐代前廊空间被改造成为现状的室内空间(图 9、图 10)。

图8 转轮藏殿修缮前后对比

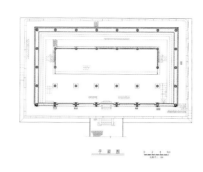

图9 佛光寺东大殿现状平面图

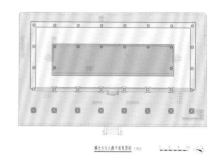

图10 佛光寺东大殿唐代平面复原图

1973年,陈明达先生由文物出版社调任中国建筑科学研究院建筑历史研究所研究员、正高级建筑师,编写出版《中国古代建筑技术史》《营造法式大木作制度研究》等著作,并于1982年开始在天津大学建筑系、清华大学建筑系、中国艺术研究院等为研究生授课。陈明达先生在《我的业务自传》中写道:"从1962年开始,我自己计划要做约三十个专题研究,现已完成了《应县木塔》《营造法式大木作制度研究》两个专题。这两个专题的成果,在我个人是一个跃进,对本专业学科是一次突破,突破了过去只研究表面现象的局限,开始触及本质问题,打开了向理论进军的大门。这两个专题,每个都用了约两年时间。要完成预定的三十个专题的研究计划,没有可能了,只能一个一个做下去,做多少算多少。今后的方向只有一个:抓紧时间继续干。"

陈明达先生晚年将所有精力都投入古建筑与石窟寺的研究中,发表、出版了大量论著。做研究工作时常常与挚友莫宗江先生共同讨论、共同研究。"当代学者中最了解陈明达先生的是莫宗江先生。他们自幼即是小学同学,1932年同入中国营造学社,缔交七十余年,在学术上互相启发、互相交流,几乎达到无分彼此的程度,友谊之笃,成为学界佳话。"⑨

陈明达先生勤奋好学、严谨踏实、洞察敏锐,并且兴趣广泛、多才多艺,一生淡泊名利,将全部精力都投入到了中国建筑史学与文物保护的事业中。傅熹年先生在《陈明达古建筑与雕塑史论》序言中写道:

"他在《〈古代大木作静力初探〉序》中说:'从事古代建筑研究数十年,深知研究工作之奥秘:脚踏实地、循序渐进,不尚浮夸,力避空论,必有所获。'这虽是他赞赏别人的话,却正可视为他学风的写照,是极值得后人学习的。正是由于他坚持这种学风,自甘淡泊,不尚虚声,勤奋好学,老而弥坚,使他取得了一系列开创性的学术成就,成为继梁思成先生、刘敦桢先生二位学科奠基人之后在中国建筑史研究上取得重大成果的杰出学者之一。"

陈明达先生在建筑史学上取得的非凡成就人所共知,但其对文物保护事业的贡献往往被人忽略。本文略述,以作纪念。

注释

① 刘徐杰.回眸中的流光掠影:追忆陈明达先生[J].建筑创作,2007(8).126-130、129.
② 刘徐杰.回眸中的流光掠影:追忆陈明达先生[J].建筑创作,2007(8).126-130、128.
③ 陈明达,杜仙洲,余鸣谦.陈明达古建筑与雕塑史论[M].北京:文物出版社,1998:301.
④ 陈明达.两年来山西省新发现的古建筑(节选)[M]//陈明达.陈明达古建筑与雕塑史论.北京:文物出版社,1998:28-40.
⑤ 陈明达.古建筑修理中的几个问题[M]//陈明达.陈明达古建筑与雕塑史论.北京:文物出版社,1998:16-23.
⑥ 陈明达.再论"保存什么?如何保存?"[M]//陈明达.陈明达古建筑与雕塑史论.北京:文物出版社,1998:77-86.
⑦ 陈明达.对《中国建筑简史》的几点浅见[J].建筑学报,1963(6).
⑧ 张荣,雷娴,王麒,等.佛光寺东大殿建置沿革研究[M]//贾珺.建筑史:第41辑.北京:中国建筑工业出版社,2018:31-52.
⑨ 傅熹年.序[M]//陈明达.陈明达古建筑与雕塑史论.北京:文物出版社,1998:1-3.

参考文献

[1]刘徐杰.回眸中的流光掠影:追忆陈明达先生[J].建筑创作,2007(8),126-130,129.
[2]陈明达.陈明达古建筑与雕塑史论[M].北京:文物出版社,1998.
[3]陈明达,杜仙洲,余鸣谦.两年来山西省新发现的古建筑[J].文物参考资料,1954(11).
[4]陈明达.古建筑修理中的几个问题[J].文物参考资料,1953(10).
[5]陈明达."保存什么?如何保存?"[J].文物参考资料,1955(4).
[6]魏明.对"保存什么,如何保存"的意见[J].文物参考资料,1957(2).
[7]陈明达.再论"保存什么?如何保存?"[J].文物参考资料,1957(4).
[8]张荣,雷娴,王麒,等.佛光寺东大殿建置沿革研究//.建筑史:第41辑.北京:中国建筑工业出版社,2018:31-52.
[9]陈明达.对《中国建筑简史》的几点浅见[J].建筑学报,1963(6).
[10]陈明达.巩县石窟寺[M].北京:文物出版社,1963.
[11]陈明达.应县木塔[M].北京:文物出版社,1966.
[12]陈明达.营造法式大木作制度研究[M].北京:文物出版社,1966.
[13]陈明达.中国古代木结构建筑技术(战国—北宋)[M].北京:文物出版社,1990.
[14]陈明达.陈明达全集[M].杭州:浙江摄影出版社,2022.

On the Art of Decorative Brick Carving in Lingnan Gardens

论岭南园林建筑装饰砖雕工艺艺术

罗雨林*（Luo Yulin）

内容提要：砖雕工艺艺术在岭南园林建筑装饰发展史上，具有举足轻重的作用。所谓"秦砖汉瓦"，可见其历史之悠久，闻名之彰显。砖雕，顾名思义，就是民间艺人运用凿和木槌等工具，用锯、钻、刻、凿、磨等工艺手法，在青砖面上雕刻人物、花卉、鸟兽、书法等具有吉祥寓意的图案、文字等，通过组合、配搭，构成统一、完整的艺术形象，用于园林中的祠堂、庙宇及民居的门楼、屋脊、角带、山墙、影壁、飞檐、栏杆和神龛楣边等处的一种独特的装饰工艺。砖，既是砖雕工艺匠师施艺的对象或材料，同时也是岭南园林建筑不可或缺的重要建材，还是形成岭南园林建筑美感和独特风格的重要因素。

关键词：岭南；园林；建筑；装饰；砖雕；工艺；艺术

Abstract: As a form of artistic craftsmanship that encompasses both intangible cultural heritage and material heritage, brick carving holds a significant position in the history of architectural decoration in Lingnan gardens. The phrase "Qin bricks and Han tiles" highlights its long-standing history and renowned reputation. Brick carving, as the name suggests, involves folk artisans using tools such as chisels and mallets to carve various patterns of auspicious figures, flowers, birds, animals, calligraphic inscriptions, and other auspicious motifs on the surface of green bricks. Through composition and arrangement, these elements form a unified and complete artistic image, adorning the gates, ridges, ridge-ends, parapets, screen walls, eaves, railings, and shrine lintels in temples, ancestral halls, and residential buildings within gardens. Brick serves as both the object or material for brick carving artisans and an indispensable building material in Lingnan garden architecture, contributing significantly to the unique aesthetic and distinctive style of Lingnan garden architecture.

Keywords: Lingnan, gardens, architecture, decoration, brick carving, craftsmanship, art

* 广州市人民政府文史研究馆馆员、文博专业研究员。

引 言

岭南之地，五岭隔绝，负山阻海；山川毓秀，品物蕃庶，远通洋海，有多种岩性地貌，兼之气候温和，雨量充沛，泉流密布，河涌纵横，自然环境、风光物产独具异彩，加之丰富的地形、地貌和得天独厚的气候环境，岭南山水别具特色。

我国最早见于文献记载的园林形式是"囿"，而园林的主要建筑物是"台"。中国园林的雏形便产生于"囿"与"台"的结合。这是一种为了解决人类自己生存和发展需要而创造的独特形式。为了"宜居"与"适玩"的需要，历代工匠继承并创造发展了各种装饰美化手段。岭南园林建筑装饰砖雕工艺艺术，就是其中的一种运用于历代岭南各类园林建筑上的独具特色的装饰工艺艺术。它也是丰富多彩的岭南民间工艺美术之一，是中国砖雕工艺美术中富有南方特色的品类。它历史悠久，工艺精湛，随着岭南地区先民们为满足居住和美化生活环境的需要将砖木、石头等材料用于园林建筑而产生，在岭南园林建筑的发展中发展，并达到兴盛辉煌，与其他品种的装饰工艺一起，组成了岭南园林建筑艺术多姿多彩的独特风格。

（一）历史源流发展概况

岭南园林建筑装饰砖雕工艺源自何时？由于有关材料及记载不足，它一直是个未完全弄清、值得深入探讨的问题。本文在此略陈鄙见。

1. 砖及砖雕工艺艺术的起源管见

砖，是砖雕工艺产生所需的最基本的材料，也是园林建筑最早使用的建材之一。材料是产生工艺的前提条件，材料决定工艺，工艺是按材料的特质扬长避短来施艺的。所以探讨砖雕这种工艺（包括砖的制作烧制工艺）的起源，我们首先应从砖这种材料本身是如何烧制成功的这一起源着手切入，才能找到答案①。

根据考古发掘的成果，我国最早的砖产生于春秋战国时期。那时的民间工匠已陆续创制了方形和长形砖。秦汉时期制砖的技术和生产规模、质量和花式品种都有显著的发展，故有"秦砖汉瓦"之誉。我国在公元前11世纪的西周初期就可以制作出瓦，最早的砖出现在公元前5世纪至公元前3世纪战国时期的墓室中。岭南最早的砖及砖雕则要晚些，迄今为止的考古发掘确证是在西汉时期，这一时期的建筑遗址中出土有菱形纹、绳纹长条砖，刻"八百九十"的文字砖，券砖等②。

2. 西汉南越国时期早期岭南园林建筑砖雕工艺雕饰是迄今所见最早实例

据20世纪考古工作者考古发掘的成果可知，迄今为止，

图1 西汉南越王宫苑建筑踏跺空心砖雕《熊纹》

岭南园林建筑砖雕工艺装饰始见于西汉南越国时期（图1）。

发现于1995年的广州中山四路西汉南越王宫殿建筑木结构基础遗址及其大量的出土物，以及在同址地层于1997年续掘的部分，确证此处为西汉南越王宫苑宫殿遗址。此处出土了一段残长20余米、宽2.55米的砖石走道，当中平铺两行砂岩石板、两侧各以70厘米×70厘米见方的印花大砖夹边。此处还有不少大型铺地砖，面上雕刻印制几何图案花纹和秦汉时期的小篆字样"万岁"瓦当，及涂朱色或绿色的砖雕饰件和砖雕窗棂等遗物。而后在原市儿童公园东墙，在地表下4米至4.5米处，即南越王宫苑地层处，亦出土了一口砖井及大方砖、瓦、焦木、石等宫殿建筑构件，还有两端印熊纹作台阶踏跺用的空心砖，以及有"左官奴兽"刻文的包角砖及各式图案花纹的印花砖等。这些都清楚地说明，秦汉时期的岭南艺匠们在当时极其艰苦的生活环境中，已懂得烧造胎质坚致精良的砖等建材和熟练地掌握砖的性能，将雕刻工艺运用于这种硬质材料上，从而创造了早期岭南园林建筑的砖雕饰件。这也从另一个侧面说明了"秦砖汉瓦"园林建筑装饰工艺之辉煌。更早之前岭南有没有砖雕饰件？据我的推断，应该是有的。因为任何事物都不可能平白无故地突然出现，而应有一个产生、衍变的过程。但这个过程，由于目前还未能找到足够的相关实证材料，故暂不好说，只能留待后人去求实求证，寻找答案。

3. 东汉两晋南北朝时期的砖墓园林建筑砖雕工艺雕饰

（1）首先谈东汉时期

东汉时期，由于社会普遍对于孝的重视，以及事死如事生的习俗，所以厚葬成风，人们纷纷为逝者建造奢华的砖墓。北方叫画像砖墓，南方称砖刻墓。因而东汉砖墓园

林建筑得到长足的发展。东汉墓砖从广义上来说属于画像砖系统，但它与秦代和西汉时期的画像砖又迥然有别，东汉墓砖功能单一，专用于墓葬，且已扬弃了图案化的构图，而以有完整画面的方形、长方形、条形的实心砖作为主要装饰载体。它是"秦砖汉瓦"建筑材料和装饰工艺的一个重大转折点，其形式已从秦汉早期的"一砖一画"，逐渐发展至六朝时期的大型砖刻印壁画。虽然当时的地面上的园林建筑的砖雕实物饰件大多已无法保留到今天，但在出土文物中，我们仍能找到很多这样的例证。

最典型的是大量出现在当时的砖墓园林建筑中的砖雕遗存，多少能揭示出当时的一些历史真相。

如在广州东汉的墓砖中，除出土有官办砖窑的砖外，还有很多雕刻着民间私人办的砖窑和窑场主名字的砖刻，以及有图案花纹的铺地砖。其分布北到新市，南到番禺钟村，东到黄埔乌涌。这些砖墓的墓室全是用小砖来结砌券拱的。从东汉初年兴起，到建初年间，即公元1世纪后半叶，又慢慢兴起另一种呈下方上圆做圆锥形穹顶的大中型砖墓园林建筑。墓砖中常雕刻有纪年文字，如建初、永元及建宁这些东汉晚期的年号[3]。

如1953年，在广州建设新村孖鱼岗，就曾挖掘出土一座东汉永元九年（97年）的砖墓，墓室建筑布局平面呈"十"字形，全长8.16米，内分甬道、前室、左棺室、主棺室4部分。为圆锥穹顶（前室）合券顶结构。墓底铺砖虽大部分被偷墓者拆除、毁坏，但仍保留有模印砖刻的砖文："永元九年甘溪造万岁富昌""甘溪灶九年造""皆君子兮"及"永元九年九月二日冯□□□□"等字[4]。"甘溪"者，广州古地名也。它也是从广州东北面白云山流经淘金坑的一条溪水名，同时也是淘金坑附近的一处古地名，因而甘溪灶即甘溪烧制砖的窑炉。砖刻铭文表明墓砖是甘溪窑所烧造的。

在广州西村克山也挖出一座永元十六年墓。墓为双隅砖砌筑，西向，东西纵长9.94米，南北最宽7.88米，甬道口封门砖墙三重，墓砖青灰色，质坚，分平砖、刀砖斧、形砖三种。后两种用于砌筑券拱。有少数砖有长条形戳印，印文为"永元十六年三月作东冶桥北陈次华灶"，是小篆体。它说明当时在广州东冶桥北边有砖窑场主陈次华烧制砖供应砖墓建筑使用。除了官办"甘溪窑"外，还有民间的烧砖窑场。大规模砖瓦窑场的出现，反映了当时园林建筑和城市发展的兴旺[5]。

1955年，在广州先烈路也发掘了一座东汉砖墓。墓平面呈两个"凸"字形横排，由两个圆锥形凸顶的砖室构成。全墓为双隅砖砌筑，少数墓砖雕刻有几何图案花纹。从出土随葬品的内容来看，此墓应是当时贵家大族的墓葬园林建筑，反映砖及砖刻工艺使用的普遍和广泛。钱纹、对称钱纹、米字纹、交叉对称三角纹和斜方格纹等形式的砖雕饰件也有。在南雄市的墓砖上，也发现雕刻有"双鱼纹"，以及由图案化的文字组成的"富贵吉祥"纹饰[6]。

1956年，在广州东郊动物园麻鹰岗，发掘了一座东汉圆锥形穹顶砖墓。墓门西向，墓室为双隅砖砌筑，平面呈"中"字形，内分甬道、前室及棺室三部分。券顶，后壁有砖龛。在棺室后端拱顶的正中，有一块砖刻写有"建初元年七月十四日甲寅治砖"13个隶体字[7]。建初是东汉皇帝刘炟的年号，建初元年即公元76年。从砖刻字的工艺来看，不是在烧好的砖上雕的，而是在"砖坯未干时刻划的"。根据这些砖雕饰件实物，虽然还不能立即断定其是施用于园林建筑的装饰，但其反映了"秦砖汉瓦"的辉煌，以及偏于一隅的岭南地区在园林建筑砖雕技艺上的发展水平，却是毫无疑义的。

广州动物公园改造犀牛馆时，发现了一个大型东汉砖墓，这是广州多年考古发掘的400余座东汉砖墓中规模较大、结构保存得最完整的砖墓。墓坑平面略呈"中"字形，总长12米，墓室全长9.74米，最宽处达7.13米，甬道和后室券顶内高1.7米，横前堂更是高达2.8米。这座砖墓背山面水，坐南朝北偏西南。墓室结砌工整，整体采用红黄、灰黄、青灰3种颜色的墓砖，大小相似，雕刻绳纹、网格纹等纹饰。砌筑时砖纵横平铺，往上结砌后形成券顶，即顶部呈拱形，体现了当时的建筑风格。墓主人等级相当高，属于建筑工艺相当高超和砖刻装饰相当精致的砖墓园林建筑[8]。

（2）两晋南北朝时期

两晋以后，中原人大量南迁岭南各地，带来了先进的中原文化，岭南各地得到大量开发，经济、文化得到迅速发展。当时的岭南各地盛行佛教，大兴佛寺，除虞翻在建德故园基础上扩建虞园外，六朝时广州建有佛寺37座。史载东晋建有王园寺和越岗院，南朝建有宝庄严寺（宋六榕寺）、双溪寺、景泰寺、华林寺和宝林寺（南华寺）等园林建筑，它们都成为人们向往的佛教圣地。由于受中原文化和外来佛教文化的影响，砖雕纹饰更加丰富多彩，砖雕技艺也得到相应的变化或提高。砖雕技艺在岭南园林建筑装饰上的运用，更为娴熟和巧妙。

1）两晋时期。西晋（晋怀帝司马炽）永嘉之乱，使中原人大量南迁到岭南各地，在当时的岭南园林建筑装饰的砖刻上，也有反映这一史实的实物例证。这主要存在于晋代砖墓中。

1954年发掘清理的广州西郊孖岗晋砖墓，就是一例。墓室结构呈长方"凸"字形，券顶。内分甬道和主室两部分，全长计 6.32 米，甬道宽 1.2 米，主室宽 1.8 米，甬道高 1.22 米，主室高 1.75 米，均用青砖作单隅结砌，砖平均长 36 厘米、宽 18 厘米、厚 4 厘米。主室前方靠贴于左右两券墙间，各有砖砌的方形半柱，它的结砌与券墙互相扣叠。墓底全部铺砖，分纵和横两种铺法。墓砖有两块在侧面刻印几何花纹，其余全数雕刻捺印有纪年文字、吉祥语或造砖人（工匠）的姓名。如"永嘉五年陈仰所造""永嘉六年壬申宜子保孙""永嘉六年壬申皆寿百年""永嘉六年壬申富且寿考""永嘉六年壬申陈仲恕制作""永嘉七年癸酉皆宜价市""子孙千亿皆寿万年""陈仁"和"陈计"等款文字。砖的底面都捺印雕刻斜方格纹，也有一砖三面都刻有文字的，十分珍贵难得 ⑨。

1957 年在广州沙河镇狮子岗发掘的一座晋砖墓又是一例。

该墓全用青灰色砖砌成，有长方形砖、刀形砖和楔形砖 3 种。刀形砖为一侧厚一侧薄，大小与长方形砖同。长方形砖主要是作砌筑墓壁和铺底用，也用它与刀形砖相间起券用。楔形砖仅用于甬道前端。砖质除青灰色外，还有红黄色和黑色的，质较松软，砖的扁平两面都雕刻印有斜方格纹及各种图案的花纹和铭文。这些铭文砖大多还带有纪年文字，以"建兴四年作"为多，尤为珍贵。

如广州在当时也出土有砖刻文字"永嘉世九州荒余广州平且康"，也有砖刻文字为"永嘉七年"的纪年款砖和"永嘉世九州空余吴土盛且丰""永嘉世天下灾但江南皆康平"吉语款砖，也有刻印"几何图案形"的花纹砖。这些砖刻装饰，均为 20 世纪 50 年代发掘的众多晋代砖墓出土物饰件，它们不仅有确凿的纪年，准确无误、真实地反映了当时"九州闹灾荒"，只有广州才"平安富康"的社会现实，而且也为我们研究岭南园林建筑砖雕工艺制作及装饰艺术提供了珍贵的实物资料 ⑩。

2）南朝的砖墓园林建筑砖刻装饰。在南北朝时期，造园的主流是士族地主所建的、与他们自给自足的庄园经济生活结合在一起的庄园园林建筑。经历长久的岁月，那时的庄园园林自然无法保留至今天。但从考古出土的实物，也可窥其一斑。

1989 年考古工作者在广州横枝岗南朝墓挖出的 19 号砖墓前室设有的祭台，也是一例。这座祭台，台面由 10 块专门烧制的长 48 厘米、宽 21 厘米、厚 3 厘米的大砖排成两列构成，桌腿共 9 件，仿木家具做成倒丫形云头状、上架 6 节架檩条砖，以搁置桌面。可见当时砖雕工艺发展之一斑 ⑪。

1955 年在广州沙河永福村茶亭发掘的南朝砖墓，墓室用红黄色砖结砌，两面雕刻有斜方格纹作装饰，砖质坚实。墓的平面呈长方"凸"字形，全长 9.26 米，分甬道、前室、

过道和后室四部分。墓门和过道为四重券拱，前、后室为双重券拱，内券都是在发券的地方开始作单拱结砌，形同肋骨，以支撑外券。前室和后室两壁砌出直棂窗，后壁正中嵌砌圆形假柱，假柱的转角和过道内券的转角，均经工艺特意加工磨圆，呈半圆柱状，作室内装饰，结砌作工十分精巧，规模也十分宏大，前室有砖砌祭台，做工也很不一般 ⑫。

此外，广州中山五路还出土有南朝时期的雕刻网格纹长条砖，雕刻绳纹、叶脉纹长条砖，雕刻"泰元十一年"铭文长条砖，雕刻"建元口年"铭文长条砖及楔形砖等 ⑬。

4. 隋唐五代宋元时期的砖雕工艺雕饰

（1）隋唐时期

隋唐时期岭南园林建筑技术得到很大进步，砖、瓦、石等建筑材料被进一步应用于民间民居及各类园林建筑，其范围之广，规模之大，是空前的。据有关文献记载，唐代广州延续近百年的官府倡导以瓦易茅改建民居，使砖瓦等建材的需求量大增，砖瓦雕刻工艺亦可大展拳脚。广州唐代建筑遗址出土的兽头砖，雕刻制作精致，与长安大明宫麟德殿出土物相似，反映出唐代广州官署园林建筑的华丽和工艺水平的高超。徐闻五里乡二桥村、大黄乡唐土旺村遗址，面积达 6 000~10 000 平方米，均遗存有雕刻印纹红砖等砖雕饰件。揭阳新亨镇落水金钟山东南麓龙林溪旁，亦发现唐代大型房屋遗址，7 间并列，砖墙虽已残，但尚能辨出以木柱支建悬山顶，以砖砌墙，及地面以砖砌铺格局和装饰。表明粤东地区以砖瓦为辅助材料的木构架建筑已经出现 ⑭。

在珠三角地区，砖及砖雕工艺的运用更为普及。广州地区发掘的众多砖墓可证。这种砖墓建筑一般以小型居多。早期的唐墓用灰红色砖砌筑，单券；晚期的唐墓用灰黑色小型薄砖砌筑，单券。晚唐墓中常有雕刻砖志文字的砖出土。所见年号有元和、大和、大中。

广州建设新村唐姚潭砖墓，墓室为长方形，内长 3.52 米、宽 1.2 米、墓室高 1.15 米，全墓用黑色砖结砌，券墙双隅，后壁为单墙，封门为双重砖墙。墓底铺砖。有砖雕墓志一方，高 35.5 厘米、宽 36 厘米，志文用楷书刻写，分 14 行，从墓志所载看，墓主叫姚潭，是唐广州都督府长史提一的长女。志文雕刻工艺精美。唐广州都督府长史是当时岭南最高长官，集军事与行政权力于一身 ⑮。

在唐睿宗年间，出任广州都督府都督的是被百姓称誉为"有脚阳春"的一代名臣宋璟。他在广州都督府的府邸是一处占地很大、殿宇宏伟、富丽堂皇的园林建筑，北起今天的都府街，南至今天的中山四路，东起今天的忠祐大街，西至今天的广卫路。这座恢宏的府邸，前半部分是办公的衙署，后半部分是幽深的园林。其中，特别引人注目的建筑是缩军

堂。所谓缮军堂，就是设宴犒劳凯旋将士的厅堂。据大文豪柳宗元笔下描写缮军堂建筑规模，"为堂南面，横八楹，纵十楹，向之宴位，化为东序，西又如是"，其新修建的缮军堂之大，"弥望极顾，莫究其往"。人在园中，"如在林壑"，都不知怎么走。按文献记载，从秦汉一直到唐宋，砖瓦基本上属于达官贵族享用的奢侈品，大量用于其府邸等园林建筑上，而一般的平民百姓，只能就地取材，用竹子和木头盖房子，称"吊脚楼"。宋璟出任广州都督，大举普及烧砖制瓦技术，让百姓都能用砖瓦盖房子，免受火灾之患。百姓咸称其善，称誉他为"有脚阳春"[16]。

唐代在广州城区（即番禺）还出现了由大量雕刻精美的文字组成图案做装饰的修城砖，其雕刻的文字为合文"番禺令造"，即文字上下有一部分相同，即"番"字的下部分"由"与"禺"字的上部分"甲"相同，这两个字的这两个部分组合共用相同的部分。可见当时民间艺匠将砖雕技艺运用在园林建筑装饰上的一些发展情况，从中也可反映出民间艺匠技艺的高超和聪明才智。出土的还有唐代雕莲花纹长方砖和雕如意火焰形花卉纹长方砖等，雕工精美，颇为难得[17]。

（2）五代南汉时期

刘岩及他之后的几个子孙都是穷奢极欲的皇帝，在他们统治的 55 年里，不仅改广州为兴王府，而且利用其雄厚国力，用最好的材料大兴土木，修建营造了不少离宫别苑，掀起了第二次王室园林的建设高潮，留有西御苑、昌华苑、芳华苑、甘泉苑等，因此，也需将砖及砖雕工艺艺术大量用于营造离宫别苑及其装饰美化上。这就为我们的研究留下极为珍贵难得的实证资料。

早在唐末，清海军节度使刘隐就开始在广州凿禺山，建新南城，大肆扩展城区。南汉定都广州改称兴王府后，更是在城内外兴建了一大批宫殿园林，仿长安划分城市区域，明确区域功能和建筑配置。当时的宫殿园林区，主要建在珠江以北的子城内。据《新五代史》卷六十五《南汉世家》记载，南汉在兴王府城内外建宫殿"凡数百，不可悉数"。在各地又建有千余间离宫别苑，以便游猎享乐。大规模的园林建筑营造活动，在南汉达至顶峰。

2018 年 11 月，广州市文物考古研究院为配合广州大佛寺南庭院工程建设，对工程建设范围进行抢救性考古勘探和发掘工作，在 600 多平方米的挖掘面积里，发现南汉大型砖铺地面（约 150 平方米）。它们保存基本完好，其东部原有的台阶连接东侧的建筑物，虽现已焚毁无存，但地面仍完整保存有用于铺砌的青灰砖或黄灰砖。部分区域呈"人字形"纹饰，砖铺地面中部加建一条东西向的宽 3.7 米的砖铺走道，也呈"人字形"铺砌，经考古人员发掘初步判断，砖铺地面应为一大型建筑群的室外庭院地面，其周边很可能原有成组的大型建筑。考古人员还进一步推断认为，"结合中山四路考古发现的南汉宫苑遗址判断，该建筑群规模很大、等级很高，很可能属于官衙建筑，也可能与佛寺有关"。这些砖刻材料的发现，我认为应与岭南广州园林建筑有关，因刘岩称帝后又改广州为兴王府，并大兴土木，营造离宫别苑和佛寺园林。这些大型砖铺地面及走道，应是当时的建筑园林地面砖雕装饰[18]。

萝岗石马村南汉昭陵砖刻[19]位于广州市东北郊约 20 千米的石马村（今黄陂果园场后面），1954 年发掘。墓地三面环山，墓葬坐落于北面山峰的南麓，比前面开阔谷地高出 3 米多。墓前原有石马、石象等仪卫。墓为券顶砖室，前连斜坡形墓道，墓室全长 11.64 米。内分主室、过道和前室三部分。此墓被盗情况严重，砖雕等破坏严重。少数墓砖在表面或一侧还雕刻有砖雕艺人的名字和时间等文字，计有"陈怀甫""张徊""六月十三日张匡王及""乾和十六年四□兴宁军□"（此砖已残）等字样。据考证，"乾和"是南汉第三个皇帝刘晟的年号。乾和十六年即公元958 年，刘晟死于这一年。这座砖室墓与史籍所载刘晟昭陵的情况一致。故考古工作者考证确认它为刘晟的昭陵园林建筑。

此外，在遗址中还出土有南汉时期"大有"年号（五代十国时期南汉高祖刘龑年号，自928 年3 月至942 年3 月，共 15 年）和"白龙"年号（南汉高祖使用的第二个年号，自925 年至928 年，共 4 年）的砖刻，十分珍贵，历史内涵丰富。限于篇幅，不再一一展开论述[20]。

（3）宋元时期

到了宋代，岭南的文化和经济得到迅速发展，随着生活文化的发展，以及人们追求居住环境的舒适和情趣的要求的提高，庭院园林得到进一步发展，砖及砖雕工艺施用于园林建筑装饰的水平亦得到相应的提高。

广州龙津路泮塘前街还保留有一座始建于宋皇祐四年（1052 年）的仁威庙园林建筑。它虽经历代多次重修和重建，其中清乾隆年间及同治年间进行过规模较大的重修，但现仍保留着当年的基本格局及装饰工艺和建筑工艺，占地 2 200 平方米。木雕和石雕及陶塑瓦脊装饰十分精美，戏曲人物雕刻生动传神，墀头部位的砖雕异常精细，独具匠心。这是其中的一个例证[21]。其次，从发掘的一些宋代民居遗址也可证当时砖瓦在园林建筑的广泛应用。

据调查，粤东惠东神泉澳角村建筑遗址占地达 1 万多平方米，地面全用砖砌铺。粤北曲江白土镇乌泥角村宋代墟镇建筑遗址占地 1.3 万平方米，在房基上亦可采集到大量砖瓦碎件。曲江白沙乡阴阳墟遗址面积约 5 万平方米，在地基或水沟断面上,有厚约 80 厘米的瓦砾及残砖堆积,采集到瓦当、滴水、板瓦等。其中瓦当、滴水雕刻有莲花纹和龙凤纹。这些都是很好的例证[22]。

在元代,也有这样的例证。揭阳埔田区车田村竹山元代民居遗址,为 6 间横列,墙基灰砖砌筑,高出地面尺余,地面在一层河沙上铺设灰色条形地砖。屋内壁有砖雕壁橱、棂窗、壁龛及砖通道。

而在宋元时期的广州,例证则更多。当时广州城市建设进入最为重要的发展阶段,在唐代子城的基础上,重修子城(中城),其后又在子城之东修建东城,在子城之西修筑西城。此谓之宋代广州三城。在如此大规模的扩建形势下,各种园林建筑必将应运而生,砖瓦石木等工艺也将蓬勃发展。到了元代,基本上承袭了宋代广州城的城市格局,没有太大的改变。据文献记载,宋元时期广州子城的北部,即现省财政厅和原儿童公园一带,一直是重要的官署园林建筑区域。

如今广州财政厅前一带,在宋代建有经略安抚使司署园林建筑,以及西园、石屏堂、元老壮猷堂、连天观阁、先月楼台、运甓斋、飨军堂等重要园林建筑。

西园为北宋驸马都尉王诜之府第园林建筑。当时著名的文人墨客多雅集在此。例如,在北宋元丰初年,王诜就曾邀苏轼、苏辙、黄庭坚、米芾、蔡肇、李之仪、李公麟、晁补之、张耒、秦观、刘泾、陈景元、王钦臣、郑嘉会以及日本渡宋僧大江定基(圆通大师)游园,史称"西园雅集"。园林今虽已毁,但却留下余靖的五言律诗《寄题田待制广州西园》,李公麟的水墨纸本画《西园雅集图》,以及米芾和杨士奇的《西园雅集图记》等文献及实物图注记载。

原广州市儿童公园的位置,在元代曾为广东道宣慰使司都元帅府园林建筑。可惜这些重要的园林建筑,早已被历史淘汰而荡然无存,即使在文化层也已无迹可寻。幸好在遗址处,还保留有大量那个时期的砖水井,尚可找到一些与砖及砖雕工艺相关的信息。

由考古发掘的资料可知,中山五路一带发掘出一口宋代砖井,井口平面呈圆形,井壁用砖砌,为青灰、红黄陶残砖块错缝砌筑而成,工艺较精致。还有一口宋代砖石合构井。宋井中这些砖多为长条砖,多呈青灰色,也有部分为红黄色。以素面为主,少数雕刻精致工整的网格纹和黄釉印花纹等[23]。

元代砖井也发掘出 3 口,均为砖石合构井。井是园林建筑中不可缺少的一部分。其井砖均为长条砖,砖体较大、较厚。少量雕刻模印有精美的菱形纹,以及戳印"万""善"等文字。这也从一个侧面反映了当时的砖刻工艺艺术运用于园林建筑装饰的情况[24]。

番禺沙湾镇还保留着一座历史悠久的何氏大族宗祠——留耕堂,留耕堂是番禺"四大宗祠"之首,始建于南宋德祐元年(1275 年),后经多次损毁和重建,现保留的是清康熙年间扩建时的建筑规模,面积 3 334 平方米。其年代久远、布局严谨、造工精巧、规模宏大,集元明清不同时期建筑文化于一体。它的平面呈南北长条形,自南向北依次为大池塘、大天街、正门、牌坊、钓鱼台、中座、天井、后座以及东、西廊和村祠。其结构严谨、装饰华丽、气势宏伟,历经 40 年才建成,所使用的木、石柱多达 112 条,举凡石雕、木雕、砖雕、灰塑和壁画等装饰工艺艺术,无不应有尽有,体现了岭南庭院园林建筑的独特风格。

5. 明、清和民国鼎盛时期的砖雕工艺

明、清和民国时期,岭南建筑的最大成就就是园林。当时岭南各地佛寺、祠堂、庙宇及园林建筑的兴建蔚然成风,大量使用砖雕饰件,技艺尤其精湛,使砖雕艺术更加繁盛。据不完全统计,光是三水就有 400 多座祠堂。在白坭祠巷,就建有一座拥有 500 多年历史、占地 10 亩(1 亩约为 666.67 平方米)的陈氏大宗祠,以及白坭镇清塘邓氏大宗祠等。这些祠堂园林建筑不仅历史久远、规模宏大,而且雕刻装饰异常精美。粤中云浮云城区腰古镇水东村至今仍保存着的明清建筑有 588 座。其中明朝庙宇(明徽庙)1 座、祖庙祠 3 座、民居 163 间,举不胜举。可惜这些建筑中的装饰工艺精品很多都遭到不同程度的破坏,有些甚至荡然无存。

根据现有所知材料分析,明清至民国时期,砖雕大致可分为两大类:一类为组合砖雕,另一类为单体砖雕。组合砖雕规模宏大,所反映的内容情节复杂,运用的雕刻技艺形式多样,往往把历史故事、神话传说或戏曲场景中最精彩的情节表现出来;一块块砖分开雕刻,然后按故事情节把它们拼接起来;技法上往往把圆雕、高浮雕、低浮雕与减地和镂空等技艺结合起来,灵活运用;按主题需要布设人物、花卉、风景、动物、书法等纹饰图案,构成一幅完整的立体画面。单体砖雕是对花卉、鸟兽、瓜果之类的图案的雕刻,以若干块砖先用灰黏合起来后雕刻,然后嵌上神龛边框或作眉饰、座饰[25]。

(1)明代砖雕工艺雕饰

20 世纪 50 年代,广州美术学院陈雨田教授在番禺沙湾考察时,从古庙宇的废砖堆中,拣获一件明代戏曲人物砖雕。其高 23.5 厘米,造型简练,衣饰不加雕饰,落刀非常准确、利索;人物神情生动、传神,线条有力;采用夸张的手法进行造型,运用恰当的雕刻手法,达到单色的砖雕而富有黑、白、灰等色彩效果,使人感觉到黑、白、灰色的丰富调子，体现了广东砖雕艺术的高超水平㉖。

番禺沙湾砖雕是番禺民间园林建筑装饰的特色美术工艺，2007 年被列入广东省非物质文化遗产名录，目前拥有省级传承基地及代表性传承人省级 3 名、市级 1 名、区级 1 名。沙湾的砖雕工艺艺术大盛于明代，是岭南园林建筑装饰中的瑰宝。当时的沙湾宗族经济、文化的发展和繁荣，营造了砖雕艺术发展的沃土，各祠宇、庙堂和民居等园林皆不乏精美的砖雕杰作。新中国成立初陈雨田教授去该处考察时，尚能庆幸地抢救收集一些精品。那里曾经涌现过黎民源、黄南山、黎蒲生、扬瑞石、老粹溪、靳耀生等砖雕名家，使沙湾成为珠三角地区砖雕等工艺艺术的典型代表。三善村更是一座专出能工巧匠的古村。村里七成以上男丁都从事古建筑装修等行业，历代出了很多技艺高超的名师。村内有一座先师古庙，是广东省目前发现的唯一的"鲁班庙"。在明代，三善村已聚集了许多能工巧匠。他们活跃在珠三角一带，承包许多装饰装修工程。清咸丰、同治年间建北京颐和园，该村有一些名匠黎民源，曾为装饰颐和园效力，并受封"内廷供奉"之职，被选拔参与砖雕等工艺装饰工作。

在番禺石楼镇善世堂大堂，目前还保存有较完整的明代砖雕，也就是在该堂正面左右的两侧墙上的砖雕群组。它的主体是砖砌镂空大花窗，花窗四边镶有人物、花卉图案等，十分精美。明朝应用了广州砖雕而形成的建筑风格，甚至影响到东南亚各地庙宇等园林建筑的装饰（图 1）。

明正德十六年（1521 年）建造的广东佛山祖庙内的砖石"褒宠"牌坊是朝廷为褒奖兵部职方司员外郎梁焯所建的"郡马宗祠"内的牌坊。梁焯（1491 — 1537 年），南海佛山冈头村（后称石角村）人，其先祖世居南雄珠玑巷，南宋时始迁祖梁诏定居南海西雍村（今属顺德）。梁诏五世孙梁接娶了宋理宗之妹为妻，后郡主赵氏次子梁熹迁居佛山冈头，成为冈头梁氏开村祖，故冈头梁氏被后世称为"郡马梁"。梁焯是第十三代传人。该牌坊于中华人民共和国成立后被迁入祖庙公园内，是一座四柱三楼式的砖石牌坊。其正楼和次楼大量附饰的精美砖雕有人物、花卉、鸟兽和戏曲人物故事等，形象简练概括，刀法生动流畅，花纹颇见匠心。这是迄今为止有确凿年代可资证的明代广东园林建筑砖雕装饰实例，表明明代广东广府地区的砖雕艺术已达到相当高的水平。

（2）清代砖雕工艺雕饰

到了清代，砖雕艺术承传岭南地区民间砖雕的优良传统，有很大的创新，风格为之一变，改明代概括、简练的风格为细腻、精致的风格，巧夺天工。砖雕雕刻技法多样，多用浮雕、镂空雕、立体圆雕等，因主题需要而灵活运用，刀法刚劲利落，灵活多变，富于装饰性。有下列例证可资说明。

1）始建于清雍正元年（1723 年）、道光二十四年（1844 年）重修的锦纶会馆，其门前墀头砖雕十分精美细腻，为青砖空斗墙砖木结构。它坐北朝南，三进深，青砖石脚，碌筒瓦镶耳山墙，是一座占地面积 692 平方米的岭南祠堂式园林建筑，也是清代广州丝织业的行业会馆。原址在下九路西来新街。其于 1997 年被定为广州市第五批文物保护单位。

2）黄埔区深井村清代道光年间古建园林砖雕工艺。这座园林建筑始建于明末，重建于清道光二十六年（1846 年），修葺于同治元年（1862 年），称为凌氏宗祠园林建筑。

凌氏宗祠坐落在深井村的中心，占地面积 573.78 平方米，石基高达 2 米，花岗岩石门框，门首饰以青砖浮雕，十分精美。凌氏宗祠上的石雕和木雕历经岁月洗礼，如今虽很破旧，但昔日华美的砖雕却依旧保留了下来。充亭凌公祠，又称"光大堂"，现存建筑建于清代，为深井古建筑群的组成之一。建筑占地面积 198 平方米，硬山顶，砖木结构，青砖墙，以三层砖雕叠涩出檐，檐砖雕花草鸟兽，栩栩如生。景客凌公祠则是该村中保存完好的宇祠中雕工最精细的一座。其建造者凌福彭与康有为是光绪己未年同榜进士，官至直隶布政史。该祠现为黄埔区文物保护单位。其墀头上的砖雕虽已破毁，但其雕工仍可辨识，非同一般。

3）花都区塱头村清代道光年间宗祠园林建筑砖雕工艺。塱头村的南面原是大片湖泽，而村就建于湖边的小岗上，故名塱头，分塱东、塱中和塱西三社，其中塱东和塱中社相连，与塱西社以一条名叫"深潭"的小河涌相隔。村中古建筑群气势宏伟，各类雕刻装饰精美。建筑占地 6 万多平方米。现存较完整的明清年代青砖砖雕建筑就有近 200 座，其中祠堂、书室、书院共有近 30 座，炮楼、门楼共 3 座，其余多为民宅。其中祠堂主要有黄氏祖祠和渔隐公祠等，大多建于清嘉庆、道光、咸丰和同治年间，最早的建于明朝。祠堂中有许多造型逼真、线条优美的石雕、砖雕、木雕及灰塑和壁画。其中砖雕特别引人注目，用的是被称为"挂线砖雕"的深刻技法。线条规整而又流畅自如，纤细如丝，多装饰于祠堂、书室和民居中的山墙、墀头、照壁和神龛等部位。雕工纤巧细腻，层次丰富。在民居中普通人家大多采取莲托瓦檐砖雕，雕刻出的莲托如波浪一般装点门楣，轻盈优美。而祠堂书院这些公共建筑园林砖雕，则有山水花鸟和人物故事等多种题材。

在塱头村建于清道光六年（1826 年）的谷诒书室（谷诒即主人黄谷诒，为富甲一方的绅士），其砖雕技艺更是了得，其檐墙最上面是雕刻精美的砖拱，主体部分雕刻有精美的历史传说人物故事和建筑局部，四周刻有各种花草作装饰。墀头砖雕如意斗拱、戏曲人物和花草瓜果等纹饰。砖雕匾额列大门两侧，分别雕刻篆书阳文"文章华国"和"诗礼传家"八字[27]。

4）清同治二年至三年（1863—1864）花都区新华镇资政大夫祠、南山书院、亨之徐公祠墀头砖雕戏曲人物故事。

5）云浮罗定清代园林建筑砖雕装饰工艺。

其一是连州镇白马村清水陈氏宗祠砖雕花窗"十二生肖"；

其二是连州镇万车村必名李公祠砖雕花窗"狮子"；

其三是连州镇万车村必名李公祠砖雕花窗"风调雨顺"。

6）在江门鹤山市古劳镇东便坊，建于清光绪年间的咏春拳一代宗师梁赞故居，也有好几处砖雕。

其一是砖雕门饰"福寿双全"；

其二是砖雕墙饰"天官赐福"等。

7）清光绪广州陈氏书院园林建筑装饰砖雕工艺。建于清光绪十六年至二十年（1890—1894年）的广州陈氏书院（陈家祠），现存正立面6幅画卷式的大型砖雕，每幅长4.8米，宽2米（图3~图6）。

山墙墀头上的砖雕装饰也很丰富、奇妙，题材不仅有南国蔬果、锦鸡花篮、地方禽兽，还有地方特色浓郁的戏曲人物故事，往往一端墀头上就布设有一个精彩的戏剧舞台场景。艺匠们还会根据建筑部位的不同而因地制宜，巧为布局，摒弃一切与主题无关或多余的道具场景，以高度概括洗练的手法，集中表现了戏剧场景中特定情节里人物的神态。

如《三国演义》故事中的《铜雀台》《群英会》，《孟浩然踏雪寻梅》，民间神话传说故事《仙女下凡》《仕女读书》等，这些砖雕的一个鲜明特点是，把所有人物的神情动态集中于一个中心人物和中心场景来进行综合设计安排，相互呼应，使整个画面繁简处理得当，主题突出，情节紧凑，气氛热烈[28]。

8）广东佛山祖庙及佛山东华里民居中，也存有很多砖雕饰件，体现了岭南园林建筑装饰的独特风格。其始建于北宋元丰年间（1078—1085年），明洪武五年（1372年）重修，之后又修饰扩建20多次的佛山祖庙，是广东规模宏大的古园林建筑群。佛山的民间艺术，如砖雕、木雕、石雕、陶塑、灰塑等，都在祖庙的建筑装饰上得到广泛而出色的运用。这里光举砖雕来说，尚能保留下来的，虽仅有两幅而已，但却弥足珍贵，艺术价值很高，被称为佛山砖雕工艺艺术的代表作。一幅镶嵌在祖庙端肃门南侧围墙，它创作于清光绪二十五年（1899年）是由郭连川和郭道生

合作的壁龛式砖雕作品《海瑞大红袍》；另一幅镶在崇敬门南侧，是他俩同时期创作的，也是壁龛式作品《牛皋守房州》。

《海瑞大红袍》高1.4米，宽2.83米，整幅作品布局巧妙，主次分明。作者把要突出表现的戏剧故事的主题人物放在中心位置加以表现，四周以花鸟图案作装饰衬托，显得十分高雅。在雕刻技艺上，作者运用其高超的雕刻技法，充分发挥了青砖这种物质材料的性能特质和传统砖雕的技艺特点，展现了戏剧题材中众多人物的身份特征和神情动态，运用多层次雕刻手法，把人物刻画得细致入微、栩栩如生。《海瑞大红袍》取自清代长篇章回小说《海公大红袍全传》中的精彩片段，通过刻画人物细节，生动表现了明中叶老百姓心中的忠臣海瑞不畏权势、刚正不阿、为民请命，力主严惩贪官的故事。为什么称海瑞为"大红袍"？因海瑞为官清廉，去世后的遗产只有一件红色官袍。后世便以"海公大红袍"歌颂。人们把讲以海瑞为首的清官与以严嵩为首的奸臣斗争的系列剧，统称为"红袍戏"或"海公剧"。

《牛皋守房州》高1.4米，宽2.83米，作品选用质地坚实细腻的东莞青砖，运用圆雕、高浮雕、浅浮雕、镂空雕、拼接、镶嵌等工艺技艺，按主题设计需要，逐块雕琢，然后按部位拼接，镶嵌于墙上，而成一幅完整的作品。作品的构思设计十分巧妙，其舍弃激战的场景描绘，着意刻画牛皋及众部将等人物形象，使之活灵活现，呼之欲出。人物形象的塑造，吸取了中国传统戏剧人物的造型装束特点，紧紧抓住人物的各种脸谱和服饰的刻画，表现出其不同的身份和特征。脸部则用简括手法，做剪影式的表达。强化人物动态，做适当夸张，反映南宋抗金名将岳飞的部将牛皋英勇镇守房州，抗击金兵入侵的场景。作者巧妙地将35个神态各异的人物与殿堂楼阁组合成一个整体布设在画面上，具有浓郁的岭南地方特色，堪称岭南园林建筑砖雕工艺装饰的代表作。

6. 中华人民共和国成立后传统砖雕工艺艺术的传承和发展

中华人民共和国成立后，随着现代建筑的兴起以及各种各样现代建筑材料的出现，砖雕工艺艺术逐渐式微，甚至被代替。砖雕艺人纷纷转行从事他业。

1958年广州陈氏书院被确定为市文物保护单位，作为新成立的广东民间工艺馆（后为广东民间工艺博物馆）的馆址，需要进行大规模维修。各类雕刻的建筑装饰急需民间艺人，按原状复原，宁缺毋滥。四处打听、四乡搜寻的结果，只找到一个砖雕老艺人，叫陈昌。他运用传统砖雕技艺方法，每天坐在陈家祠堂内，日复一日地将毁损的砖

图2 明代砖雕戏曲人物（组图）

图3 清代砖雕《梁山聚义》

图4 清代砖雕 戏曲人物之一——广州陈氏书院墀头砖墙上装饰

图5 清代砖雕戏曲人物之二——广州陈氏书院墀头砖墙上装饰

图6 清代砖雕戏曲人物之三——广州陈氏书院墀头砖墙上装饰

雕拆下来进行修复。我每天上班都看见他坐在那里将掉下来或即将掉下的砖雕补雕修复以及找新砖进行雕刻。如此一直到 1966 年 "文革" 开始后结束。1980 年，"文革" 时占用陈氏书院的工厂等单位陆续迁出，陈氏书院归由广东民间工艺博物馆管理，从而开始进行第二次大规模维修复原工程。当时有 30 条 3 米 ×0.40 米的砖雕，其中 5 条已严重破坏，其余均有不同程度的破烂、脱胶，或一触即脱落的现象。6 幅 4.80 米 ×2 米的大型砖雕，有 2 幅遭严重损坏。当时民间砖雕艺人已无法找到，老艺人陈昌也于 1970 年去世，后继乏人，只好慢慢物色寻找，找到后再请来修复[29]。

改革开放后，党和政府重视文化遗产的保护开发，各地祠堂庙宇作为旅游景点，需要修复，又推动了砖雕业务的蓬勃开展。各种修复砖雕的新方法不断产生，各种创新作品不断涌现。

首先是番禺宝墨园沙湾创新大型砖雕制作成功，取得丰硕成果。其次是大量抢救收集四乡及广州拆建古旧砖及砖雕什件，装嵌其中，呈现给观众。从各处老房子拆下废弃的砖块被收集起来，约有几十万块。新一代民间工艺家何世良利用这堆旧砖块，从中挑出 4 万多块，创作雕刻巨型艺术砖雕《吐艳和鸣壁》。经过数年的努力，作品终于创作雕制完成。这幅作品长达 22.38 米，高 5.83 米，厚 1.08

米，作品前后两面总面积为 260 平方米。在这一大型的青砖浮雕上，正面运用圆雕、镂空雕、高低浮雕等技艺手法，雕出神采各异的各种鸟类 600 多只，争妍斗丽，生机勃勃的花草 100 多种，中心是一对栩栩如生的凤凰，它以百花吐艳、百鸟和鸣寓意中华民族大团结、祖国繁荣昌盛；壁的背面则雕有东晋书法名家王羲之的《兰亭集序》，笔意和神韵跃然砖上，令人赞不绝口。作者何世良先生创作此作前曾专程到我家拜访过我，向我请教过陈家祠砖雕的一些问题，我一一向他作了解答。对他的创作也提出一些见解供他参考。他的作品完成并嵌镶上壁后，邀我与潘鹤、王建勋、梁谋等十几位专家作现场鉴定并推荐给上海大世界吉尼斯总部审定为 "大世界吉尼斯之最" ——最大砖雕作品。

2005 年，何世良又继续努力，创作了又一幅大型砖雕作品《百蝠晖春壁》。该作品高 11.109 米，宽 5.371 米，长 50.845 米。镶嵌在东莞粤晖园内，又创下 "大世界吉尼斯之最" 纪录。这幅作品由 160 万块老青砖雕刻而成，历时 2 年时间才完成。正面刻有 "五谷丰登" "琴棋书画" "天王法器" "封侯挂印" "松鹤长寿" 和 "百子千孙" 等图案。背面则雕以 "粤晖园赋"，辅以锦地雕纹。这是作者呕心沥血之作，投入了作者全部心血和感情。

2015 年，他又创作了一幅《六国大封相》，荣获第

图7 陈氏书院首进东路外墙的《五伦全图》砖雕

十二届"中国民间文艺山花奖·民间工艺美术作品奖"。2016年，他又获得首届全国砖雕艺术创作与设计大赛"最佳传承奖"。此外，他作为省级代表性非遗传承人，在2016年获得"砖雕大国工匠"荣誉称号。并肩负着带20个徒弟的传承任务[1]。

（二）装饰题材

装饰题材大致可概括为以下几大类：几何图案、文字图案、花卉类图案、动物类图案、戏曲人物和民间传说类图案、风景名胜类图案等。以下拟对各类题材内容略作分析。

中国传统几何图案纹样是中国纹样史上最早进入装饰领域的装饰纹样，也是在中国园林建筑装饰史及其他领域装饰史上运用最广泛和最活跃的装饰纹样。几何图案纹样肇始于新石器时代晚期中国南方的江西、福建、广东、广西和云南的一种很有特色的印纹陶上。其工艺是在陶器的表面拍印方格纹、圆圈纹、曲折纹等几何纹饰。其分布范围广，延续时间长，一直延续到秦汉，并且影响到其他种类工艺的装饰领域。在秦汉时期的岭南园林建筑的砖雕工艺装饰上，大量出现这种题材。但它又不是全部移植照搬，而是根据自己的工艺特点和砖体的材料特质，有选择地施加。

根据我的管见，各种纹样经历了从主花纹到衬托花纹的演变过程。由于篇幅所限，不能展开来谈。只能概括出如下种类。

1. 几何图案纹样

方形、斜方形、长方形、条形、回字纹、网格纹、菱形纹、绳纹、方格纹、斜方格纹、圆圈纹、曲折纹，以及云纹、水波纹、变形云纹、变形勾连云纹、如意云纹、缠枝草纹、曲带纹、叶脉纹、钱纹、对称钱纹、米字纹、交叉对称三角纹等数十种。

2. 文字图案纹样

有小篆字样"万岁"图案、"左官奴兽"刻文图案、图案化的文字组成的"富贵吉祥"纹饰、模印砖刻的砖文，计分三种："永元九年甘溪造万岁富昌""甘溪灶九年造""皆君子兮"及"永元九年九月二日冯□□□□"等字，雕刻捺印有纪年文字、吉祥语或造砖人（工匠）的姓名。如"永嘉五年陈仰所造""永嘉六年壬申宜子保孙""永嘉六年壬申皆寿百年""永嘉六年壬申富且寿考""永嘉六年壬申陈仲恕制作""永嘉七年癸酉皆宜价市""子孙千亿皆寿万年""陈仁"和"陈计"等款文字。砖的底面都捺印雕刻斜方格纹，也有一砖三面都刻有文字的，十分珍贵难得。雕刻有砖雕艺人的名字和时间等文字，计有"陈怀甫""张徊""六月十三日张匡王及"及"乾和十六年四□兴宁军□"

等字样。砖雕墓志一方，高35.5厘米、宽36厘米，志文用楷书刻写，分14行，墓志所载墓主叫姚潭，是唐广州都督府长史禔一的长女。志文雕刻工艺精美、雕刻的文字为合文"番禺令造"。砖刻文字"永嘉世九州荒余广州平且康"，也有砖刻文字为"永嘉七年"的纪年款砖和"永嘉世九州空余吴土盛且丰""永嘉世天下灾但江南皆康平"吉语款砖，刻"八百九十"文字砖、打印长条形戳印，印文为小篆体"永元十六年三月作东冶桥北陈次华灶"，雕刻篆书阳文"文章华国"和"诗礼传家"八字；砖雕花窗"风调雨顺"，砖雕门饰"福寿双全"，砖雕墙饰"天官赐福"；每幅砖雕图的两边均配刻上程颐、王文治、翁方纲等文化名人的书法诗文；砖雕"吐艳和鸣壁"；雕东晋书法名家王羲之的《兰亭集序》等。

3. 花卉类图案纹样

雕如意火焰形花卉纹、莲花纹和龙凤纹，五谷丰登，松鹤长寿，梧桐杏柳凤凰群图，松雀图，南国蔬果，锦鸡花篮，梅兰竹菊，莲荷，石榴（榴开百子或百子千孙），苹果与花瓶（平平安安），牡丹，绣球花，十字花，凤凰牡丹，荷花鸳鸯等。

4. 动物类图案纹样

南越国御苑砖雕踏跺刻印熊饰，各种鸟类600多只，凤凰，狮，老虎，锦鸡，狮子戏球，鲤鱼（鱼跃龙门），白鹤献寿，双龙争珠，丹凤朝阳，玉书麒麟，福在眼前（蝙蝠和铜钱），松鹤延年，喜鹊登梅，柏鹿同春，十二生肖，百鸟图，五伦全图等。

5. 戏曲人物和民间传说类图案纹样

曹操大宴铜雀台、周瑜巧施苦肉计、群英会蒋干中计、孟浩然踏雪寻梅、仙女下凡、仕女读书、海瑞大红袍、牛皋守房州、琴棋书画、封侯挂印、刘庆伏狼驹、水泊梁山聚义、文姬送子。

6. 风景形胜类图案纹样

楼、台、亭、阁、江、河、湖、泊等山水人文风光以及地方形胜风物，如南国风光、富贵佳景、宜春乐善图等。

（三）制作工艺、工具和装饰部位

砖雕深受砖块材料特质限制、雕刻刀具制约，又需符合美学规律和园林建筑装饰实用要求。在一定的器型内布设一个或一组恰当的图案纹饰，既要考虑砖雕本身的精美，又要考虑它放置在园林建筑中的装饰部位是否与整个园林建筑和谐统一。岭南园林建筑的砖雕装饰工艺，经过历代无数无名工匠的探索和创造积累，才形成了一套完整的、独具特色的制作工艺。探讨这种制作工艺衍变发展的轨迹，是我们毕生努力的课题。以下仅就其一般的制作流程作以阐述。砖雕具体工艺制作流程有两种：一种是先刻后烧；

另一种是先烧后刻。早期是先刻后烧，明清以后则先烧后刻。所谓先刻后烧，即在砖未烧成的泥坯阶段，拍印或模印图案花纹，后入窑烧成。先烧后刻，即在烧成砖块后，直接在其上施用各种雕刻手法，雕刻成砖雕作品。

具体流程如下。砖烧好后，第一步是选砖修砖，即选择质地细腻、光洁的砖，以砖蘸水磨平；第二步是上样，即在砖面上贴上图样；第三步是刻样，即用小凿描刻出花纹轮廓；第四步是打坯，即先凿出四周线脚，再凿主纹，次凿底纹；第五步是出细，即进一步精雕细刻图案细部。最后一步是磨光，即用糙石细细磨光。如砖质有沙眼，还要用猪血调砖灰修补，最后才算完成。如是组合式的大型砖雕，工艺更为复杂。但基本原理都是这样。

雕刻技法，主要有阴刻（刻画物象轮廓线条，如同绘画中的勾勒）、压地隐起的浅浮雕、深浮雕、立体圆雕、镂空雕（包括多层次镂空雕）、减地平雕（即阴线刻画形象轮廓，并在形象轮廓以外的空地凿低铲平）以及拼接镶嵌等。

砖雕主要工具是0.3~1.5厘米的钻子各一种，木敲手和磨头、笔刀、章刻刀、橡皮砖雕刻刀、篆刻刀等。

主要装饰部位：窗额、墙头、檐下、墀头、门楣、匾额、壁龛、柱头、照壁、马头墙、山墙面上的上半部分及牌坊门楼等处。

（四）工艺艺术特色和美学价值

1. 工艺艺术特色

（1）具有深厚悠久的历史文化积淀

从上文对砖雕工艺的形成和发展的简史叙述中，可清楚地看到，岭南园林建筑装饰砖雕工艺艺术的特色，不是一朝一夕就可形成的，而是无数不知名的能工巧匠辛勤努力、代代相传、创新发展的成果。它深深扎根于岭南的丰厚沃土中，具有深厚的文化积淀。这种积淀，主要表现在如下方面。

1）其几何纹样图案及拍打拍印工艺，是直接学习吸纳源远流长的几何印纹陶的拍打和拍印工艺，并按砖质材料特性创造性地引进，为己所用而形成的。

工艺美术发展的史实证明，陶艺形成在前，砖雕发展在后。砖雕是从陶艺及石雕这些最古老的工艺中得到启发，创造发展形成的一种独特的园林建筑装饰雕刻艺术。据我多年考察研究确认，唐宋以前盛行在园林建筑砖雕上的各种几何图案纹饰和拍打、拍印工艺，均是吸收了我国新石器时代晚期开始，直至商周以至春秋这一漫长历史时期，达至兴盛的几何印纹陶装饰文化和青铜装饰文化中的图案纹饰及工艺的精华，并根据自己的实际情况创造出来的。

第一，从工艺原理和工艺方法来看，它们都是在未进窑的陶坯或砖坯表面使用工具拍打或拍印以点、线、面构成的几何形图案，然后入窑烧成的。

第二，从图案的组织形式来看，它们都有相同或相似的单独纹样、二方连续纹样和四方连续纹样以及多种纹样的组合；都经烧制后，在器物表面产生一种规整而富于变化的图案艺术的装饰美。这种文化积淀源远流长，均来自原始陶器、原始瓷器以及青铜器上各种几何图案纹饰的灵活运用，构成了那段历史时期主要装饰图案的主流，被考古学界誉为"中国六大考古学文化区系中的一大区系（即以鄱阳湖—赣江—珠三角为中轴的一线）的几何印纹陶分布的核心区"。当时岭南地区正处于这一核心区系内，其几何印纹图案工艺装饰十分兴盛。它也是经历了原始社会、奴隶社会和封建社会初期长达几千年时间的文化积淀才形成的辉煌。因此它自然会对岭南园林建筑砖雕装饰工艺产生影响。开始时，它也是从最早期的几何印纹陶的原始拍印方格纹引进起步，之后逐渐发展增多，范围不断扩大。当时离广州最近的佛山河宕新石器时代遗址是岭南几何印纹陶最发达的遗址，无论在印纹的种类上还是在拍印工艺的技术上，都处于领先地位，其纹样多达五六十种。在如此浓郁的工艺氛围下，岭南园林建筑装饰工艺的匠师们不可能不会从中学习其纹饰和技艺长处，为己所用。事实也正是如此，从秦汉时期一直到唐宋元时期墓砖上大量出现的各种拍打或拍印几何纹饰图案和装饰工艺技术的实证材料，可以证实我的这个观点。

2）从砖雕上的篆、隶、楷、行、草各种砖刻书体文字，以及碑文、歌谣、年号、砖窑名、工匠名字等来看，其历史和文化积淀也很深厚。它也是深受比它更古老的书法篆刻等姐妹艺术的影响而形成的，其中蕴含着的历史文化内涵，保存着的珍贵历史信息，就是明证。

3）从它善于借鉴、吸取国画手卷画法、构图等的长处，以及精巧布设来看，也可说明它具有深厚的文化积淀。

如广州陈氏书院（陈家祠），现存正立面6幅画卷式的大型砖雕，就很能说明问题。这6幅砖雕，每幅长4.8米，宽2米。墙面全由一块块坚实的水磨青砖对缝砌成，缝口细如丝线，整齐划一，平滑如镜。在这样的大背景下，它巧用檐下开设窗口的部位作砖雕花饰，使封闭的外墙变得通透轻盈。在窗口部位雕刻的6幅大型砖雕分别是《群英会刘庆伏狼驹》《百鸟图》《五伦全图》《梁山聚义》《梧桐杏柳凤凰群图》和《松雀图》。每幅砖雕图的两边均配刻上程颐（1033—1107年，北宋著名理学家、教育家）、王文治（1703—1802年，清代著名书法家）、翁方纲（1733—1818年，清代著名书法家、文学家、金石学家）等文化名人的书法诗文，显得十分雅致。尤其是它的构图布局，直接吸收了中国画的传统形式，画面丰富而有节奏，形象趋于写实，景物安排分为前、中、后三层，前景的人物采用生动的圆雕，中景的楼阁廊柱采用玲珑的镂空雕，远景的山川屋宇等景物也刻得有一定深度，层次分明，主题突出。它一改往常图案讲究对称和变形的手法，简直就是一幅立体的花鸟画和情节丰富的戏剧连环故事画。

（2）巧妙地把巧夺天工的装饰技艺与园林建筑融为一体，相得益彰

先说它的巧夺天工的技艺。砖雕是一种工艺性极强的艺术，它不是纯绘画纯雕塑的艺术。它的艺术性除了与人的聪明智慧、人的精神力量的发挥有直接的关系外，还要受工艺条件、工艺手段、工艺技巧及材质等因素的影响和制约。聪明的艺人善于巧妙地利用这种制约，使其转变成为自己的艺术特点，融制作工艺与艺术表现于一体，融装饰技艺与园林建筑于一体。这就是岭南园林建筑砖雕工艺艺术又一突出独特的地方。

先从雕刻技法来说，其技法不仅多样，运用灵活巧妙，而且技艺精湛,精巧绝伦，处处有"超适度"的表现。例如，砖雕采用质地细腻但却松脆的青砖作材料，这种材料一般是不宜精雕细刻的。但岭南砖雕艺匠却艺高人胆大，能十分熟练自如地以多种雕刻技法雕镂出景物及人物形象的质感效果，戏曲人物身上所穿的盔甲片片清晰，花卉枝蔓迂回穿插，雕工之精细，甚至连人物鬓发也雕镂得根根显现，并运用动感强的线条，衬托人物内心情感的变化，加强了视觉效果的真实感。在人物造型上，能根据人物的不同性格、身份采用不同的线条，刻画文人士大夫采用柔和细长的线条；刻画武将、农夫则用刚劲拙短的线条，对武将的盔甲，尤其加重笔墨来突出，运用深刻雕法，把花纹深刻雕镂成织锦缎般美丽的图案，线条流畅自如。运用这种深刻雕法，艺人必须十分熟练地掌握南方青砖的性能特质和运刀操刀的力度。这种雕法俗称"挂线砖雕"，是广东砖雕的独特之处。它能做到险中求巧、求妙和求绝，故确实别有一番艺术情趣[30]。

再说这种技艺究竟是怎样与园林建筑的实际结合的，又是如何与装饰部位融合的。岭南砖雕技艺的高超，不是脱离实用功能的炫技，它从诞生到发展的整个过程，从来没有单独存在过，它一直就是园林建筑上的装饰品。为了适应园林建筑部位装饰的独特艺术效果，符合人们从下向上观赏的视觉习惯，砖雕人物一般都要雕成向前略为倾斜些，人物的姿态和面孔都采用十分夸张的手法进行造型。如鼻梁就故意把它雕成三角形的样子，很像北魏时代石窟佛像的鼻子。眼窝则用深雕手法雕成，使它能在阳光照射下，恰到好处地呈现出眼睛的神态和光彩。番禺沙湾的明

清砖雕工艺艺术更为奇妙，艺人还着意表现砖雕的色彩效果，使观赏者在砖雕原有的单色调中能感觉到有色彩的丰富调子。例如人物穿的袍服大都雕有深凹线花纹，衣袖则用浅凹线雕刻花纹，人物的胡须用较深凹的线条来表示，使人感觉出它有黑、白、灰色的丰富调子，令人叹为观止。

2. 具有崇高美学品格和民俗学意蕴美

（1）美学品格

例如，创作于光绪十九年的陈氏书院首进东路外墙的大型砖雕《刘庆伏狼驹》，美学品格就很高。作者黄南山巧借历史传说故事（即北宋狄青手下猛将刘庆，在西夏使者故意赠送一匹烈性狼驹，十分傲慢地扬言宋朝满朝文武百官无人能降伏它，如不能降伏这狼驹，即要宋朝屈膝求和时，挺身而出，迅速将它降伏，从而避免了一场战祸，为国争了光），运用"借题发挥，借古讽今"的艺术手法，发出"锄奸明国典，访贤屏敌"（这是砖雕两旁雕刻的文字主题）的强烈呼声。这件作品宣扬的是崇高的爱国主义思想，在当时清政府腐败无能的历史环境条件下，敢于通过砖雕工艺，发出如此强烈的呼声，十分难能可贵。其美学品格不同于一般，无论在思想性还是艺术性上，都具有非凡的力量[31]！

（2）民俗学意蕴美

意蕴，就是思想内涵，是艺术形态所表现的深刻的生活意义和社会意义。岭南园林建筑砖雕的精神文明内涵，不仅属于审美的范畴，而且包含深刻而复杂的精神因素和观念意态。尤其在民俗意蕴美方面所表现的特色更为鲜明。它通过广泛而丰富的题材内容来表达其深刻的民俗学意蕴美。

例如，它雕刻的鸟兽、瓜果、花木等，并不是普通动植物，而是别有深意、代代相传，富有深刻的民俗学意蕴。《珍禽瑞兽图》就不是一般的动物图，而是对美好生活，对吉祥、平安和幸福的祈望所进行的隐喻表达方式。陈氏书院首进东路外墙的《五伦全图》上雕刻的凤凰、鸳鸯、仙鹤、鹡鸰、鹭鸶这五种禽鸟就分别指代封建社会君臣之道、夫妻之道、父子之道、兄弟长幼之道、朋友之道，即封建社会的五种伦常："君臣有义、父子有情、夫妇有别、长幼有序、朋友有信。"据史载，鸟有 360 种之多，以凤为首，凤飞则群鸟从，凤出则五政平、国有道。鹤鸣时，则其子和之。鸳鸯则生死相随、形影不离。鹡鸰能为其兄弟解难。鹭鸶鸣叫是为了寻友。所以过去民间常用这五种鸟代表五伦。《五伦全图》是清代著名砖雕艺人黄南山的佳作，寓意社会伦常有序、吉祥瑞和。《松鹤图》则寓意福寿绵长。《杏林春燕》则寓意科举高中,喜气洋洋。如此种种,不一而足。

（五）著名艺人

1）汉晋以后至明代广州名工：西汉南越国御苑名工左官奴兽，东汉永元十六年广州东冶桥北边有砖窑场主陈次华，晋永嘉五年陈仰，晋永嘉六年壬申陈仲恕、陈怀甫、张徊、陈仁、陈计，南汉张匡王，南汉乾和十六年兴宁军及现代陈昌

2）清代番禺名工：黄南山、杨鉴廷、黎壁竹、黎民源、黎蒲生、扬瑞石、老粹溪、靳耀生、何世良（现代传承人）

3）清代南海名工：陈兆南、梁澄、梁进

4）清代佛山名工：郭连川、郭道生

5）现代传承人：张汉泉（现代传承人）

注释

①罗雨林在《论民间工艺美术研究》中提出"民间工艺美术受材料特性制约以及实用功能、审美功能、生产商品功能等因素制约。设计者和生产者的高明之处在于运用自己的聪明智慧和技艺，变制约为特点，扬长避短，把物质材料的性能和自然美充分发掘并表现出来"。内容来源于罗雨林著的罗雨林文博研究论集第134页（广东地图出版社，2001年）。

②南越王宫博物馆筹建处，广州市文物考古研究所.南越宫苑遗址[M].北京：文物出版社，2008.

③广州市文化局.广州秦汉考古三大发现[M].广州：广州出版社，1999.

④广州市文物志编委会.广州市文物志[M].广州：岭南美术出版社，1990。

⑤同前注。

⑥同前注。

⑦同前注。

⑧同前注。

⑨同前注。

⑩同前注。

⑪同前注。

⑫同前注。

⑬同前注。

⑭陈泽泓.岭南建筑志[M].广州：广东人民出版社，1995.

⑮同注4.

⑯同前注。

⑰同前注。

⑱同前注。

⑲同前注。

⑳同前注。

㉑黄佩贤.泮塘最古老的文物建筑——仁威庙[M]//罗雨林.荔湾文史（第四辑 荔湾风采）.广州：广东人民出版社，1995.

㉒同注14.

㉓同注2.

㉕㉔同前注。

㉕罗雨林.广东、海南民间美术概论[M]//罗雨林.罗雨林文博研究论集.广州：广东省地图出版社，2001.

㉖同前注。

㉗图片来源：广州花都塱头村唯一有"西式风格"的书室建筑，https://k.sina.com.cn/article_2943269702_af6ebb4600100jidu.html；解码塱头村建筑一砖一瓦见匠心，https://www.sohu.com/a/202995730_166594.

㉘罗雨林.集岭南民间建筑装饰艺术之大成的建筑艺术[M]//罗雨林.岭南建筑明珠：广州陈氏书院》.广州：岭南美术出版社，1996.

㉙罗雨林.历年维修与保护[M]//罗雨林.岭南建筑明珠：广州陈氏书院.广州：岭南美术出版社，1996.

㉚罗雨林.广东、海南民间美术概论[M]//罗雨林.罗雨林文博研究论集.广州：广东省地图出版社，2001.

㉛罗雨林.使用功能—教化与祭祖相结合的独特文化[M]//罗雨林.岭南建筑明珠：广州陈氏书院》.广州：岭南美术出版社，1996.

A Preliminary Exploration of the Glazed Screen Walls in the Forbidden City

故宫琉璃影壁初探

高甜*（Gao Tian）

摘要：故宫博物院是世界上现存规模最大、保存最完整的宫殿建筑群。故宫琉璃影壁是这座建筑宝库中的一个特殊的家族，它们虽然没有太和殿那般崇高的地位，也不及午门雁翅楼那般肃穆庄严，但是它们在紫禁城中随处可见，并装点着每个角落。其独特的装饰与庄重感能够起到烘托和装饰其他建筑的效果，是一种等级符号。本文通过对 21 座琉璃影壁进行统计分析，概括出琉璃影壁的基本分布特征、数量、纹饰纹样，形成系统完整的琉璃影壁保护研究资料。

关键词：故宫；琉璃影壁；数量；纹饰；种类；分布特征

Abstract: The Palace Museum, also known as the Forbidden City, is the largest and most well-preserved imperial palace complex in the world. Within this architectural treasure trove, the glazed screen walls hold a special place. While they may not possess the same lofty status as the Hall of Supreme Harmony or the solemnity of the Gate of Heavenly Purity, these walls can be found throughout the Forbidden City, adorning every corner. Their unique decorations and dignified presence serve to enhance and embellish the architecture, conveying a sense of grandeur and dignity as symbols of hierarchy. Through the statistical analysis of 21 glazed screen walls, this study summarizes their basic distribution characteristics, quantity, decorative patterns, and forms a comprehensive body of research materials on the protection of glazed screen walls.

Keywords: the Forbidden City; glazed screen walls; quantity; decorative patterns; types; distribution characteristics

一、琉璃的发展历程

　　琉璃，古称"流离""瑠璃"，最早出现于西周，器型主要是一些琉璃珠、琉璃管等。汉代，琉璃开始应用于建筑装饰。《西京杂记》记载："昭阳殿……窗扉多是绿琉璃。"《汉武故事》中写道，"武帝起神屋，扉悉以白琉璃为之"。

　　北魏时期，有琉璃装饰应用于建筑之上，进入实物阶段。《魏书·西域传》大月氏国条中载："世祖时，其国人商贩京师，自云能铸石为五色琉璃，于是采矿山中，于京师铸之。既成，光泽乃美于西方来者。乃诏为行殿，容百余人，光色映彻，观者见之，莫不惊骇，以为神明所有。"《太平御览》云："朔州太平城，后魏穆帝治也，太极殿琉璃台瓦及鸱尾，悉以琉璃为之。"隋唐时期，琉璃成为宫殿建筑中不可或缺的构件。长安大明宫遗址出土的琉璃瓦及其碎片、绿釉琉璃砖等，充分证明了琉璃技术在隋唐时

* 故宫博物院修缮技艺部管理组副科长、高级工程师。

期得到了较大的发展。宋代是我国古代建筑发展的鼎盛阶段，产生了大量色彩斑斓、雕琢精细的琉璃贴面砖。琉璃尺寸开始固定，逐渐成为一种标准构件。宋人范成大《揽辔录》和楼钥《攻愧集》中都记载和描述了较大的建筑物屋顶上全部覆以琉璃瓦，或者用琉璃瓦与青瓦相配合，形成一种琉璃剪边式屋顶。到了元代，对于琉璃的制作，在原料、形制、工艺、釉色等方面，都较之前有新的发展。形制上出现了堆花脊筒以及龙、凤、花卉等题材的艺术构件。釉色方面出现了黄、绿、蓝、白、赭、褐、酱等多种颜色。大量重要建筑已经普遍使用琉璃瓦。此外还将山西的琉璃技术引进北京，为明清琉璃技术的鼎盛奠定了基础。明清时期，琉璃艺术得到了空前发展。其制作规模之大、分布之广、技术之精，超过了以往任何时代。琉璃构件的适用范围从宫殿、庙宇扩大到形体复杂的其他附属建筑和纪念性建筑上。明代的琉璃照壁、琉璃影壁、琉璃塔等式样繁多、规模巨大、结构复杂，是前代所不能比拟的。在此期间，出现了大量精美的琉璃作品。在装饰题材上亦丰富多样，有鸱吻、小兽、仙人、力士、龙凤、狮虎、麒麟、花卉、树木、日月星辰等等，无所不包。到了清代，不仅题材范围不断扩大，且在世俗化方面有着明显的突破，较多地带有人们祈祝吉祥、向往美好生活的愿望。色釉方面，有黄、绿、蓝、白、紫、赭、褐、黑、棕等色，琉璃色彩的绚丽程度达到了历史上的顶峰。除上述釉色外，还出现过天青、桃红、胭脂红、宝石蓝、秋黄、梅尊红、牙白、鹅黄、水晶等色。可以说明清代的琉璃艺术达到了我国封建社会的最高峰。

二、 影壁概述

据考古研究发现，影壁最晚在西周（公元前11世纪一前771年）时期就有了。中国迄今发现最早的影壁是在陕西省的一处西周建筑遗址中，东西长240厘米，残高20厘米。汉画像石上的影壁形象，亦证明影壁历史悠久，久传不衰。影壁是一组建筑物的屏障，故又称"屏"，与住宅有着密不可分的关系，同样也是古代官署衙门不可缺少的组成部分，有"没有照壁不成住处"的说法。影壁的设置在古代也是分等级的。据西周礼制规定，只有宫殿、诸侯王宫、寺庙建筑等可以设置影壁。行人路过，因有影壁而不能窥见院内，如乘车、轿来访，客人也可在影壁前稍停，整理衣冠，然后入院拜访主人，这些都说明了影壁的功能。从空间的围合上，有的影壁是民居四合院围合的重要组成部分，如云南白族人的四合院有"三坊一照壁"之说，即由三座坊与一座影壁围合成四合院，影壁为一独立的墙体，宽度与正房相当，高度与正房上层的檐口相平，形式有一字形，或左右分为一主二次，中央高两侧低的三段式，壁身为白色，既增加院内亮度，又是院内主要景观。

三、研究现状

对影壁的研究历来为研究中国古建筑和传统文化的学者所注重。以中国古代文献资料中，如喻皓的《木经》，宋代李诫的《营造法式》，明代计成的《园冶》，清工部《工程做法则例》等，可以直观地研究影壁在建筑领域的相关发展过程。在现代研究著述中，楼庆西教授的《中国传统建筑装饰》《中国古建筑砖石艺术》《雕塑之艺》，张驭寰的《中国古建筑分类图说》，王其钧的《古雅门户》，路玉章的《古建筑砖瓦雕塑艺术》，尹文的《说墙》等文献都对影壁作出过论述。其中，刘大可的《中国古建筑瓦石营法》对影壁的具体建造技术作出了详细的论述，张淑娴、海君的《局部的意味》比较详细地介绍了紫禁城的部分代表影壁，张道一、唐家路的《中国古代建筑砖雕》比较详尽地介绍了我国的砖雕艺术，其中包括了大量的砖雕影壁，汇集了很多典型的实例图片。

目前，国内外对于琉璃建筑的研究相对较少，琉璃构件结合建筑本体的讨论几乎为空白，对琉璃构件的保护研究较为匮乏。故宫作为中国明清两代的皇家宫殿，是世界上现存规模最大的宫殿建筑群，是明清建筑官式做法的集中体现。其中的21座琉璃影壁更是国内研究琉璃建筑不可缺少的实例。

四、故宫琉璃影壁概况

琉璃影壁，是一种作为大门屏障的墙壁，在建筑的不同位置装饰琉璃构件，分布在各个建筑的院落或区域入口，一般与大门一起构成入口节点空间。琉璃构件华丽，所营造的宏伟与尊严感能够起到烘托和装饰建筑的效果。琉璃瓦的使用和封建等级制度亦是紧密相连的，在某种程度上构成了封建王朝的建筑礼制体系。故宫中的琉璃影壁数量众多、种类齐全、色彩丰富，是研究封建社会皇家建筑礼制等级文化的重要实例，代表了我国古代琉璃小品建筑建设的最高水平。

本文通过历史文献研究法、实地调研踏勘法和比较研究法对故宫琉璃影壁进行调研，全面获取、记录琉璃影壁的形制特征及年代信息，对琉璃影壁建筑实例进行分类，综合历史文献等资料，初步探讨琉璃影壁的分布特征、装饰寓意、色彩等级等，最后通过整合研究，形成研究成果。

五、数量、类型及分布特征

1.数量

故宫琉璃影壁经调查统计共21座。

为方便展开研究分析，对琉璃影壁分别进行编号。编号规则如下。

（1）区域编号规则

1）按照外朝中路、内廷中路、外朝东路、外朝西路、内廷东路、内廷西路、内廷外东路、内廷外西路、内廷附属部分的顺序进行。

2）每一部分由南至北、由内至外编号，一级区域编号为两位，如01，二级区域为四位，如0100。

（2）琉璃影壁编号规则

1）以二级区域为单位划分。

2）在各区域内按照由南到北、从东到西的原则依次进行编号，即"二级区域编号-建筑编号"，如0400-01。

2.类型

故宫琉璃影壁数量众多，各具特点，可以根据影壁与院落大门的位置关系、平面形式、纹饰的不同等诸多因素进行划分。

首先根据影壁与院落大门的位置关系进行分类，可分为门内影壁、门侧影壁（图1）、门外影壁；其次根据平面形式不同分为撇山影壁（图2）、一字影壁（图3）；最后根据纹饰的不同可分为宝相花主题影壁、其他主题影壁（图4）。

门外影壁是指位于大门之外，并隔开一段距离，正对院落大门的一堵墙壁。与周围的其他建筑共同构成门前广场，增添了建筑群的气势。

门侧影壁是指位于大门一侧或两侧的影壁。与门楼共同组合形成建筑入口形象，起装饰入口形象和渲染入口气氛的作用。

门内影壁是指位于大门内侧的影壁，与门楼一起构成空间有序转换的入口节点。主要起界定内外、增添层次、引导秩序的作用。

3.分布特征

根据调查统计，门内影壁共有11座，门侧影壁共有8座、门外影壁共有2座。

门侧一字影壁共有6座，占琉璃影壁总数量的29%，主要分布在3个区域。

门侧撇山影壁共有8座，占琉璃影壁总数量的38%，主要分布在3个区域。

门内一字影壁共有5座，占琉璃影壁总数量的24%，主要分布在3个区域。

门外一字影壁共有2座，占琉璃影壁总数量的9%，主要分布在2个区域。

琉璃影壁编号见表1。琉璃影壁分布区域见表2。

表1 琉璃影壁编号表

一级区域名称	二级区域名称	建筑名称	建筑编号	数量	格局分属
乾清门及后三宫区	—	乾清门东影壁	0400-01	4	内廷中路
		乾清门西影壁	0400-02		
		坤宁门东影壁	0400-03		
		坤宁门西影壁	0400-04		
养心殿区	—	养心门内东琉璃影壁门	1800-01	3	内廷西路
		养心门内西琉璃影壁门	1800-02		
		遵义门内琉璃影壁	1800-03		
西六宫区	太极殿区	内启祥门西影壁	1904-01	1	内廷西路
重华宫、重华宫厨房及漱芳斋区	漱芳斋区	漱芳斋南殿东琉璃影壁	2201-01	1	内廷西路
宁寿宫区	皇极门外戏衣库区	九龙壁	2501-01	1	内廷外东路
	皇极殿区	宁寿门东影壁	2502-01	4	
		宁寿门西影壁	2502-02		
		皇极殿正殿东垂花门影壁	2502-03		
		皇极殿正殿西垂花门影壁	2502-04		
	养性门至景祺阁区	养性门东影壁	2503-01	2	
		养性门西影壁	2503-02		
慈宁宫及三宫殿、三所殿区	慈宁宫区	慈宁宫东影壁	2701-01	4	内廷外西路
		慈宁宫西影壁	2701-02		
		慈宁宫正殿东垂花门影壁	2701-03		
		慈宁宫正殿西垂花门影壁	2701-04		
上驷院及会典馆区	—	上驷院琉璃影壁	3100-01	1	内廷附属部分

表2 琉璃影壁分布区域表

类型	区域编号	区域名称	类型	区域编号	区域名称
乾清门及后三宫区	2501	皇极门外戏衣库区	门侧一字影壁	2502	皇极殿区
	3100	上驷院及会典馆区		2503	养性门至景祺阁区
				2701	慈宁宫区
养心殿区	1800	养心殿区	门侧撇山影壁	0400	乾清门及后三宫区
	1904	太极殿区		2502	皇极殿区
	2201	漱芳斋区		2701	慈宁宫区

六、构造及纹饰

琉璃影壁是由众多琉璃构件组合而成的建筑小品，其形制及各类构件基本仿制普通木构建筑，为了使建筑更加庄重、美观，常常在建筑上身部分增加岔角、盒子等装饰

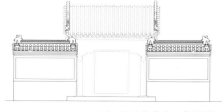

图1 门侧影壁（一字影壁）

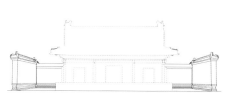

图2 门侧影壁（撇山影壁）

图3 一字影壁

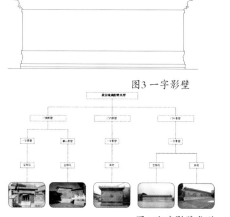

图4 琉璃影壁类型

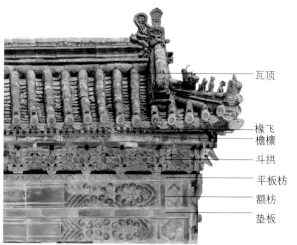

图5 顶部的构成

瓦顶
椽飞
檐檩
斗拱
平板枋
额枋
垫板

性构件。

1．构造

琉璃影壁基本构造分为三个组成部分，即顶部、墙身和基座三部分。

顶部主要包括以下构件（图5）。

瓦顶：琉璃瓦覆面，配以正吻、垂兽、小兽、仙人等脊饰。

椽飞：排列在桁檩背上以承托屋面荷载的杆件。

檐檩：断面为圆形，承托檐椽、飞檐椽的构件。

斗拱：主要起装饰作用，部分建筑用琉璃枭砖、混砖做出线脚代替斗拱。

平板枋：位于柱头与大额枋之上承托斗拱的板材，表面常雕有装饰图案。

额枋：分为大、小额枋两种，是建筑外檐中重要的连接和承重构件。

垫板：位于上下两根桁（檩）枋或上下两根枋子之间的板状构件。

墙身主要包括以下构件（图6）。

方磉栱：四件，挨门口用。

圆磉栱：四件，四角用。（方圆磉另有称作"马蹄磉"的，概因其形状近似马蹄。）

方柱子：四根。

圆柱子：四根。

方圆柱子，自磉科上皮至平板枋下皮之十三分之一即是见方，每根有花柱头一件。

槛砖：一层，即下槛，与磉栱平。

替桩：一层，即上槛。

岔角：每面四角安四块。

盒子：彩画箍头正中或墙壁壁身中部绘制或镶嵌的菱形或如意纹图饰。

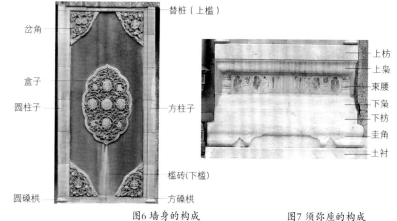

图6 墙身的构成

替桩（上槛）
岔角
盒子
圆柱子
圆磉栱
方柱子
槛砖（下槛）
方磉栱

图7 须弥座的构成

上枋
上枭
束腰
下枭
下枋
圭角
土衬

基座可采用普通整砖砌筑，但更多情况下采用须弥座形式。

须弥座主要包括以下构件（图7）。

上枋：须弥座最上面的一层枋木，其外轮廓线为垂直线，表面可雕刻图案纹样。

上枭：须弥座的第六层，位于束腰与上枋之间，其剖面形如枭混状，表面可雕刻图案纹样。

束腰：须弥座中收进的部分，位于带有凸凹曲线的上、下枭之间，其外轮廓平直，不带任何曲线，表面可按一定要求雕刻图案。

下枭：须弥座的第四层，位于束腰与下枋之间，其剖面形如枭混状，表面可雕刻图案纹样。

下枋：须弥座的第三层，位于圭角与下枭之间，其特点是整体棱角不带任何凹凸曲线，表面可雕刻图案纹样。

圭角：地平以上的第一层，位于土衬石与下枋之间，其端头外轮廓常作成古代琴桌桌腿的形象。

土衬：台基石活中最下面一层，坐落在砌体之上的须弥座可不做土衬石。

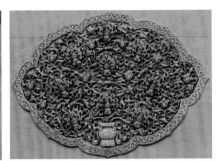

6花式　　　　　　　　6+2式　　　　　　　　15+6式　　　　　　　　9+10式

双龙戏珠纹　　　　　鸳鸯戏莲纹　　　　　海水江崖升降龙纹　　　　莲塘鹭鸶纹

图8 琉璃影壁盒子纹饰（组图）

2. 纹饰

通过对故宫琉璃影壁进行调查研究，发现岔角共分为两种类型：无岔角式和四角式。其中仅九龙壁为无岔角式，其余均为四角式。

无岔角式即建筑上仅有黄色琉璃上槛、下槛、方圆柱子或素面门腿。

四角式即建筑在上身部分四角装饰有岔角的形式，造型从直观感受上可分为等腰三角形与不等腰三角形。

盒子是建筑上身中央的主要装饰构件。共分为有、无盒子两大类。其主题丰富，共有缠枝宝相花、海水江崖升降龙纹、莲塘鹭鸶纹、双龙戏珠纹、鸳鸯戏莲纹5种（见图8）。在琉璃影壁中，上身无盒子的有1座，盒子主题为缠枝宝相花的有12座，海水江崖升降龙纹有1座，莲塘鹭鸶纹有2座，双龙戏珠纹有1座，鸳鸯戏莲纹有4座。其中，缠枝宝相花纹饰种类多样，由不同数量的花朵组成不同造型，共有4种，如下。

6花式，由6朵相同的宝相花及花篮组成，共有2座。

6+2式，由6朵大宝相花、2朵小宝相花及花篮组成，共有6座。

15+6式，由15朵大宝相花、6朵小宝相花及花篮组成，共有2座。

9+10式，由9朵大宝相花、10朵小宝相花及花篮组成，共有2座。

七、等级制度

在我国封建社会的历史长河中，形成了以"礼"为中心的文化模式。"礼"在我国不仅以法律的形式出现，还成为伦理、宗教、艺术等各方面共同尊崇的文化准则。建筑在我国从来不是一门独立的艺术，而是常与车马、冠服、仪卫等事物联系起来，成为体现社会等级制度的标志。建筑中的等级制度实际上就是封建礼制的体现。琉璃影壁的等级制度主要体现在色彩和"样制"两个方面。

1. 色彩方面

《周礼·考工记》记载："杂五色，东方谓之青，南方谓之赤，西方谓之白，北方谓之黑，天谓之玄，地谓之黄。"黄居于中央，象征着权力，成为当时皇家的专属色彩，红墙黄瓦是皇家建筑的色彩标志。黄色琉璃只能用于皇宫和帝后的陵寝建筑，亲王、世子、郡王、贝勒等的府第用绿色琉璃瓦，公侯以下官员的房屋则根本不准用琉璃作屋面。

故宫作为明清皇室的宫殿，在颜色的选用上基本为黄色，少数具有特殊意义的宫殿采用其他颜色。在故宫中，绝大多数的琉璃影壁主要由黄、绿色琉璃砖组成，大体装饰规律为屋面采用黄色琉璃瓦，方圆柱、岔角、盒子以及须弥座轮廓和突出装饰的部位如花朵、龙等用到黄色琉璃面砖，檩、大小额枋、斗拱、岔角、盒子中的叶片等采用绿色琉璃面砖。

2. "样制"方面

明清时根据建筑自身等级的不同，将琉璃瓦件的尺寸和数目做了从一样到十样的规格区分。《明会典》中记载："凡在京营造，合用砖瓦，每岁于聚宝山置窑烧造……其大小、厚薄、样制及人工、芦柴数目，具有定例。"同时提到了二样琉璃板瓦的装窑、装色工时和所用材料定额。

八、功能作用

故宫中的琉璃影壁除了影壁固有的功能作用之外，也有其作为宫殿建筑的独特作用。

乾清门的两个影壁沿乾清门两边呈雁翅形左右排列，每座长10米，厚1.5米。影壁下部用黄色琉璃砖砌成高17米的须弥座，须弥座的上下枋均雕饰西番莲，上下袅则配仰覆莲图案，相互呼应；束腰部分精心设计了五组花草雕饰，其中有两组高浮雕的折枝荷花水草，花叶相同，疏密得体。须弥座上是5米多高的壁身，四个岔角内是宝相花，有的含苞待放，有的花朵盛开。壁身的盒子内雕饰一个大花篮，篮内伸出的繁茂枝叶上有朵朵花儿，花间枝叶相映，溢彩流光；在花篮两侧的空隙里，各穿出一条飘带。壁顶是黄色琉璃瓦的庑殿顶，正脊和各檐角饰吻兽，施用绿色琉璃线黄色旋子彩画和降魔云图案。这对影壁作为装饰品，除了为乾清门增添了不少亮色，还另有特别的功能。从保和殿往北，地势猛然跌落，落差有8米之多，而从保和殿台阶到乾清宫门台阶的距离只有30米。这么短的距离，在高大的宫殿群中，乾清门前的院落就显得过于狭窄，给人的视觉和心理感受很不舒服。为了在狭窄中求得广阔，在高低差中求得平稳，设计者就在乾清门的左右布置排开了两个大影壁。由于它呈斜八字对称屹立，把乾清门夹在八字的交会点上，恰好利用了视觉错觉，加强了空间透视感，弥补了院落南北的狭窄感，从而增加了乾清门的庄严、秀丽。

养心殿门外的琉璃影壁，其须弥座用汉白玉雕制而成，影壁中间的琉璃"盒子"内是一幅五彩琉璃浮雕的鸳鸯游水嬉戏图案，因此这座琉璃影壁称为"鸳鸯戏水琉璃影壁"。鸳鸯亦称相思鸟，传说鸳鸯雌雄形影不离，雄左雌右，飞则同振翅，游则同戏水，栖则连翼交颈而眠。如若丧偶，后者终身不匹。因此，鸳鸯成为爱情、婚姻美满的象征。在这里使用情意绵绵的鸳鸯戏水图案，主要因为这是皇上的寝宫。

九龙壁是乾隆三十六年（1771年）改建宁寿宫宫殿时同期建造的，其长29.4米，高3.5米。影壁正身壁面为彩色琉璃烧制，画面以海水、流云为背景，上雕刻九条巨龙，四周布满琉璃花饰。龙的形体有坐龙、升龙和降龙，其中一条黄色蟠龙居中，为主龙，左右各四条游龙。龙与龙之间凸雕峭拔的山石六组，将九条龙作灵活的区隔。九龙的爪下有起伏而富有层次的海浪，横亘于整个画面，增加了画面的完整性。为了突出龙的形象，采取高浮雕的手法塑造，龙头的额、角厚度最大，高出壁面20厘米，为的是突出龙头。九龙壁使用了冷暖对比的色调，主体龙的色彩使用暖色系列，背景色彩运用冷色系列。中间的主龙为正黄色，按照皇家用色机制，正黄色为皇帝专享，象征着统治者至高无上的权力。两侧依次向外，第一组的两龙为青色，第二组的两龙为白色，第三组的两龙为紫色，最外侧的两龙为棕黄色，不同的色彩代表不同的等级。上部天空、山石、流云等的色彩为浅蓝色，下部波浪的颜色为浅绿色，整个画面营造出一种明快亮丽的格调。明清以九五之数代表天子之尊。九龙壁不仅主体龙是九，其他地方也按九、五设置，如庑殿顶用五脊，正中用九龙花脊，斗栱之间采用四十五块龙纹垫栱板等，自上到下很多处都蕴藏着九、五之数。

九、总结

目前，国内外对于琉璃影壁的研究相对较少，对琉璃构件的保护研究较为匮乏，故宫作为中国明清两代的皇家宫殿，是世界上现存规模最大的宫殿建筑群，是明清建筑官式做法的集中体现。其中的21座琉璃影壁更是国内研究琉璃建筑不可缺少的实例，它的艺术形式、空间作用以及在文化韵味和民间传统中的独特成就，是人类文明传承的一种载体和表现。

本文从数量、区位分布、纹饰分类等方面简单介绍了故宫中的琉璃影壁，为了使具有民族特色的影壁得到永久性的发展，我们必须对其进行进一步研究。我们相信，通过挖掘整理、研究创新，影壁定会在将来重新放射出灿烂的光彩。希望通过对琉璃建筑与琉璃构件的保护，形成系统完整的琉璃影壁保护研究资料，为以后修缮保护、科学研究提供可靠、有利的依据。

参考文献

[1] 惠任. 保护修复材料在洛阳山陕会馆照壁琉璃保护修复中的应用[J].古建园林技术，2006(1): 61-64.

[2] 郑欣淼. 谈谈故宫学的学术要素[J].辽宁大学学报，2006(3): 1-6.

[3]刘兴牛，巧云，吴晓丹.中国传统建筑中的影壁[J].山西建筑，2008(3): 28-30.

[4] 夏彬.影壁建筑意——中国古建筑影壁研究[D].长沙：湖南师范大学，2010.

Research on the Architectural Art and Architectural Cultural Spirit of the Merchants' Guild Halls in Southern Jiangsu

苏南会馆建筑艺术与建筑文化精神研究

石媛*（Shi Yuan ）

摘要：建筑是人类文明的载体，建筑的发展标志着人类文明的进程。始兴于明中期的会馆是明清重要的经济组织、社会组织和建筑类型，以其独特的建筑艺术语言反映了中国封建社会晚期的社会发展内容，蕴含着独特的建筑文化精神。明清时期的苏南地区依托得天独厚的自然地理优势和发达的商品经济，吸引了全国各地的商人聚集于此，商人会馆由此兴盛。与北方会馆建筑不同，苏南地区最多的是商人会馆建筑，这些会馆建筑所特有的意匠与当地商人的价值追求、道德观念、艺术情趣、审美取向等有着深厚的同源关系，因此，苏南地区的商人会馆建筑是苏南地区特定时期社会人文风貌的生动写照，凝聚了寓居在外的商人寻找失落的乡土宗族情结，渴求社会认同的心理，宣扬商业伦理道德等深刻的建筑文化意蕴①。本文以明清时期苏南地区商人会馆建筑为例，探究商人会馆建筑"诚于中而形于外"的建筑文化精神。

关键词：商人会馆建筑；建筑艺术；建筑文化精神；苏南地区

Abstract: Architecture serves as a vehicle for human civilization, and its development signifies the progress of human culture. The merchants' guild halls, originating in the mid-Ming Dynasty, were significant economic and social organizations as well as architectural typologies of the Ming and Qing Dynasties. With their unique architectural language, these guild halls reflect the social development of late feudal China and embody a distinctive architectural cultural spirit. Leveraging the favorable natural and geographical advantages and a flourishing commodity economy, the Southern Jiangsu region in the Ming and Qing Dynasties attracted merchants from across the country, leading to the prosperity of merchant guild halls. Unlike in northern China, the Southern Jiangsu region had a higher concentration of merchant guild halls. The unique architectural features of these guild halls are deeply intertwined with the values, moral concepts, artistic tastes, and aesthetic orientations of local merchants, presenting a vivid depiction of the social and cultural landscape of a specific period in Southern Jiangsu. They encapsulate the yearning of merchants living away from home for their lost hometowns and ancestral ties, their desire for social recognition, and the promotion of commercial ethics and morality, embodying profound architectural and cultural implications.[] This paper takes the merchant guild halls in Southern Jiangsu during the Ming and Qing Dynasties as an example to explore the architectural cultural spirit of "sincerity within and form without."

Keywords: merchant guild halls; architectural art; architectural cultural spirit; Southern Jiangsu region

* 中国艺术研究院博士生。

一、会馆建筑的历史沿革与形成因素

会馆建筑是中国古代较晚形成的一种建筑类型,它是由商人、手工业行会或者外地移民集资兴建的一种公共活动场所,是中国古代一种特殊的公共建筑[2]。《中国大百科全书·建筑卷》对会馆的解释是:"会馆分同乡会馆和行业会馆两类。前者是为客居外地的同乡人提供聚会、联络和居住的处所,后者是商业、手工业行会会商和办事的处所。"[3] 王日根先生在《中国会馆史》中认为,会馆是明以来同乡人士在客地设立的一种社会组织[4]。分析以往学者对会馆这一概念的解读,可以归纳出会馆可分为广义的会馆和狭义的会馆。广义的会馆将会馆视为一种社会组织机构,狭义的会馆将会馆视为一种特殊的建筑类型,具有祭祀、居住、宴饮、聚会等多种功能。苏南地区的会馆根据史学家洪焕椿先生的分析可分为商业会馆、商人会馆、官商会馆、同乡会馆和官办会馆等几大类型[5]。这些会馆类型大多与商人有直接联系,可统称为"商人会馆",其作为明清社会宗族制度、商业文化、社会文化的外延,包含着丰厚的建筑文化精神,是一种重要的建筑文化的集合。商人会馆作为一种以地缘为纽带的民间自治组织,是商业发展的产物,也是一种互益性的社会组织,其产生、发展与衰退,随着商业、手工业发展的变化而变化,它的兴衰见证了明清商业文化及城市的荣枯,反映了明清时期商人社会组织的变迁。

(一)苏南会馆建筑的历史沿革

1. 始兴期

我国会馆建筑的产生起源于明代永乐年间,"舍宅为社"是这一时期会馆建筑的基本特点,即此时会馆建筑多为官绅购买民宅作同乡聚会之所。据民国时期的《芜湖县志》记载:"京师芜湖会馆在前门外长巷上三条胡同。明永乐间邑人俞谟捐资购屋数椽并基地一块创建。"[6] 俞谟在京时任工部主事,因为看到芜湖籍做官的老乡在京办事时没有住宿的地方,便起了设立同乡馆舍的心思,这便是第一个"芜湖会馆"。此时的"芜湖会馆"是一所同乡会馆、官绅会馆。明代中后期,宦海之争愈演愈烈,在京的官绅出于巩固与增强自身政治实力的目的,大多自发出资为同乡士子建设会馆,提供食宿,以期他们高中,为自己的政治集团输送力量。程树德在《闽中会馆志序》中说:"京师之有会馆,肇自有明,其始专为便于公车而设,为士子会试之用,故称会馆。"[7] 因此,会馆最早起源于京师,是官绅为来京办事、应试的同乡提供的寓居之所,可称之为"同乡会馆""士绅会馆"或"科举会馆"。

2. 鼎盛期

"四民"之尾的商人在早期的"同乡会馆""士绅会馆"或"科举会馆"中不得入住。但是,随着明朝中叶商业经济的迅速发展与繁荣,商人会馆开始出现,并迅速遍及全国,成为各地商业繁荣市镇的重要景观。尤其是进入清代以后,会馆建筑随着强大的移民潮开始在四川、湖北、湖南等地出现。这些会馆中不少由客居的商人捐资兴建,作为联乡谊、促贸易之用,所以可称之为"商人会馆"。清人杭世骏曾言:"会馆之设,肇始于京师,遍及都会,而吴阊为盛。"[8] 苏南地区依托太湖、大运河的地理优势成为明中叶以后大量商人会馆建筑的集散地,此时的会馆建筑仍有不少"舍宅为社"的,但多数按会馆的功能重建改建、扩建或新建,成为具有独特性质的建筑类型,其在建筑布局和装饰设计上已非一般的民宅可比。

3. 式微期

1840年鸦片战争爆发之后,上海被迫成为通商口岸,外来商品经济的发展、铁路交通的兴起、行业性商会的产生以及商人会馆商帮地域性的限制等因素致使商人会馆建筑式微或转为他用。商人会馆是基于地缘的一种社会组织,没有固定的管理机制,必然会造成这个组织的松散性,且商人会馆的经费来源多依赖于"乐捐",明末清初爆发的大小战争重创了经济,商人会馆的式微成为必然。会馆建筑历史沿革见表1。

表1 会馆建筑历史沿革

阶段	时间	特征
始兴期	明中期至康熙年间	邑人俞谟捐资购屋[9],表现为从住宅建筑脱离开来成为独立的建筑类型
鼎盛期	清中期至鸦片战争以前	会馆建筑繁盛,类型多样
式微期	清末至民国时期	会馆建筑逐渐消失或转型

表格来源:作者根据相关资料绘制。

(二)苏南会馆建筑的形成因素

1. 便利的交通与发达的经济

"苏南"是江苏省长江以南地区的统称,包括明清时期苏州府和常州府所辖地域。"苏南"的定义有广义和狭义之分,本文研究的苏南地区是受"吴文化"影响下传统意义上的苏南地区,即苏州市、无锡市、常州市,这几个地区在历史上关系十分密切,文化背景大致相同,经济、文化、社会发展相互影响,反映着地域文化内在联系性[10]。苏南地区位于太湖边,是京杭大运河上的重要枢纽,依托着绝对的地理优势、自然资源和发达的手工业,南宋时民间就出现了"苏常熟,天下足"的谚语。明清以来,由于江南商品经济的发展以及水路交通的进一步发达,以苏南为中心形成了一个繁密的市场网络,这些城市以苏州为中心向四周辐射,连接着广大农村,促进了城乡经济的交流,从而更推动了这一地区经济的发展以及与全国各地经济的横向联系[11]。发达的商品经济吸引着全国各地的商人来到苏南从事经济贸易活动，因此，明清时期苏南的社会结构中，商人占了很大的比例，时人赞叹"商贾辐辏，百货骈阗，上自帝京，远连交广，以及海外诸洋，梯航毕至"[12]。民间广泛流传着"东南财富，姑苏最重；东南水利，姑苏最要；东南人士，姑苏最盛"的谚语[13]。大量商人聚集苏南推动了苏南商人会馆建筑的发展。《嘉应会馆碑记》记载："姑苏为东南第一大都会，四方商贾，辐辏云集，百货充盈，交易得所。故各省郡邑贸易于斯者，莫不建立会馆，慕祀神明，使同乡之人，聚居有地。"[14] 除此之外，政治也是一个关键的因素，明代初期朱元璋定都南京，营建宫殿陵墓城池，广征木材。临江商人乘机而起，"多领部银，采买皇木"。当时的常州是水运要道，运河之水主要来自长江，含泥沙的江水灌入河道使河水变得混浊，流经无锡后水才逐渐澄清。木材浸入清水，木质易黯黑，日久易生苔，而含沙混水却有利于木材防护，可保持木材皮色黄亮，材质不变。因此，从明代中叶起，各地木材商纷纷涌向常州一带聚集，待木材浸透后再转运各地，常州也因其木业繁盛成为江南木材的集散中心，临清木帮在此设立会馆，即临清会馆。

2. 敦亲睦之谊，叙桑梓之乐

明清时期行走远方的商人背井离乡，多有"同在异乡为异客"的感慨，会馆便是异地同乡商人解异乡风土之思，叙乡土宗族情结的场所。李乔在《会馆史略》中指出，会馆是一种互益性的社会组织，是一种民间的自治组织。在中国传统社会中，人与人之间的组合主要依托血缘、地缘、业缘等方式。血缘的组合造就了家族制度，地缘的组合造就了会馆制度。会馆是典型的地缘组合，是以籍贯（乡籍）为本，以乡谊为纽带，建立的一种地域性团体，因此商人会馆多以地名来命名（图 1）。明清时期最早的会馆职能就是"联乡谊"，北京的山西《浮山会馆金妆神像碑记》中申明会馆的目的是"虽异地宛若同乡，皆得以敦亲睦之谊，叙桑梓之乐焉。"[15]《金华会馆记》："金华号小邹鲁，处浙东偏，地瘠人稠，远服贾者，居三之一，每岁樯帆所之，络绎不绝，其间通四方珍异以相资者，唯苏为最，故吾乡贸迁亦于苏为多，虽苏之与婺，同处大江以南，而地分吴越，未免异乡风土之思。故久羁者，每喜乡人庼止……"[16] 这里表明因乡土宗族情结而建设会馆以解"异乡风土之思"，这类会馆兼作一些社会

慈善事业，以保护同乡的利益。

3. 商人集团的形成

最早的会馆建筑不是由商人建设的，也与商人业毫无关系。但是，商业具有竞争性，会馆一旦被商业利用，就有了竞争的色彩。随着商人实力的增强，为了保护和巩固自身集团的利益和地位，防止竞争，地域性的商帮开始出现，例如婺源帮、洪都帮、临清帮等商帮组织，以苏州枣业为例，"凡枣客载货到苏，许有枣帖官牙领用会馆烙印官斛，公平出入，毋许安用私秤，欺骗病商"。即是说会馆在商品交易中协调公平之用。事实上，商人建立会馆表面上是为了使同乡之人在异乡，可以聚集在一起"逐神麻，联嘉会，襄义举，笃乡情"，实际上是要通过"笃乡情""叙乡谊"，使同乡人能"无论旧识新知，莫不休戚与共，痛痒相关"，"并可使同乡之人其业于朝市间"，即通过商人会馆这一组织形式，利用传统的地缘观念，使同乡之人联系起来达到一致对抗异域商人的深层目的，也有便利商帮运货存货之需，或提供一个交易场所的功能，这就是明清时期商业系统中地域性商帮存在的基础。其实，我国最早的行会组织当在隋唐之际便已出现，它是"为了应付官府的需索科敛，而不得不组织起来"，称为"编审行役制"。直到乾隆年间，"编审行役制"才逐渐取消，转为"会馆公所制"。"编审行役制"下的商人集团是一种强行编制的组织，可以说是封建政府的一种统治工具，因此它很难为商人经济的发展提供制度服务，而且它本身就束缚商人的发展[17]。"会馆公所制"很大程度上源自国家的权力让渡和制度安排，会馆承担了经济管理职能，它具有保护商人集团利益的意义，如防止竞争、宣扬商业伦理道德、树立会馆正义的权威地位等社会作用，如乾隆十四年《吴县永禁官占钱江会馆碑》所示，"商贾捐资建设会馆，所以便往还而通贸易。或货存于斯，或客栖于斯，诚为集商经营交易时不可缺少之所"[18]。

4. 社会价值观念的变化

中国自古以来因受儒家思想的影响推行"士农工商"的"四民论"，在中国传统观念中"义"和"利"又是一对不可调和的矛盾体，因此商人位于"士农商人"排序的最后一位，历来受到歧视。明清以降，伴随着商品经济的不断发展，商人依托雄厚的资金实力，在社会上占据越来越重要的地位。

冈州会馆　　岭南会馆　　陕西会馆　　安徽会馆　　潮州会馆　　武安会馆

图1 苏州地区部分会馆建筑（组图，图片来源：作者自摄）

迨至晚明,社会的物欲横流带来社会风气的丕变,"重农抑商"的传统社会价值观念在这样的功利主义的环境中发生了变化,寒窗苦读比不上商贾一朝一夕所赚得的财富。从商之利古人早已发现,司马迁《史记·货殖列传》:"夫用贫求富,农不如工,工不如商,刺绣文不如倚市门。"加之,明景泰年间实行了"捐纳制度",富家子弟可以不参加科举,利用捐纳制度步入仕途。顾炎武在《天下郡国利病书》中说:"农事之获利倍而劳最,愚懦之民为之;工之获利二而劳多,雕巧之民为之;商贾之获利三而劳轻,心计之民为止;贩盐之获利五而无劳,豪猾之民为之。"在明中叶实用功利的社会风气下,社会改变了传统的贱商心理,这种情形在商业发达地区反映得更为明显。社会风尚已是"满路尊商贾"了,"以经商为第一等生业,科第反在次着"。明隆庆时曾任浙江石门县令的蔡贵就说,"四民固最次商,此在古代鲜而用简则然,世日降而民日众,风日开而用日繁。必有无相通,而民用有所资,商能坐致平"。社会环境的激变直接影响着各阶层人物的社会关系、生活方式以及生活态度,传统的"士农工商"的社会等级次序逐渐被打破,商贾阶层的社会地位不断提高,而士的地位却在悄然下降。因此,崇商、慕商情结在平民百姓中广泛滋生,越来越多的人开始弃农经商。加之明后期政治生态的恶化和文人社会地位的下滑使得文人在饱受排挤的恶劣环境中,内心充满矛盾和压抑,常有"士不如商"的感叹。居于传统社会上层的文士阶层在大环境的影响下放弃了对孤高心气的坚守,放下身段,萌生出经商之愿与求利之心,所以越来越多的人弃儒从商或既官兼商。"士之子恒为士,商之子恒为商"的传统已经被"士商互渗"的现实完全改变。"士商互渗"下的商贾阶层尚儒之风盛行,他们不仅乐于与文人士族交往,而且在日常生活的方方面面也极力效仿士人,附庸风雅。抑商观念的松动与士商关系的嬗变使社会出现了仕人从商、商人入仕、仕商合流、儒商结合的现象,苏南地区独特的绅商阶层开始形成。

二、苏南会馆的建筑特色

据资料显示,苏南地区数量最多的是商人会馆,最早的商人会馆始现于苏州,即万历年间建立的岭南会馆与三山会馆。《江苏省明清以来碑刻资料选集》《明清苏州工商业碑刻集》等资料记载,苏州地区明清营建会馆建筑 70 所以上,见于资料记载的包括岭南会馆、嘉应会馆、宝安会馆、冈川会馆、潮州会馆、两广会馆等共 40 余所,目前已经损毁的会馆建筑包括广东会馆、人参会馆、药王会馆、浙嘉会馆、中州会馆、上海会馆、鸭蛋会馆、广州会馆等 10 余所。水运发达的无锡依靠"四大码头"——"米码头""布码头""丝

码头""银钱码头",吸引着来自全国各地的商人,《无锡工商业名录》记载无锡曾营建过宁绍会馆、淮扬会馆、靖江会馆、新安会馆、江西会馆、沙永会馆等。常州在明清时期曾营建大兴会馆、临清会馆、兴安会馆等。经过一百多年的历史沿革,苏州目前仅存 13 所,无锡无存,常州存 1 所(见表 2、表 3)。作为特定历史时期、特定社会背景下兴起的建筑类型,苏南会馆建筑在明中叶以后社会的变革、经济的繁荣、儒商文化以及相关艺术的蓬勃发展等现实因素的影响下形成了鲜明的建筑特色。同时由于商人阶层独特的社会地位、审美品位和雄厚的资金实力,会馆建筑在营造上集官式和民间建筑之长,地域性特色十分突出,表现为规模宏大、装饰精美、文化内涵丰富。

表 2 明清(民国)时期苏州会馆建筑一览表(1)

年代	明代	康熙	雍正	乾隆	嘉庆	道光	同治	光绪	宣统	民国	未知
数量	5	19	2	16	2	2	4	5	1	1	10

表格来源:作者根据相关资料统计。

表 3 明清(民国)时期常州会馆建筑一览表(2)

名称	新安会馆	福建会馆	大兴会馆	五省会馆	浙绍会馆	泾旌太会馆	江西会馆	宁波会馆	赣龙信会馆	临清会馆	安徽会馆
时间	明初	乾隆	嘉庆	太平天国	嘉庆	同治	同治	同治	光绪	光绪	宣统

表格来源:作者根据相关资料统计。

(一)原乡特色,风格各异

会馆建设依靠深厚的同乡观念,因此地域性是苏南会馆建筑最基本的建筑特色。始建于清乾隆三十年(1765年)、现位于江苏省苏州市姑苏区中张家巷 14 号的全晋会馆,坐北朝南,以中路为轴,共分中、东、西三路,中路依次为门厅、鼓楼、戏台和大殿,中路建筑是会馆的主体,西路建筑高大朴实,筑有两厅一庵,秩序俨然,屋顶采用江南少用的筒瓦,在平面上,建筑单体之间排列紧凑、封闭感强烈。大门两侧的吹鼓亭,基本上是山西风格,即使是门口的八字墙也仅仅是象征性地占一点空间,且无外在的装饰,这是为了烘托浓郁的故乡氛围,在建筑上采用故乡的建筑技术与装饰,是深受山西建筑风格影响的体现(图2)。除此之外,有的会馆不惜千里迢迢从家乡运输建材、延请家乡建筑匠人,目的是在客地营建一个乡井氛围,因此会馆建筑地域特色十分突出。这种地域性的特色还表现在会馆所祭祀的神祇脸谱之上,闽粤商人置建的会馆多供奉妈祖,徽、宁国、山陕、江浙商人置建的会馆多供奉乡土神和乡先贤名士,山东、江淮商人多供奉金龙四大王。

（二）高屋华构，雕梁画栋

会馆建筑由民居建筑演化而来，是不同于官式建筑和民居建筑的特殊的建筑类型。苏南会馆建筑多由商人出资建设，耗费巨大，康熙五十七年（1718年）修建的汀州会馆共筹白银三万多两。甚至当时的官员会直接参与会馆建设，并把会馆建设视为荣耀和惠泽乡人最好的方式，例如安徽会馆在修建过程中曾经获得李鸿章捐助湘银五千两，还带动了其他在苏徽籍官员加入捐助行列。出于炫耀财富、展现实力和地位，与其他商帮、地方势力相抗衡的目的，商人在会馆建筑营构上追求高屋华构，雕饰精美。表现在建筑格局上，其布局皆仿宫殿与寺观建筑，坐北朝南，讲究主建筑居中，左右对称，配有殿堂、戏台、馆舍、库房等建筑（图3）。表现在建筑装饰上，商人对建筑进行了精心的雕饰，木雕、石雕、砖雕、油漆彩画比比皆是（图4）。建于康熙十七年（1678年），现位于山塘街92号的冈州会馆中轴线上有门厅、轿厅、大殿、妈祖殿、财神殿等建筑，门厅为砖雕门楼，朱门两侧置一对抱鼓石，石上刻有"三狮盘绣球"图案，规格宏大。全晋会馆门厅面阔三间，进深五架，门为八字墙，雕刻团龙图案，门厅屋脊塑高规格的龙吻脊，这些龙形图案充分显示出山西商人的经济实力与社会地位。

（三）原乡与异乡特色的融合

苏南地区自古以来文风隆盛，具有重教尚文传统，因此苏南地区的商人不像普通商人那般一味趋利，他们有自己的文化追求和精神品格。经商之余，他们通过与文人士子的交往，形成了独特的苏南"儒商文化"。这种儒商品格使他们更加注重对高品质的精神生活的追求，讲求日常生活的艺术化。受到吴文化的浸润，苏南会馆建筑大多有附属园林，这是江南园林文化对会馆建筑的浸润，也是商人抒发情趣、彰显本我的重要渠道（图5）。建于康熙四十七年

（1708年）、现位于上塘街278号的潮州会馆，按《会馆记》所述，其格局是"列层五楹，为殿者一，为阁为台者各一，闳间高敞，丹艧翠飞"。外墙呈八字形，高10米、阔15米，水磨青砖斜角贴面，门楣上方砖雕，左右门额书"清河""海晏"。入门即为门厅，门厅上层为戏台，戏台南面有两座庭院，两院以曲廊相隔，隔而不断。西庭院以卵石铺地，水池中置有一太湖石。东庭院墙面贴砌一座方形半亭，为卷棚歇山顶，碑亭内存有清乾隆年间记载有会馆新建和潮商两次迎乾隆皇帝御驾亲临盛况的青石遗碑一块。参照计成有关江南园林的营造法式，可推知潮州会馆在建设过程中自觉融入了江南私家园林的营造手法。建于清同治四年至六年、现位于苏州古城内南显子巷的安徽会馆，其会馆建筑大门为典型的徽州门楼，但是基本无砖雕，这也是徽派建筑与苏南建筑风格融合的典型体现（图6）。

三、会馆建筑文化精神

梁思成先生曾经说过："建筑是一本石头的史书，它忠实地反映了一定社会之政治、经济、思想和文化。"商人会馆的兴起虽在很大程度上来源于商业的发展，但是提及会馆不能单纯因其商业性质而一叶障目，商人会馆具有联络乡谊、聚会议事、沟通信息、维护同乡同行利益、祭祀神灵、聚岁演戏、举办庆典、购置冢地、行善举等多种功能。商人会馆建筑作为中国传统建筑之一类，除了反映中国传统建筑"儒释道"的建筑文化精神，也通过建筑布局、建筑装饰、建筑象征等表现出独特的会馆建筑文化精神，包括宗族精神、人道精神和商业精神，并蕴含着丰富的地域文化、祭祀文化、戏曲文化、慈善文化、移民文化等。

图2 全晋会馆的筒瓦和八字墙
（组图，图片来源：作者自摄）

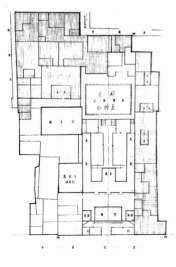

图3 全晋会馆平面图
（图片来源：《苏州文化遗产丛书·文物卷I》）

图4 苏南会馆建筑装饰——木雕、石雕、砖雕、油漆彩画
（组图，图片来源：作者自摄）

（一）人伦、宗族与孝和治家的宗族精神

中国的传统社会以宗法家族制度为根本，以血缘为纽带，在长期的社会生活中人们习惯于家族势力的庇护，于是聚族而居成为中国传统社会的一种普遍现象。商品经济的发展迫使商人离开故土，但他们内心对故乡的思念在异乡却更加强烈。明代以前的商人由于社会地位和整体实力的低下，没有条件形成组织，但是到明代中后期，伴随着商人社会地位的提高，在这种强烈地缘观念的影响下，商人效仿官绅会馆，置建了以服务同乡为宗旨的商人会馆。大量文献资料提及会馆营建目的时都提到："会馆之立，所以联乡情，笃友谊也。朋友居五伦之一，四海之内，以义相投，皆为兄弟。""同乡借来于斯馆也，联乡语，叙乡情，畅然荡然。不

独逆旅之况赖以消释，抑且相任相恤。"因此，会馆是一种以家族为模本又超越家族的社会组织，在客地发挥了家族庇护的作用⑲。会馆的建设者在建筑中还特别注重采用建筑的设计手法来营造中国社会传统中的以礼为先、尊卑贵贱、上下等级等伦理秩序。会馆建筑在建筑布局上采用封闭院落式的空间布局，中轴线对称，分三路，主轴线上依次排列大门、戏台、殿堂等建筑（图7）。在建筑装饰上，会馆建筑多采用以人物故事为主题的雕刻，将重伦理的思想与建筑审美完美结合起来（图8）。以商人会馆的殿堂建筑为例，殿堂一般为楼阁式，形制庄严宏伟，用于祭祀、聚会等家族活动，其独特的功能决定了殿堂为整个建筑中最重要的部分，建筑其余各个部分以厢房、连廊连接，相互联系又互不

全晋会馆园林

冈州会馆园林

岭南会馆园林

潮州会馆园林

图5 会馆园林（组图，图片来源：作者自摄）

图6 安徽会馆门楼（图片来源：作者自摄）

图7 全晋会馆平面格局（组图，图片来源：作者自绘）

陕西会馆砖雕门楼

岭南会馆月梁木雕

潮州会馆门楼砖雕

冈州会馆地雕

冈州会馆砖雕门楼

潮州会馆"图龙"雕塑

图8 苏南会馆建筑装饰（组图，图片来源：作者自摄）

影响(图9)。明清商人会馆在殿堂中供奉的神祇反映了商人的宗教信仰和价值追求,其主要类型有三种:乡土神、财神和行业神。以常州为例,江西会馆又称许真君祠。木商常年行走于江河,经过无数险滩急流,危险重重。所谓"木排生理,虽利多,但风险大",为祈祷平安顺利,便奉家乡晏公为保护神。坐落于苏州山塘街的汀州会馆,是清康熙五十七年(1718年)福建汀州籍纸商所建,又名鄞江天后宫,在历史上就是供奉妈祖的天后宫。位于苏州市阊门外上塘街278-1号的潮州会馆始建有天后阁,还曾供奉关帝祠、观音阁和昌黎祠。光绪八年(1882年)落成的苏州的两广会馆,"祀乡先生之官斯土者",明代为应天巡抚广东人海瑞,清代为江苏巡抚广西人陈宏;嘉应会馆除了供奉关帝以外,另旁祀四尊,奉南华六祖;清州会馆供奉公输班等。这些供奉对象虽然在形式上有所不同,但其精神从根本上讲还是中国传统的宗族精神与信仰。

(二)善举、仁义与寻求认同的人道精神

明代后期,随着商人社会地位的提高,商人们对传统的"贱商"的社会价值观发起挑战,发出了"夫商与士异术而同心"的观点,并且通过行义举从事公益活动来彰显其价值。苏南儒商在儒家文化的耳濡目染下,积极投身于社会慈善事业,而且随着后期会馆影响力的不断扩大,会馆还承担了大量的社会责任。大量的会馆碑刻资料记述了商人参与社会公益的事迹,例如作于乾隆四十九年(1784年)的《潮州会馆碑记》也有"襄义举"的说法,创建于乾隆二十七年(1762年)的陕西会馆"建普济堂,以妥旅榇"。嘉庆、道光以后,这类情况更为普遍。在昔时落后的社会条件下,商人在异乡闯荡,并不一定都能达到理想的结果,遇到灾难之时,甚至会客死他乡。苏南地区商人会馆中一般设有义冢、义园,"专寄同乡、同业旅榇,不取寄费,俟购得冢地,再行代为掩埋,以成其善""以慰行旅,以安仕客"。一旦"横遭飞灾,同行相助,知单传到,即刻亲来。各怀公愤相救,虽冒危险不辞,始全行友解患扶危之谊"。清中期以前,商人会馆行义举主要是为同乡死后施棺、停棺和代葬。至同治、光绪年间,商人们组织举办的慈善活动达到鼎盛,每当同乡在外发生"疾病疴痒",会馆便"相顾而相恤",提供钱财药物。对年老失去工作能力者则更要予以救济,对穷儒寒士也会提供方便[20]。商人会馆从最早的同乡互助的宗族精神出发,发展到救济病故和同业家属、为失业人员创造就业机会、对贫困失业年老孤苦者给予生活补助、病者给药医治、死老给棺掩埋、创办学堂为同业子弟提供就学机会等人道精神。

(三)义利、忠信与和衷共济的商业精神

商人会馆是在外商人"叙语之地,正可坐论一堂,以谋商业之公益"的重要场所,凡"通商之事,咸于会馆中是议"。会馆大多有明文规定,要求入会者重视商业信誉,取信于民,违者处罚。道光八年(1828年),在京的晋商颜料会馆制定行规:"近来人心狡猾,广有买卖之油,不以实数报行。倘有无耻之辈,不遵行规,缺价少卖,隐藏篓数,异日诸号查出,甘心受罚,神前献戏一台,酒席全备,不得异说。如若不允,改以狡猾,自有合行公论。倘然稽查不出,愧心乱规,神灵监察不佑。警之,戒之。"会馆不仅要起到"敦亲睦之谊,叙桑梓之乐"的作用,还要排解商业纠纷,捍卫和保护同乡商人的利益。苏州的潮州会馆设立后,"凡吾郡士商往来吴下,懋迁交易者,群萃而游燕憩息其中"。苏州的金华商人也曾声称,会馆建成后,"于是吾郡通商之事,闲于会馆中是议"。乾隆四十一年(1776年),当苏州的钱江会馆屡屡被仕宦借居引起该地商人不满诉之公堂后,吴县令裁决,"查会馆为商贾贸易之所……商贾捐资建设会馆,所以便往还而通贸易。或货存于斯,或客栖于斯,诚为集商经营交易时不可缺之所"。会馆建筑中的戏台在商人的商务活动中充当了非常重要的角色。以嘉应会馆为例,旧时,会馆中的戏台常常有戏班前来演出《牡丹亭》《麻姑献寿》等脍炙人口的昆曲和京剧(图10)。这种活动表面是为了"娱神",实际上是为了"娱人",商人们在休闲娱乐中沟通情感,润滑贸易关系,达到义利共收的目的,因此,会馆建筑便是商人讲究义利忠信、弘扬商业精神的物质载体。商人重视信誉实质上是渴求社会的认同,是对传统的"贱商"观念的挑战,这种渴求社会认同的价值观念充分展示在商人营建的会馆建筑之中。从现存的苏南会馆建筑遗存来看,会馆建筑规模宏大,采用宫殿或神庙的布局,居中对称,材料上使用楠木、琉璃等,在建筑装饰上更是使用了官式建筑的彩画,而在结构上采用斗拱、藻井等(图10)。如果结合当时的时代背景分析,这完全是一种"僭越"。明以降,在建筑营建方面有严格的规定,民宅"不过三间五架""不用斗拱及彩色装饰",而商人则是巧妙地将会馆建筑与神庙建筑混而为一,借以抬高会馆的建筑规制,对传统的社会伦序进行冲击。因此,商人会馆建筑艺术特征的规模宏大、装饰精美,究其深层原因在于商人希望通过展示自己的经济实力获得社会的认同。

三、结语

明清商人会馆最早出现于苏南一带,是我国传统建筑在特定时期出现的一种具有独特文化意蕴的建筑类型,它是苏南地区明清社会历史变迁及资本主义萌芽发展的重要见证,也是明清宫殿建筑和民居建筑完美融合的典范。苏南地区便利的交通和发达的经济,深刻的地缘观念以及社会

图9 嘉应会馆大殿

潮州会馆戏台

潮州会馆戏台藻井

汀州会馆戏台斗拱

全晋会馆戏台藻井

图10 苏南会馆建筑高规格建筑构件（组图，图片来源：作者自摄）

价值观念的流变等因素，共同孕育了苏南会馆建筑在明清时期建筑类型中独树一帜的艺术特色，这种由其建筑规模、建造技术和艺术特色等方面体现的建筑特色，又在深层次昭示着苏南会馆建筑深厚的建筑文化精神。但是，在当代，由于社会的发展和人们对会馆建筑的认知较少，明清苏南会馆建筑正在逐渐消失颓败或改作他用，慢慢退出人们的视野而被人遗忘。苏南会馆的建筑美学和建筑文化精神对今天的建筑仍然具有一定的启发意义，具有当代传承的价值。

注释

① 姜晓萍. 明清商人会馆建筑的特色与文化意蕴 [J]. 北方论丛 ,1998（1）:57–63.
② 柳肃. 会馆建筑 [M]. 北京：中国建筑工业出版社 ,2013:5.
③ 中国大百科全书·建筑园林·城市规划卷 [M]. 北京：中国大百科全书出版社 ,2015:368.
④ 王日根. 中国会馆史 [M]. 上海：东方出版中心 ,2007:30.
⑤ 李萍、曹宁、昭质. 明清时期的苏州会馆 [J]. 档案与建设 , 2013(5):3.
⑥ 芮昌南. 芜湖县志 [M]. 北京：社会科学文献出版社 , 1993: 卷十三 .
⑦ 程树德, 民国闽中会馆志, 1943 年出版 。
⑧ 江苏省博物馆. 江苏省明清以来碑刻资料选集 [M]. 北京：生活·读书·新知三联书店 ,1959:20.

⑨ 沈旸. 明清苏州的会馆与苏州城 [J]. 建筑史 , 2005(1):15.
⑩ 李莉. 苏南地区古戏台保护与利用研究 [D]. 苏州：苏州大学 ,2021.
⑪ 焦健. 明中后期苏州商业发展的主要表现形式 [J]. 边疆经济与文化 , 2011(9):2.
⑫ 段本洛. 苏南近代社会经济史 [M]. 北京：中国商业出版社 , 1997.
⑬ 贺长龄. 皇朝经世文编 [M]. 文海出版社有限公司 , 1972: 卷 33.
⑭ 苏州历史博物馆. 明清苏州工商业碑刻集 [M]. 南京：江苏人民出版社 , 1981.
⑮ 姜晓萍. 明清商人会馆建筑的特色与文化意蕴 [J]. 北方论丛 , 1998(1):7.
⑯ 左巧媛. 明清时期的苏州会馆研究 [D]. 长春：东北师范大学 , 2011.
⑰ 周执前. 国家与社会：清代行会法的产生与效力——以苏州为中心的考察 [J]. 苏州大学学报(哲学社会科学版), 2009, 30(2):4.
⑱ 苏州历史博物馆. 明清苏州工商业碑刻集 [M]. 南京：江苏人民出版社 , 1981:22.
⑲ 李天窄、何俊萍、李益南. 山西传统建筑文化精神在社旗山陕会馆中的表达 [J]. 华中建筑 , 2014, 32(2):4.
⑳ 张琳. 晋商经营思想对其兴衰的影响 [D]. 太原：山西财经大学 , 2006.

其余参考文献

汤钰林. 苏州文化遗产丛书 文物卷（Ⅰ）[M]. 上海：文汇出版社 , 2010.

A Brief Discussion on the Architectural Art of Beidu Iron Pagoda

北杜铁塔建筑艺术略论

姬荣斌[*] 吴正英[**]（Ji Rongbin Wu Zhengying）

　　北杜铁塔，又称千佛塔、千佛铁塔，为八角九层楼阁式铁塔，是西部地区仅存的铁塔、全国现存最高铁塔（含塔基 21.5 米），也是全国现存唯一的砖－铁双层塔、全国现存唯一可登临的铁塔。其由明万历年间南书房行走太监杜茂牵头捐资修建，始建于万历三十三年（1605 年），万历三十八年（1610 年）落成，至今已经历 400 余年的风风雨雨。

　　北杜铁塔位于陕西省西咸新区空港新城，行政区域隶属于咸阳市渭城区北杜街道办事处。1956 年 8 月 6 日，陕西省人民委员会将千佛塔公布为第一批陕西省重点文物保护单位，当时它被简单地称为"铁塔"。2013 年 3 月 5 日，"铁塔"被公布为第七批全国重点文物保护单位，同时正式更名为"北杜铁塔"。

一、北杜铁塔概况

（一）材质与结构

　　北杜铁塔塔身为砖铁两层结构，即最外一层是铸铁浇铸而成的，里面一层是青砖垒砌而成的。整体结构为"九层子，八棱子，二十四个窗门子，七十二个风铃子"。铁塔每层的檐角顶端都悬挂着一件精美的风铃，每层八个，一共九层，正好"七十二个风铃子"。据当地的老人讲，以前只要风吹过，风铃就随风而响，声音清脆，煞是好听。遗憾的是，历经岁月的冲刷，风铃现均已无存。

　　北杜铁塔包括塔基、塔身和塔刹三部分（图 1）。塔基为砖砌，底座直径 13.7 米，塔基第一层直径 6 米，高 4 米。南北两侧均有券形的门洞。塔身一至三层有砖券梯台阶，三层以上为"壁内折上式"（图 2），可攀登至顶层，第九层为整体浇筑。塔刹为葫芦形，亦称宝瓶形，为铁制。根据王福谆教授[①]的研究，装有铁铸塔刹的古塔已鲜有存世。受清嘉庆二十五年（1820 年）关中大地震影响，塔刹稍向南倾。如图 1 所示。

　　塔身正南辟券门，内设砖阶梯。塔身外铁内砖，底层南、东、西三面辟圆拱门，有门楣、框、槛（原装铁门已毁佚）；二层以上辟门或方窗，逐层相错（四层以上门窗内面皆以砖砌实），第九层全部铁铸。

　　据《咸阳市志》第四册记载：福昌寺千佛铁塔通高 21.5 米，基座每边长 2.38 米，每角用砖砌出半圆形柱，柱额上有斗拱一朵，每面有砖雕装饰。塔座南、北各有一宽 0.8 米、高 1.6 米的券门，门内有砖台阶可登。塔身第一层正南、正西、正北、正东各有一券门，东南、西南、西北、东北四面各铸有一尊天王立像。塔檐下铸有平枋、斗拱、蔓草图案等。

*西南石油大学博士研究生。
**陕西师范大学硕士研究生。

正南、正北券门有砖台阶,可盘旋登上第二层。第二层塔身正东、正西各有一券门,其他各面铸浮雕小佛。第三层塔身的正南、正西、正北、正东四面各有一券门,其余各面均铸浮雕小佛。第五、七、八层塔身在正南、正北辟有券门,其余各面均铸浮雕小佛。各层塔檐下均饰仿木结构的斗拱和昂等。

(二)纹样与图案

据《民国重修咸阳县志》记载:千佛塔以铁为之,四围造诸佛金刚像,精奇工巧,为邑中建造之最伟、最精者。层层有门或窗,门南向。四角柱铸有金刚力士像,各层环周罗列铸铁小佛,塔身遍布有数以千计大小佛像,故名千佛铁塔。其间铸有奇花异草、珍禽怪兽,铸工十分精巧。

据《咸阳大辞典》,塔身各层外壁铸铁佛多尊及花草、鸟兽等;转角铸金刚力士承托塔檐,檐下铸仿木构斗拱,檐面铸瓦垄、椽头等。宝瓶式塔刹,稍倾斜。塔内中空,一至三层设梯,三层以上为"壁内折上式",可登临顶层。塔基券门上方嵌楷书"千佛塔"三字铁匾,长1.02米,宽0.51米。落款"大明万历三十八岁次庚戌吉日立",铸塔人为"南书房行走太监杜茂"。

塔身每层原有出檐(现有多处破损),构件精致,外轮廓挺拔秀美,具有明代典型的建筑特征和地方特色。周身罗列千余座形态逼真的佛像,动植物浮雕图案栩栩如生,比较全面地反映了明代重大铸造、雕塑工艺的高超技艺和水平。

二、北杜铁塔的保护情况

我国古代佛教建筑最初的布局是以塔为中心,四周用堂、殿围成庭院。经过历代的发展,传统居室建筑理念逐渐融入佛教建筑中,佛寺的布局也演变成以中轴线为主、横轴线为辅,左右对称、前后呼应的封闭式院落组合。

然而,北杜铁塔却与此略有区别,即先有福昌寺,后有北杜铁塔,即"先寺后塔":宋朝先有福昌寺,明朝时在寺中建塔。

据《民国重修咸阳县志》《渭城区志》等地方志记载,北杜铁塔原位于福昌寺内。据《咸阳县志》记载:1037年,高僧杜昌云游至咸阳北塬上北莽山下时,认定时称五羊村的地方是供奉佛祖释迦牟尼的宝地。遂在这个名叫五羊村(即现在的北杜村)的小村庄里,化缘建寺,取名福昌寺。该寺占地约超过3 000平方米,周有土墙(《渭城文物志》),建筑规模宏大,寺内有僧人三百有余,是当地最大的一座寺院。福昌寺现已不存。

至明万历年间,北杜村出身的名宦杜茂,感念前人建寺的功德,但独缺一座佛塔则成为憾事。于是,万历三十三年(1605年)杜茂牵头捐资建塔,五年后铁塔落成。

另据《渭城文物志》载:塔前左、右有大殿,殿内供奉大铜佛两尊,铜佛像高2.2米,造型丰满匀称,庄重肃穆,铸造精工。一尊下落不明,一尊历经辗转,终存放于咸阳博物院。塔后原有排列整齐的青石塔林(现已无存),高约2~3米。寺院历经战争损毁后,当地群众在此取土,形成一个大深坑,坑内有零散石块,似为原青石塔林位置。

根据以上信息,初步草拟福昌寺与北杜铁塔的位置如图3所示。

此外,还有另一说法,其根据为《民国重修咸阳县志》的记载:千佛塔以铁为之,东边关帝庙内大铜佛像三,一佚。

福昌寺大殿于1962年拆毁,殿内一尊明代铸造的高2.2米的铜佛像移存于咸阳博物院。

三、北杜铁塔的铸造艺术

(一)铁塔铸造的历史条件

中国古代金属建筑因材料特殊,数量较少,其出现、发展主要与宗教的发展、政权的更迭及冶金铸造技术的进步有关。现有文献中有关铁塔的记载最早出现于唐,明以前铁塔的结构较简单,多为分层铸造,再层层叠置垒高[②],致使铁塔内部空间狭小,无法进入。到明代,铁塔开始运用砖来作为结构支撑体,并在砖芯之外铸一层铁制外壳。这在北杜铁塔上表现得最为典型:它不仅用砖芯铁壳建造,似为塔身穿了一层铁衣,还可供人登临,这也是现存唯一一座能够登临的铁塔。

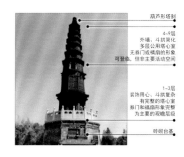

图1 北杜铁塔

图2 "南-北"剖面图及"壁内折上式"攀登路线示意图

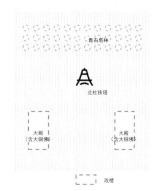

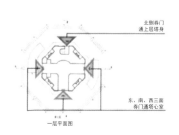

图3 福昌寺与北杜铁塔(组图)

北杜铁塔塔身形体简练、细节精妙，是我国现存古代金属建筑中较稀有的铁塔建筑，其"砖芯铁壳"的铸造手法在我国古代更是极为罕见，北杜铁塔也是我国目前现存唯一的砖铁双层塔。

回归明万历时期的社会背景，明代是我国古代冶金技术和多项手工业技术集大成的阶段，铁器冶炼技术顺理成章地应用于此时期金属建筑的建造，尤其为砖芯铁壳塔的建造提供了相应的生产力。据了解，砖芯铁壳塔出现不久铜塔集中出现。

塔身每层原有出檐（现有多处破损），构造精致，外轮廓挺拔秀美，具有明代典型的建筑特征和地方特色。周身罗列的千余座佛像形态逼真，动植物浮雕图案栩栩如生，真实地反映了明代重大铸造、雕塑工艺的高超技艺和水平。

（二）铸造北杜铁塔的人群

金属建筑因其材料的特殊性，文字铭记能够得以保留，这也正好为我们研究建造金属建筑的捐建人、工匠与组织者等人群信息提供了基础条件。

在北杜铁塔一层塔身上很容易看到诸如"钦差□□湖广等处司礼监管文书房太监杜茂，太学生杜继芳、妻吴氏、男杜维翰""延安府杜□□□□□三聘，室人王氏、□氏""信官吴思□，室人杨氏，男吴文敬，功德主杜□，妻杨氏，男杜周□""钦差守备镇守湖广地方等处司礼监管文书房兄杜□□""廪膳生员杜继芳、妻吴氏，男杜维翰发心铸造千佛宝塔贰层，永保一家吉祥如意""咸阳县北杜镇信士杜廷先、谢氏同男杜伯钦、竹氏、孙男杜崇斌、杜跟崔、合家发心铸造铁塔一层""发心造塔人智瑗、杜天瑞"等文字信息，这也最直观地反映出北杜铁塔的建造并非一人之功，而是由杜茂发心起愿、乡里以及王公贵族（如秦府门官、永兴府宗室、保安府宗室等）等共同出资捐建的。据不完全统计，北杜铁塔塔身铭文中记载的捐建人达1 260人之多。

此外，在塔身上还可以直观地看到"山西泽州阳城县小城镇金火大鑑栗景诚""泾阳县金火匠人陈孝宰、陈向学"等建造者的信息，这些建造者时称金火匠人，即掌握一定的金属冶铸技术的民间工匠[3]。

塔身第一层西北面天王像北侧载"大明万历年造。发心造塔人智瑗、杜天瑞。泾阳县金火匠人陈孝宰、陈向学"，这大概是北杜铁塔建造工程的组织者。

（三）北杜铁塔最重要的建造者——杜茂

1986年，北京八里庄出土了明代司礼监秉笔太监杜茂墓志。根据墓志，杜茂为咸阳人，生于1540年，父三聘，母王氏，万历二十九年（1601年）杜茂开始兼任湖广矿监税使，负责湖广全省[4]的矿税征收工作，《明史》亦有相关记录。杜茂始建铁塔时，已然65岁，待塔建成时已70高龄。

值得注意的是，墓志中提到的杜茂其弟中书舍人杜继芳、侄国子生杜维翰等人，恰恰与北杜铁塔所载铭文中的记录相互印证，这也足以说明杜茂及其子侄是捐建北杜铁塔最为重要的人物。

杜茂在湖广镇守了至少有10年，在此期间他极有可能去湖北当阳玉泉寺见过玉泉铁塔，并对铁制塔情有独钟，这是合乎逻辑的。另一方面，从工作角度而言，其负责矿税征收工作期间，理应对采矿及冶金等矿业及矿区工程组织管理工作非常熟悉，这也为其选用铁作为建塔材料、开展铁塔铸造的组织与管理工作提供了相当丰富的经验和资源。

从发心建塔的动力而言，既有时代背景，也有杜茂的个人原因。一方面，杜茂身处佛教兴盛的时代，又作为万历皇帝的近侍，万历皇帝及其母李太后笃信佛教，也不可避免地会影响到杜茂。另一方面，太监常年处于绝对皇权的高压之下，亟须为积压的情绪开辟宣泄的出口，故而明代宦官多数崇佛，大兴佛寺[5]。身处高位的杜茂，修寺建塔自然而然地成为其找寻心理平衡的突破口。但同时，明太祖明确要求严禁民间私自建设佛寺。因此，在福昌寺内修建佛塔就成了最佳选择。

塔身铭文显示"大明万历三十八年（1610年）南书房行走太监杜茂"铸造。根据墓志内容，杜茂1621年过世并下葬时，其职务为司礼监秉笔太监。但明代内官"十二监四司八局"中，并无"南书房行走太监"的职位，所以在1610年前后北杜铁塔落成时将杜茂官职写为"南书房行走太监"的原因就不得而知了，或许是金火匠人的笔误吧。

四、北杜铁塔的塔身结构与艺术表现

中国古建筑纹样可分具象的和抽象的两类。具象图案取材于各类神话传说中的瑞兽祥鸟、吉祥人物与故事以及延年益寿、外形美丽的名贵花木。抽象图案则是在具象图案基础上逐步抽象化了的图案，主要是受时代、政治、工艺、文化等因素影响而形成的。与隋唐不同，明代佛教艺术更倾向于由民间工匠与文人[6]的作品所组成。在题材上，很多儒道形象和民间传说进入佛教艺术。

（一）概况

塔身纹样无疑承载了建造者们对吉祥美好的追求，承载了人们对佛教文化典礼性、宗教性、纪念性、实用性、艺术性等方面的信念和精神追求。

现在当地仍然流传着"九层子，八棱子，二十四个窗门子，七十二个风铃子"的民谣，形象地说明了北杜铁塔八角形、九层，以及24个大小门窗瞭望孔、72个铜风铃的塔身结构，描述形象逼真。

北杜铁塔塔身纹样包括动物纹、植物纹、人物纹等，分布在一层和二层四大天王像周围，动物纹饰或内敛含蓄，或张牙舞爪，憨态可掬，形象生动。也有烦冗复杂的植物纹饰，其逼真写实，形态优美。所有纹样均匀布满所占空间，丰富饱满，未见重复，可见铁塔从设计到造成是耗费了建造者们的心思和工夫的。

（二）非对称美的艺术表现

世俗化是明代佛像最显著的特点之一，佛像同时注重造型生动与个性刻画的有机结合，从而更加真实地反映现实生活中不同年龄、性格、阅历的人物的内心活动，也是一种明代经济社会审美情趣、宗教价值、艺术刻画、精神交流的再现。

相比所占篇幅较小的动植物纹饰而言，四大天王像就突显为铁塔的主要纹样，反映了人们对于守卫、保护的精神寄托。守卫铁塔诸佛的四大天王形态各异，面部表情、服饰、姿态等均不相同。民间将四大天王与《封神演义》中的人物混淆，四大天王手中所持法器也分别被赋予了"风""调""雨""顺"之意，彰显着通向智慧的门径。

由于天王位于塔身第一层，所以遭受破坏的程度也比较大。从现存的情况来看，手缠蛇的西方广目天王位于塔身的东南方向，并非想象中的西方，以守护西门之职。此中缘由，暂不得而知。

以天王为中心，门楣一周共分为14个区域。

这些区域彼此之间并无对称或和合关系。此与阴阳互动的文化传统似无法统一，这又反映了建造者的何种内心活动或具有怎样的宗教价值，亦不可知。

（三）铸铁技术与艺术表现的结合

第一层每个门楣上方中央位置各有一个圆形的装饰物，从功能上而言，其是铁身相邻铁壳连接的节点与固定物；从艺术角度而言，装饰物上刻画着佛八宝之一的"盘长"式图案——在《民国重修咸阳县志》中将其称为"铁莲花"，而莲花之于佛教的意义，自不必多说。不得不说这是铸铁技术与艺术表现最直接、最紧密的结合之一了。

五、北杜铁塔的佛教文化

（一）北杜铁塔是宗教产物

作为因福昌寺而建的一座佛塔，北杜铁塔自建立之时，就注定是要通过其所承载的佛教概念和象征意味，最终来反映宋明时期佛教文化的兴盛和发展。

从第一层开始，其上各层塔身均分布有各类大小规格不同的佛像，每个佛像旁边还附有佛名和捐建人姓名信息，这也不得不说是佛教信众的一种寄托。可以说，这既是明万历时期佛教思想与佛教艺术在建筑本体上的具象表达，同时也是明代历史背景下基层社会结构及其社会关系的真实记录与反映。

可以说，北杜铁塔是我国古代铁塔中少有的体现"南天铁塔"曼荼罗意象的宗教产物。曼荼罗意译为坛场，以轮围具足或"聚集"为本意，指一切圣贤、一切功德的聚集之处。北杜铁塔以铁衣遮蔽砖结构，并让砖芯具有曼荼罗意味，使得建筑物具有象征圣贤、功德积聚等意义。

（二）北杜铁塔或是天台一脉

塔前曾有《大元安西路咸阳县北杜村重修福昌寺主持宗派记》碑刻一通。碑额浮雕"一佛二菩萨（或一佛二弟子）"及祥云飞天。

现已无法识别碑文全貌，但从中可以提取出几处确定的信息，如"杜昌""常住田园盈……少贱法华""万荣祖师"等。

根据朱封鳌研究员在《佛学研究》（2001年第10期）上刊发的《天台宗高明寺法系考析》一文所载"民国初年天台宗第60世传人寂圣万荣"，碑文所载的万荣祖师似为民国初年天台宗第60世传人。结合前文所言"少贱法华"一句，似可确定福昌寺为天台宗一脉。

注释

① 王福谆.中国古代大型铸铁文物鉴赏[M].广东：广东高等教育出版社，2021:9.
② 张剑葳.明代社会金属建筑的项目运作及其象征性的实现——以咸阳铁塔为例[J].建筑学报.2014,553(Z1):142-149.
③ 魏文斌，朱思奇.陕甘宁地区宋至清冶铸宗教遗物所见"金火匠人"初步研究[J].敦煌学辑刊.2022,117(3):98-118.
④ 张骏杰.《明史·职官志》"湖广承天府守备"辨误[J].地域文化研究.2023,34(1):76-82.
⑤ 付丽珍.明代佛寺修建与管理考论[D].郑州：河南大学.2017.
⑥ 赖永海，王月清.中国佛教艺术史[M].南京：南京大学出版社:2017.

Hongpu and Duibo: An Architectural Study of the Outbuilding of the Forbidden City in the Ming and Qing Dynasties

红铺与围房
——明清紫禁城外围值房建筑考略

赵丛山[*]（Zhao Congshan）

摘要： 明清紫禁城在城垣与护城河之间原设有值房建筑拱卫，在明代称"红铺"，主要为皇城守卫官兵值宿之用，清代中期在紫禁城外围北、东、西三面守卫值房"堆拨"的基础上加建连檐通脊围房，其使用功能包括值守和仓储两大类。本文试图通过皇城建制、守卫制度及使用功能等对建筑的决定和影响作用，再次讨论明清之际红铺、围房建筑规模、形制的变迁问题。

关键词： 紫禁城；红铺；围房；堆拨；守卫制度

Abstract: In the Ming and Qing Dynasties, the Forbidden City was originally guarded by a guardhouse building between the city walls and the moat. In the Ming Dynasty, it was known as the "Hongpu", mainly for the Imperial City guards and soldiers. In the mid-Qing Dynasty, the outbuilding of the Forbidden City was built on the basis of "duibo", on the northern, eastern and western sides of the Forbidden City, its functions included two categories: guard and storage. This topic attempts to revisit the changes in the scale and form of outbuilding of the Forbidden City in the Ming and Qing Dynasties through the role of the imperial city establishment, the guarding system and the functions of use in determining and influencing the buildings.

Keywords: Forbidden City, Hongpu, outbuilding, duibo, the guarding system

　　北京故宫紫禁城的筒子河畔绿柳与城墙交相辉映的和谐唯美的景观其实并非紫禁城建筑的原貌，紫禁城营建之初在护城河与城垣之间原有建筑拱卫，明清之际也多有变化。就此也曾有学者进行过探讨：杨鸿勋先生文在《明清北京紫禁城外围值房的变迁——明"红铺"与清"围房"》[①]一文中从守卫制度出发简述了从明代红铺到清代围房建筑的变化，并提出了复原建议；常欣先生的《紫禁城守卫与红铺的变迁》[②]通过梳理档案文献论述了守卫制度和功能的变化对红铺围房建筑变化的影响；石志敏、陈英华合著的《紫禁城护城河及围房沿革考》[③]对筒子河及围房建筑的历史沿革（明代至民国）、功能及形制进行了较为详细的阐述；近年来张振国老师的《宫藏档案与清代紫禁城围房研究》[④]则在前辈研究的基础上进一步发掘宫藏档案，将围房建筑的演变和功能研究进一步深入和细化。笔者再次对此题进行探讨则源于 2014 年起故宫博物院对东华门迤北的紫禁城筒子河围房进行局部复建的项目，在笔者进行复建设计的同时，查阅了围房建筑相关的历史档案和资料，故作此文略述。

* 故宫博物院副研究馆员，中国艺术研究院博士生。研究方向：传统营造理论与现代设计研究。

一、明代皇城守卫建筑"红铺"

明代北京宫城护城河与城墙之间就设有守卫值房，称为"红铺"。官兵守卫之所，被称为铺屋，守卫兵丁则称铺兵。"红铺"之名始见于《明武宗实录》，后多见于明代典籍中，单士元先生认为"红"字的由来是明太祖为管理亲军守卫事，设承天门红牌[⑤]。杨鸿勋先生则认为守卫值房的墙面涂成紫禁城门墩台一样的土红色，所以时称"红铺"[⑥]。明代红铺建筑已无遗存可考，仅可根据明代的档案资料中的相关记载进行考证。

（一）明代皇城建制

明初南京皇宫城池仅有以午门、东华门、西华门、玄武门四门围绕的一圈城池的记载，宫城即是皇城。至洪武二年（1369年）明太祖营建临濠（凤阳）中都，皇城在宫城基础上增设外垣，以承天门、东安门、西安门、北安门为四门。洪武八年（1375年）南京宫殿改建时将洪武六年（1373年）修筑的南京内城改为宫城的外禁垣，且在宫城与外禁苑之间设小禁苑，各开"上门"[⑦]，"宫城"与"外禁苑"统称"皇城"，这样的建制一直保留到北京皇宫城池的营建中。据李燮平先生考证，直到明代中晚期，宫城和外禁垣才区分开来，嘉靖后则称"内皇城""宫城"为"紫禁城"，"外禁苑""外皇城"为"皇城"[⑧]。关于内外皇城、宫城、紫禁城等名称的演变，也有学者提出，明代皇宫城池被视为一个整体，称为"皇城"，内城又经历"宫城""砖城""紫禁城"等称谓变化和临时混合使用，至明后期"紫禁城"与"皇城"逐渐明确所指，即内外皇城，形成现在常见的描述模式[⑨]。虽然明代皇城建筑在形制上形成内外两层城垣，加上小禁苑甚至有三层之多，皇城一直是一个统一的整体，"皇城之内，前明悉为禁地"[⑩]，到明代中后期外皇城才逐渐向民间开放。而内外皇城城垣外侧均设有"红铺"，分派守卫各自值守。

（二）明代皇城守卫制度

明代皇城守卫制度是按照皇城整体的南、东、西、北四面分片值守，内外皇城在各卫值守范围内并无明显区分，从弘治朝到万历朝两部《大明会典》中"各卫分定地方"和各种守卫牌符的发放和巡防制度基本相同，没有明显改变（表1）[⑪]。守卫分发的牌符约略可分为金牌、铜牌、铜符[⑫]、令牌[⑬]四种，其中令牌是专门分发于夜巡军官，在夜间巡防是内外皇城各铺分别按照顺时针方向进行摇铃传递巡防，每日重复不变。内皇城"每更初自阙右门发铃，传递至阙左门第一铺止，次日纳铃于阙右门第一铺，夜递如初"，外皇城"每更初自长安右门发铃，传递至长安左门止，次日纳铃于长安右门第一铺，夜递如初"[⑭]，"历西安、北安、东安三门"[⑮]。

表 1 明代皇城值守范围表

守卫区域	守卫范围	守卫官军
南侧区域	午门左，至阙左门东第五铺	旗手、济阳、济州、府军、虎贲左、金吾前、燕山前、羽林前，八卫官军分守
	午门右，至阙右门西第五铺	
	端门左，至承天门左桥南	
	端门右，至承天门右桥南	
	长安左门，至外皇城以东第六铺	
	长安右门，至外皇城以西第十一铺	
东侧区域	东华门左，尽左第十一铺，东至东上门左	金吾左、羽林左、府军左、燕山左，四卫官军分守
	东华门右，尽右第一铺，东至东上门右	
	东安门左，外尽左第十四铺，内至东上南、北门左	
	东安门右，外尽右第十四铺，内至东上南、北门右	
西侧区域	西华门左，尽左第一铺，西至西上南、北门左	金吾右、羽林右、府军右、燕山右，四卫官军分守
	西华门右，尽右第九铺，西至西上南、北门右	
	西安门左，外尽左第十二铺，内至乾明门左	
	西安门右，外尽右第七铺，内至乾明门右	
北侧区域	玄武门左，尽左第五铺，北至北上门、北上西门以左	金吾后、府军后、通州、大兴左，四卫官军分守
	玄武门右，尽右第四铺，北至北上门、北上东门以右	
	北安门左，外尽左第十二铺，内至北上西门外以左	
	北安门右，外尽右第八铺，内至北上东门外以右	

（三）红铺规模数量

从《大明会典》和《明实录》的记载可以看出：弘治时期外皇城外设立"红铺"七十二铺，内皇城外二十八铺，到万历时期外皇城红铺数量没有变化，内皇城从二十八铺增加至四十铺[⑯]。到明末刘若愚的《酌中志》中记录为外皇城周围红铺七十二处，内皇城周围红铺三十六处[⑰]。年代相近的史料《旧京遗事》[⑱]《春明梦余录》[⑲]等中也有同样记载，《明宫史》[⑳]更是直接参考《酌中志》原文记述。清代编写的《日下旧闻考》卷三十三中也是参考明末文献之记载记述为：内外皇城分别为三十六铺和七十二铺[㉑]。外皇城七十二铺的记载相对一致，而内皇城"红铺"数量的记载则有颇多变化，杨鸿勋先生则依据《万历会典》"四十铺"的记载绘制"明北京紫禁城守卫红铺复原总平面示意图"[㉒]（图1），侯仁之先生在《北京历史地图集》中采用三十六铺绘制天启七年（1627年）明紫禁城的总平面示意图[㉓]（图2）。也有学者就此认为"弘治年间设有二十八铺，万历初年增至四十铺，但天启、崇祯年间，又有缩减为三十六铺"[㉔]。

以上学者们对"红铺"数量归纳总结得出的结论是根据

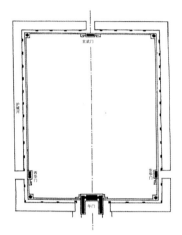

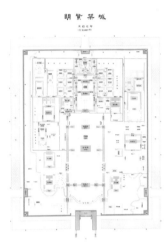

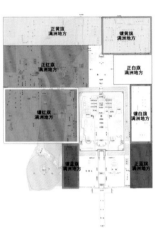

图1 明北京紫禁城守卫红铺复原总平面示意图
（杨鸿勋.明清北京紫禁城外围值房的变迁——明"红铺"与清"围房"[M]//杨鸿勋：建筑考古学论文集增订版.北京：清华大学出版社,2008:586-589.）

图2 天启七年（1627年）明紫禁城总平面示意图
（侯仁之.北京历史地图集[M].北京：北京出版社,1988:35.）

图3 明皇城守卫分区示意图
（根据侯仁之的《北京历史地图集》中的《明皇城（天启—崇祯年）图》改绘）

图4 清代皇城八旗分守区域示意图
（根据侯仁之的《北京历史地图集》中的《清皇城（乾隆十五年）图》改绘）

文献记载直接得出的，但进一步探寻文献所载的其他内容，也许会得到不尽相同的结论。同样是依据弘治朝和万历朝的《大明会典》所载"各卫分定地方"相关守卫值守区域范围分工的内容（表1），其实已经详细记述了内外皇城四周各处"红铺"番号分布，从各门起为第一铺，至墙垣尽端转角处止，四面皆如此。如：东华门北（东华门左）第一铺起，至东侧内皇城墙垣最北端（尽左）共十一铺，而东华门南仅一铺。如此计算可知内皇城各段红铺的铺数相加共为四十一铺，外皇城则有八十四铺（图3）。但这就出现了《大明会典》记载的前后矛盾，而"各卫分定地方"一段记载更详细，可执行性强，出现讹误的可能性不大。通过分析可有如下几种解释。①明初内城二十八铺，外城七十二铺为理想的设计铺数，而实际建造和执行守卫则为内城四十一铺，外城八十四铺。②"各卫分定地方"记载的是守卫番号，与"红铺"建筑的实际数量并一定完全不相符。③《万历会典》内皇城更改为四十铺，设四十一铜铃，则更有可能是根据内城"红铺"实际数量进行的调整。④明末的内皇城三十六铺记载有可能是因"红铺"被占用、倾圮而造成数量有所减少。但这部分记载多见于明人笔记，并非官方数字，内城三十六铺之数也有可能是笔记作者用来与外城七十二铺相对应而使用的虚数。因此，笔者更倾向于认为从明中前期开始至明末内外城"红铺"的实际数量是四十一铺与八十四铺。

二、清代紫禁城值守及仓储建筑"围房"

（一）清代皇城、紫禁城守卫制度

清代皇城守卫以八旗分守各区，"皇城内各处汛守分旗画界"，"以上八旗均按该管地方远近界址防守稽查，夜则巡更击柝，每汛设立更筹，自初更起上下汛往来传送至黎明乃止"[25]（图4），"紫禁城外周围向系骁骑营官兵守卫，请改归下五旗护军守卫分定界址，东华门、西华门外以南令正蓝、镶蓝二旗；东华门、西华门外以北至城角令镶白镶红二旗；北面一带令正红旗官军轮流守卫"[26]，"皇城内专隶八旗满洲分汛九十，列栅一百十有六"[27]。

而就紫禁城守卫而言则是每晚"传筹"巡守，紫禁城内外则分别"递传"，据《大清会典》记载，紫禁城内共用五筹，经十二汛："紫禁城内五筹递传，每夕自景运门发筹，西行过乾清门，出隆宗门，循而北，过启祥门，迤而西，过凝华门，迤而北，过中正殿后门，迤北至西北隅；迤而东，过西北门、顺贞门、吉祥门、东北隅；迤而南，过苍震门，至东南隅；迤而西，仍至景运门。凡十二汛为一回。"紫禁城外共用八筹，经十六处汛守，八处栅栏，共二十二汛："紫禁城外八筹递传，每夕自阙左门发筹，西行过午门，出阙右门，循而西，经西一汛，至南栅栏、二汛；迤而北，经三汛、栅栏，过西华门，经一栅栏、四汛、五汛、六汛，至西北隅七汛；迤而东，经八汛、一栅栏，过神武门，经一栅栏、九汛，至东北隅十汛；迤而南，经十一汛、十二汛、十三汛、一栅栏，过东华门，经一栅栏、十四汛、十五汛，至南栅栏；循而西，经十六汛，仍至阙左门，凡二十二汛为一回。"[28]

以上《大清会典》中提到的"栅栏"是乾隆十五年（1750年）增设的："（乾隆）十五年……紫禁城外周围增设栅栏八座，东华门、西华门以南四栅栏与汛拨相近即令兼守外，东华门、西华门以北请增四汛。"[29]依此记载南侧四栅栏由附近汛守兼管，北四栅栏则增汛值守，这四汛并由附近汛拨参领兼管：

"又自阙右门外一堆拨起，至阙左门外十六堆拨止，内四堆拨即以西华门外北栅栏护军参领兼管；八堆拨即以神武门外西栅栏护军参领兼管；九堆拨即以神武门东栅栏护军参领兼管；十三堆拨即以东华门外北栅栏护军参领兼管；仍各直以护军校一人、护军九人。其余堆拨，各直以护军参领一人、护军校一人、护军九人，二日而代。"[30]

如此北四栅栏加上十六汛守并发收筹的阙左门、阙右门，共为二十二汛。

紫禁城的守卫制度相较明代宫城一体的大皇城之制则相对独立，宿守宫门统一由紫禁城内景运门值班大臣管辖，以前锋统领护军统领十人轮值，紫禁城门（即紫禁城内各门）以上三旗官兵值守，皇城门（即紫禁城外垣各门）以下五旗官兵值守[31]。

（二）堆拨、朱车：清代守卫值房

清代以来，直到康熙朝《大清会典》才见"红铺"的记载，内城红铺为十六铺，康熙八年（1669年）的《皇城宫殿衙署图》[32]中也是绘制出相同数量的红铺，可见自明末至清康熙时红铺数量有了大幅度的减少（图5）。乾隆朝《大清会典》清代守卫值房有了"堆拨""堆铺"的称呼，光绪朝《大清会典》又称其为"朱车"，这些均为满语守卫值房的汉语音译，《故宫词典》"常见汉文满语词汇"中录"朱车"汉义：堆铺、堆拨、堆子；《清文总汇》记述：堆子乃兵丁支更之处[33]。从以上《大清会典》中对传汛的记载，紫禁城周围汛守的堆拨、朱车数量同样是十六处，栅栏汛位四处，从康熙朝一直到清末光绪朝也未曾改变[34]。

（三）连檐围房的形成及规模

随着紫禁城使用功能需求的不断增加，乾隆朝中期在紫禁城东、西、北三面护城河内侧原有十六座堆拨值房的基础上，加盖了连檐通脊围房。《国朝宫史·宫殿·外朝》记载紫禁城"墙四角有重楼，城外东、西、北三面守卫围房七百三十二间。护城河绕于外……[35]"；《国朝宫史续编》卷五十一，《宫殿一·外朝》记载紫禁城"四隅角楼各一，墙外东、西、北三面，守卫围房七百三十二间。此紫禁城内维之制也[36]"。从乾隆十五年（1750年）绘制的《清内务府藏京城全图》中可以看出，此时紫禁城四围，筒子河与城墙之间清晰地绘制了围房，由此可以推论，当时拆除里岸河墙，在东、西、北三面加盖连檐围房，至迟至清乾隆十四年（1749年）前紫禁城围房即已经建成。

根据乾隆三十二年（1767年）一份《内务府奏案》记载可知更为详细的围房数据（图6）：

"紫禁城外围房共计六百四十间，内除恩丰仓八十四间毋庸修理外，其余围房五百五十六间，又隔火四十六间，共

图5 康熙年紫禁城"红铺"示意图
根据康熙八年《皇城宫殿衙署图》改绘

图6 乾隆三十二年二月十七日.总管内务府.奏为修理紫禁城外围房约估银两事.奏案.中国第一历史档案馆藏.奏案05-0242-013.

房六百二间，俱有渗漏之处，内五百五十六间面宽一丈二寸、进深二丈、头停夹陇捉节、添补勾滴……十二间均面宽二丈三尺、进深二丈、头停夹陇捉节、添补勾滴……三十四间面宽二丈三尺、进深二丈、揭瓦头停、添补瓦片……"[37]

由此可知乾隆三十二年（1767年）时共有围房建筑六百四十间，每间面阔一丈二寸，进深二丈；隔火（防火墙）四十六间，每间面阔二丈三尺，进深二丈，共六百八十六间。这个数据记载与《国朝宫史》等文献中"围房七百三十二间"的记载并不矛盾，每间隔火的面宽尺寸是每间围房的面

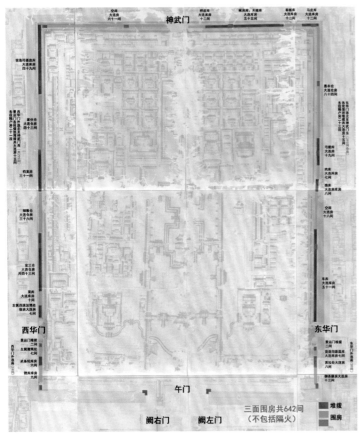

图7 清中晚期紫禁城围房功能及规模示意图
（根据乾隆十五年（1750年）《清内务府藏京城全图》改绘）

表2 清光绪紫禁城围房功能统计表

围房方位	功能类型			间数规模（间）			各段总计间数（间）
东华门外迤北至神武门东	值守	堆拨		15			293
	仓储	仓房	恩丰仓	84		260	
		库房	车库	51	176		
			炮库	8			
			弓箭库	19			
			鞍板库	12			
			肉库	7			
			马皮库	12			
			账房库	55			
			木植库				
			桦皮库	12			
	空闲大连房			18			
	隔户房			23			
西华门外迤北至神武门西	值守	堆拨		15		22	295
		右翼四旗激桶处		7			
	仓储	仓房	官三仓	43	122	212	
			细粮仓	36			
			家伙仓	43			
		库房	菜库	10	59		
			营造司器皿库	49			
	档案房			31			
	空闲大连房			61			
	隔户房			21			
东华门外迤南	值守	堆拨		2		10	30
		苏拉处		8			
	仓储	库房	营造司器皿库	7	20		
			御茶膳房	13			
西华门外迤南	值守	值班堆拨		2		9	24
		左翼激桶处		7			
	仓储	库房	武备院库	6	15		
			镫库	9			
合计	值守用房56间			仓储用房507间	空闲大连房79		共计642间（不包括隔火）

宽尺寸的两倍有余，若按每间围房为统一模数计算，每间隔火则占据了两间围房的面积，如此隔火则为九十二间，加上围房六百四十间，则总共恰为七百三十二间。两者之间的差别只是因对"间"的不同理解所致，并无本质出入，而有学者认为围房七百三十二间包括东华门、西华门、神武门、阙左门、阙右门守卫值班房的说法值得进一步商榷㊳。一则以上五座宫城门的守卫值班房与围房建筑并不属于同一体系，既不相连，朝向也不相同（围房与紫禁城墙平行布置，各城门守卫值班房与城门垂直布置），档案中也是将"西华门门座及值班房间应修各工情形"与"东华门、西华门、神武门三门附城三面大连房应修各工情形"分别开列；二则涉及围房七百三十二间的档案明确指出围房的位置为"墙外东、西、北三面"，定当不包括南侧的阙左门、阙右门守卫值班房。

（四）连檐围房的功能

清代传汛之制一直未有较大改变，而从十六处堆拨到加建连檐围房主要是增加了仓储等若干附属功能。从清末光绪年间的一份《东华门、西华门、神武门三门附城三面大连房应修各工情形》㊴档案记载，可以比较详细地了解到紫禁城围房建筑的功能、规模及分布情况。据此记载可以看出，

至清末围房建筑可供使用的建筑空间共六百四十二间，与乾隆时期的六百四十间并无较大出入，其功能主要分为两种，一种为供守卫兵丁居住使用的守卫值班房，另一种则为仓储用房。另有空闲用房七十九间（表2、图7）。

守卫值班房的第一类是汛守兵丁所使用的堆拨，东、西华门迤北至神武门，每侧汛守五处，每处三间，东、西华门迤南至城墙东南、西南角，每侧汛守一处，各两间，紫禁城东、西、北三面围房中共十二处汛守堆拨，共三十四间，紫禁城

图8 东华门北围房院墙随墙门

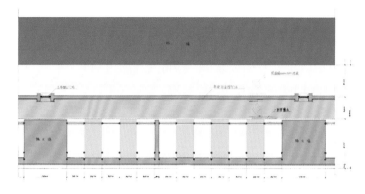

图9 围房单元组合平面图
（根据故宫博物院1999年围房修缮设计方案图改绘）

南面午门两侧仍然保留汛守堆拨,但并没加盖连檐围房。第二类苏拉处则是供杂役休息的地方。第三类是激桶处,类似于消防安全所,即存放消防设备,同时又有军校值守。

仓储用房大致分为仓库与库房两类。仓房包括官三仓、恩丰仓、细粮仓、家伙仓等,主要用来存储粮食及杂物。库房则主要用来存放军械车马器具,如车库、炮库、弓箭库、鞍板库、镫库、武备院库等;存放供饮食起居所用的食材,如肉库、菜库、御茶膳房等;档案文献库房,如:档案房、账房库;其他材料、器具杂项,如木植库、桦皮库、马皮库、营造司器皿库等。这些仓储用房多归属于内务府管辖,专供宫中使用。

（五）连檐围房的形制（表3）

根据现有的地上建筑和考古资料可知,围房建筑为布瓦连檐通脊硬山建筑,前出院落,院墙附设随墙门（图8）,门

表3 围房建筑形制

位置	建筑形制
瓦顶	一号布瓦连檐通脊硬山,五跑走兽
大木结构	七檩后落金七架接尾梁
连檐瓦口	小连檐,闸挡板,方椽方飞,顺望板
外檐装修	前檐:步步锦支摘窗、隔扇门带帘架
墙体墙面	前檐:槛墙城砖(二城样440×220×110)十字缝淌白槛墙7层 后檐:四层冰盘檐封后檐墙 上身:城砖(二城样440×220×110)糙砌抹红麻刀灰 下碱:城砖(二城样440×220×110)三顺一丁淌白15层 山墙:山尖(方砖博缝) 上身:城砖(二城样440×220×110)糙砌抹红麻刀灰 下碱:城砖(二城样440×220×110)三顺一丁淌白7层
台基地面	金柱础:540×540,鼓镜:φ440;檐柱础:520×520,鼓镜:φ440 室内:尺四方砖(420×420×55)十字缝地面 院落:一封书在散书,陡板砖(二城样440×220×110)地面 阶条石:450×120
彩画	栀花盒子烟琢墨楞退,蔓龙黑叶子花卉方心雅伍墨旋子彩画。(现有围房建筑为此彩画形式,清代是否如此需进一步考证)

注:图中数据单位为毫米。

楼位置与隔火(防火墙)位置相对应,围房建筑具体形制见表3。围房建筑以十二间为一单元,连续排列。每个单元之间设隔火(防火墙)一道。单元内十二间又分为五间、七间两组,五、七间又以出腿隔墙相隔。未发掘部分不乏单元间数有增减变动(图9、图10)。

根据乾隆年围房档案记载,建筑640间,每间面阔一丈二寸(3 264毫米),进深二丈(6 400毫米),每间20.89平方米,共13 369.34平方米。隔火46间,每间面阔二丈三尺(7 360毫米),进深二丈(6 400毫米),每间面积47.1平方米,共2166.78平方米。以上围房、隔火建筑面积共为15 536.12平方米。依据营造尺320毫米计算,与现有围房建筑测量结果对比,平面开间、进深尺寸尺度相差无几(图11)。建筑檐柱高九尺四寸(2 990毫米),檐柱直径实测尺寸约为一尺(320毫米),柱高与开间尺度比例约为9∶10。大木各步架尺寸不尽相同,檐步架、金步架、脊步架依次为:三尺八寸(1 255毫米),三尺一寸四分(1 005毫米),三尺八分(985毫米)。而檐步、金步、脊步举架尺寸依次为二尺一寸(680毫米),二尺六分(660毫米),二尺九寸(940毫米)。从檐步至脊步依次为五五举、六五举、九五举(图12)。三、五架梁高1.15倍檐柱径(D),七架梁高1.3D;三架梁宽0.84D,五架梁宽1D,七架梁宽1.125D;檩径0.9D。隔扇门单扇宽二尺一寸(670毫米),高七尺八寸(2 500毫米),为宽3.7倍,以上绦环板上抹头为界,上部隔扇芯与下部绦环板3∶2分割(图13)。乾隆二十九年(1764年)围房建筑增设恩丰仓时,为了满足仓储建筑的特殊需要,对所需建筑的内里装修进行了改建:

"紫禁城外三面围房共六百三十五间,内除三仓并堆拨。毯库等处占用,尚有空闲房间尽足改建仓廒,内里铺垫木板、添开气楼、成砌墙垣等……"

"紫禁城外东边围房改建恩丰仓贮米廒十二座,内七座各计七间、五座各计五间。内里添安护墙板、地平廒板、添

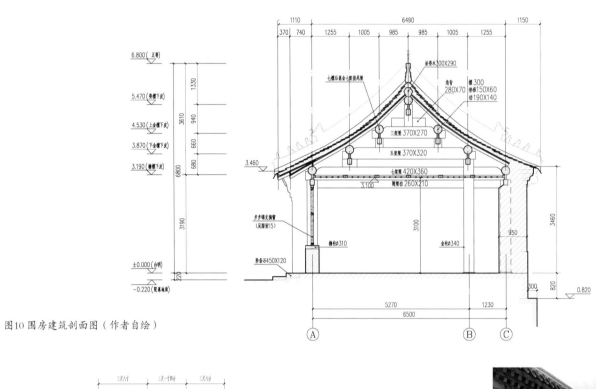

图10 围房建筑剖面图（作者自绘）

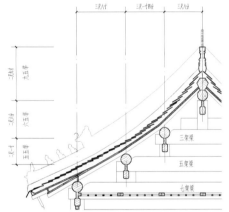

图11 围房举架尺度分析（作者自绘）

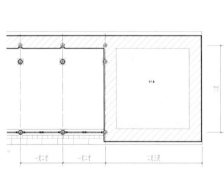

图12 围房平面尺度分析（作者自绘）

图13 东华门北围房建筑前檐装修

图14 围房气楼天窗

图15 20世纪10至20年代紫禁城围房鸟瞰（故宫博物院藏）

盖门罩十二间、气楼三十六座。修理官厅办事房二座,各计五间,门楼四座,成砌墙垣凑长九十六丈九尺九寸,并出运渣土、平垫地面等项……"⑩

屋内增设木质地板、墙板,屋顶安设气楼(图14)都是为了贮藏粮食防潮通风功能之用,门楼的增设则是出于安全和便于管理之功用而添加。

结论

在明代皇城宫城一体的拱卫方式的影响下,紫禁城外"红铺"的规模数量虽各朝有所变化,但总体是依照《大明会典》守卫之制的记载构建而成的,并与拱卫皇城的红铺为一整体防卫体系。清代康熙时期紫禁城外"堆拨"规模同样是按照《大清会典》"传汛"守卫制度建立的,并在有清一代并未有大的改变。乾隆朝在"堆拨"基础上扩建为连檐围房建筑,主要是根据使用功能的需求,增加了各类仓库房和应急值班房,使得分散的堆拨建筑连成整体,而守卫堆拨制度和规模并未改变康熙时期的建制,相较明代皇城一体的守卫制度,最大的变化是清代紫禁城相对皇城更为独立,紫禁城内外守卫制度一体设置,围房的守卫堆拨,更多是起到保卫紫禁城安全之用,而增加的仓储和应急值班房也是主要供宫中使用,围房建筑可以看作紫禁城的外围附属建筑,包括围房在内的紫禁城相对外皇城而言有了更高的独立性。清代后期至今,随着原有使用功能的不复存在,围房建筑逐渐坍塌、拆除和改建,规模不断缩减而形成今天所见的面貌⑪(图15)。

注释

① 杨鸿勋.明清北京紫禁城外围值房的变迁:明"红铺"与清"围房"//杨鸿勋.建筑考古学论文集增订版[M].北京:清华大学出版社.2008:586–589.
② 常欣.紫禁城守卫与红铺的变迁[J].历史档案.2002(4):86–91.
③ 石志敏、陈英华.紫禁城护城河及围房沿革考//于倬云.紫禁城建筑研究与保护[M].北京:紫禁城出版社.1995:229–239.
④ 张振国.宫藏档案与清代紫禁城围房研究[J].白城师范学院学报.2018,32(5):1–10,18.
⑤ 单士元.故宫营造[M].北京:中华书局.2015:211–215.
⑥ 杨鸿勋.明清北京紫禁城外围值房的变迁:明"红铺"与清"围房"杨鸿勋:建筑考古学论文集增订版[M].北京:清华大学出版社.2008:586–589.
⑦《明太祖实录》卷二十五《凤阳新书》卷三,转引自:常欣.紫禁城守卫与红铺的变迁[J].历史档案.2002,(4):86–91.
⑧ 李燮平."紫禁城"名称始于何时[J].紫禁城.1997(4):30–31.
⑨ 李新峰.也谈明代紫禁城的名称演变[J].故宫学刊.2020(1):102–118.
⑩ 于敏中,等.日下旧闻考[M].北京:北京古籍出版社.2000:612.

⑪ 参见《弘治明会典》卷一百十八《兵部十三·守卫》,清文渊阁四库全书本;《弘治明会典》卷一百十八·兵部·车驾清吏司·守卫,清文渊阁四库全书本;《万历大明会典》卷之一百四十三·兵部二十六·守卫(食钱牌面附)。
⑫《弘治明会典》卷一百十八·兵部十三·守卫.清文渊阁四库全书本。
⑬《万历大明会典》卷之一百四十三·兵部二十六·守卫(食钱牌面附)。
⑭《弘治明会典》卷一百十八·兵部十三·守卫.清文渊阁四库全书本。
⑮《大明武宗毅皇帝实录》卷之四十五·正德三年十二月.北平图书馆红格本缩微影印。
⑯《弘治明会典》卷一百十八·兵部十三·守卫.清文渊阁四库全书本;《万历大明会典》卷之一百四十三·兵部二十六·守卫(食钱牌面附);《大明武宗毅皇帝实录》卷之四十五·正德三年十二月.北平图书馆红格本缩微影印本;《大明神宗显皇帝实录》卷之五百三十二·万历四十三年五月.北平图书馆红格本缩微影印本。
⑰ 刘若愚《酌中志》卷十七·内规制纪略.清海山仙馆丛书本。
⑱ 史玄《旧京遗事》卷一,清退山氏钞本。
⑲ 孙承泽《春明梦余录》[M].王剑英点校.北京:北京古籍出版社.1992:46.
⑳ 吕毖《明宫史》卷一·宫殿规制,清文渊阁四库全书本.
㉑ 于敏中 等编纂.日下旧闻考[M].北京:北京古籍出版社.1983:496.
㉒ 杨鸿勋.明清北京紫禁城外围值房的变迁:明"红铺"与清"围房"//杨鸿勋.建筑考古学论文集增订版[M].北京:清华大学出版社.2008:586–589.
㉓ 侯仁之.北京历史地图集[M].北京:北京出版社.1988:35.
㉔ 张振国.宫藏档案与清代紫禁城围房研究[J].白城师范学院学报.2018,32(5):1–10,18.
㉕ 清乾隆朝《钦定大清会典则例一》卷一百七十九.步军统领。
㉖ 清乾隆朝《钦定大清会典则例一》卷一百七十八.护军统领。
㉗ 清乾隆朝《钦定大清会典一》卷九十九.步军统领。
㉘ 清乾隆朝《钦定大清会典则例一》卷一百七十八.护军统领。
㉙ 清乾隆朝《钦定大清会典则例一》卷一百七十八.护军统领。
㉚ 清嘉庆朝《钦定大清会典二》卷七十.护军营.景运门直班大臣以下职掌。
㉛ 清嘉庆朝《钦定大清会典二》卷七十.护军营.统领职掌。
㉜ 王其亨,张凤梧.康熙《皇城宫殿衙署图》解读(上)[J].建筑史学刊.2020,1(1):8–19;王其亨,张凤梧.康熙《皇城宫殿衙署图》解读(中)[J].建筑史学刊.2021,2(1):4–18;王其亨,张凤梧.康熙《皇城宫殿衙署图》解读(下)[J].建筑史学刊.2021,2(3):14–29.
㉝ 万依主编.故宫词典增订本[M].北京:故宫出版社.2016:586.
㉞ 清光绪朝《钦定大清会典事例三》卷一千一百五十三.护军统领二.职掌.禁门;清光绪朝《钦定大清会典事例三》卷一千二百二.内务府三十三.营制.宿卫。
㉟ 鄂尔泰、张廷玉、等.国朝宫史[M].左步青,校点.北京:北京古籍出版社.1987:178.
㊱ 庆桂、等.国朝宫史续编[M].左步青,校点.北京:北京古籍出版社.1994:388.
㊲ 乾隆三十二年二月十七日,总管内务府《奏为修理紫禁城外围房约估银两事》奏案,中国第一历史档案馆藏,奏案05-0242-013.
㊳ 张振国.宫藏档案与清代紫禁城围房研究[J].白城师范学院学报.2018,32(5):1–10,18.
㊴ 光绪十九年十一月初一日,和硕礼亲王世铎《呈查勘内城隍庙等处及禁城门座处所应修房间各工情形清单》录副奏折,中国第一历史档案馆藏,档号03-7161-032.
㊵ 乾隆二十九年十二月十九日,总管内务府《奏为紫禁城外围房改恩丰仓销算银两事》奏案,中国第一历史档案馆藏,奏案05-0221-061.
㊶ 由于文章篇幅所限,围房建筑在清代后期至当代的历史沿革问题拟另撰文阐述。

The Key Points in the Important Part of the Preliminary Work of the Capital Construction Project of the Heritage Site—"Archaeology First"

—Take the protection of ancient wells and ancient drainage ditches in the cultural relics protection construction project of the Forbidden City as an example

遗产地基本建设工程前期工作的重中之重——"考古先行"

——以故宫文物保护综合业务用房工程古井及古排水沟保护为例

李 硕*（Li Shuo）

摘要：我国文化遗产的现状保护与建设的矛盾日益突出，正确处理好基本建设和文物保护的关系，应始终把文物安全放在首要位置，必须在保障文物遗产安全的前提下开展基本建设工作。在基本建设工程的前期先进行考古勘探并做好文物遗产保护工作是最重要的任务。本文以故宫文物保护综合业务用房工程古井及古排水沟保护方案为例，通过开工前进行基本建设考古、对考古发掘出的文物遗产重点研究、制定保护方案等一系列工作，总结"考古先行"在遗产地基本建设工程前期工作中的重要意义。

关键词：基本建设；考古发掘；遗产地；前期工作

Abstract: The contradiction between the protection and construction of China's cultural heritage is becoming increasingly prominent, and the relationship between capital construction and cultural relics protection should always be put in the first place, and the capital construction work must be carried out under the premise of ensuring the safety of cultural relics. In the early stage of capital construction projects, archaeological exploration and the protection of cultural relics and heritage are the most important tasks. This paper takes the protection plan of the ancient wells and ancient drainage ditches of the comprehensive business housing project for the protection of cultural relics of the Forbidden City as an example, and summarizes the significance of "archaeology first" in the preliminary work of the capital construction project of the heritage site through a series of work such as carrying out archaeology before the start of construction, focusing on the research on the cultural relics and heritage excavated by archaeology, and formulating protection plans.

Keywords: capital construction; archaeological excavation; heritage site; preliminary work

* 故宫博物院副研究馆员，中国艺术研究院博士生。研究方向：传统营造理论与现代设计研究。

一、前言

历史文化遗产是人类历史文明的重要组成部分之一，近年来，历史文化遗产保护引起了全世界的广泛重视。中华民族的祖先留给我们丰富多彩的文化遗产，但在中国千年的发展过程中文化遗产也面临着种种危机，抢救和保护仍然是最主要的任务。

我国文化遗产的现状保护与建设的矛盾日益突出，对遗产地的保护工作带来了新挑战。随着我国的经济发展和城市建设特别是人们对文物遗产的关注度提升，游客参观数量大幅增长，文化遗产地的开发程度随之加大。长期以来，受内在和外在原因、自然与人为因素的影响，各遗产地存在着火灾、盗窃、破坏、文物建筑年久失修、基础设施水平落后等诸多问题，导致存在极大的安全隐患，更缺乏合理的利用。为此，为了更好地保护文物遗产，必须始终坚持"保护第一、加强管理、挖掘价值、有效利用、让文物活起来"的工作方针来开展基本建设工程，以切实保护遗产地的文物及文物建筑，系统改善和配置基础设施，提升文物保护能力，改善文物展陈和保存环境，提高遗产保护的真实性、完整性，满足可持续发展的长期要求。

在基本建设工程开展的过程中，往往会遇到地面或地下的文物遗产需要保护的情况。但有些地区由于管理不善或对地下文物遗产重视程度不够而造成的文物遗产毁坏事件屡屡发生。在没有进行建设区域内考古勘探、没有向文物主管部门申报手续、没有编制文物保护方案的情况下即开工建设，致使许多珍贵文物遭到破坏的现象仍然存在。北京朝阳区三间房的文物埋藏区，在京通快速路建设时，未能进行考古勘探；北京学院路改扩建工程，途径元大都西土城部分埋葬区，该工程没有向市文物管理部门申报手续，最终导致大量地下文物和文物遗址遭受破坏[①]；在2013年广州地铁建设中，发生了施工方推毁正在进行文物抢救的考古发掘区域和多座先秦墓葬的事件，引发了媒体和社会的广泛关注。

当基本建设工程在施工过程中发现地下文物遗产，虽然立即停工并征求文物部门意见，但这样一来，不仅存在机械施工导致的破坏文物的可能性，还严重影响了工程的工期。甚至有的工程在文物管理部门下达了停工通知书后，依旧照常施工，致使大面积的文物遗产受到严重损坏。任何一个历史遗迹一经破坏就不可能重建，它的历史文化遗产价值也就随之消失。因此，必须正确处理好基本建设和文物保护的关系，始终把文物安全放在首要位置，紧紧围绕在保障文物遗产安全的前提下开展基本建设工作。这就要求在基本建设工程的前期先进行考古勘探，检查建设区域是否有重要的文物遗产，并制定相应的文物遗产保护方案，在确保文物遗产安全后开工建设，做好基本建设工程的同时，做好文物遗产的保护工作，使文物遗产免遭破坏和损失。

本文以故宫文物保护综合业务用房工程古井及古排水沟保护方案为例，探讨遗产地基本建设工程前期工作的重点内容——基本建设"考古先行"。

二、基本建设工程前期工作

（一）前期工作的内容

根据我国现行的基本建设程序，一般建设项目主要包括项目建议书阶段、可行性研究报告阶段、初步设计阶段、施工图设计阶段、建设准备阶段、建设实施阶段、竣工验收阶段、后评价阶段。前期工作是指建设项目从提出项目建议书，编制可行性研究报告，进行论证、评估、初步设计、技术设计文件编报，到进行开工前的建设准备所涵盖的全部工作。项目前期工作就是对一个拟建项目的论证过程，对技术上的先进性和适用性、经济上的合理性和营利性、实施上的可能性和风险性进行全面科学的综合分析。

（二）前期工作的重要性

在工程项目的整个建设过程中，前期工作是项目决策的关键阶段，是项目从酝酿、决策到开工建设进行的各项程序，是工程建设中一个非常重要的阶段。前期工作的重要性在于未雨绸缪，防患于未然，围绕实现工程项目目标而开展，它是项目取得成功的前提，是防范风险的保障，是提高效率和收益的保证。如果不重视项目前期工作的研究，或者研究深度不够，将会导致工程项目的风险增大，失败率高，人、财、物等资源分配不合理，从而产生投资费用超支过高，投资酝酿时期过长，工程项目的经济效益差等不良后果。综上所述，做好前期工作是项目管理的首要任务。

三、基本建设考古

基于文化遗产地的严格保护规定，遗产地为了整体保护和可持续发展，当然就不可避免开展最小干扰的必要的基本建设工程。地下文物具有隐蔽性和不可预知性，未经勘探，谁也无法确定地下是否存在文物。在遗产地一旦开展基本建设工程，为了保证工程顺利进行和文物安全，必须在前期工作中高度重视文物保护工作，"考古先行"则是前期工作的重中之重。对地下情况不确定的区域进行考古勘察，尽可能减少对地下可能的文物遗存的影响，能钻探解决问题的不开探沟，能做探沟的不做探方，做到最小干预。

（一）基本建设考古概述

基本建设考古工作是对基本建设范围内的地下文物实行抢救性调查、发掘、研究和对文物实时保护的工作。可以分为事前参与和事后干预，事前参与需要考古工作先行开展，再进行基建工程项目建设。而事后干预则是在基建工程建设进行中对实时发现的文物遗存进行抢救性发掘。

（二）基本建设考古相关规定

国家对于基本建设考古有十分明确的规定，对基本建设中的文物保护一贯充分重视，始终提倡"考古先行"。2007年12月29日第十届全国人大常委会第三十一次会议通过的《中华人民共和国文物保护法》第二十九条第一款规定："进行大型基本建设工程，建设单位应当事先报请省、自治区、直辖市人民政府文物行政部门组织考古发掘的单位，在工程范围内有可能埋藏文物的地方进行考古调查、勘探。"第三十条第一款规定："需要配合建设工程进行的考古发掘工作，应当由省、自治区、直辖市文物行政部门在勘探工作的基础上提出发掘计划，报国务院文物行政部门批准。国务院文物行政部门在批准前，应当征求社会科学研究机构及其他科研机构和有关专家的意见。"于2003年7月1日起施行的《中华人民共和国文物保护法实施条例》第二十三条第二款明确指出："建设单位对配合建设工程进行的考古调查、勘探、发掘，应当予以协助，不得妨碍考古调查、勘探、发掘。"这些法律法规是遗产地开展基建考古工作应当遵循的依据，为完成基建考古提供了坚实的保障。

（三）基本建设考古的作用

遗产地基本建设考古有着十分重要的作用。第一，通过基本建设考古可以了解调查地下文物的分布情况，能最大程度地避免文物遗产在基本建设工程施工过程中发生损毁或者流失，保证历史遗迹完好，确保文物安全。第二，基本建设考古是基本建设工程得以顺利开工的有力保障，排除了地下可能存在的隐患，保证基本建设工程质量。第三，可以丰富各地博物馆文物收藏数量，提高馆藏文物的质量。第四，加强了遗产地基本建设工作者对文物相关法律法规的意识。第五，提高了考古专业队伍的素质和工作水平，通过宣传考古工作使公众更多地关注和理解文物保护工作。

（四）基本建设考古的意义

我国基本建设考古是当前考古工作的重要组成，在所有考古工作中占有很大比重②。近些年来，为做好遗产地的文物保护工作，考古工作者在基本建设工程开工前进行了大量的考古调查、勘探、发掘工作，保护了无数珍贵的文化遗产③。其中有很多重大考古发现，如：2012年，为配合故宫基础设施维修改造工程，对工程南热力区域进行考古勘探，摸清了古建筑群板块基础及地下文化层；2013—2017年，为配合基本建设，四川成都东华门区域进行了连续五年的大规模考古发掘，清理出大面积的明代蜀王府建筑遗存④。

基本建设考古发掘工作，在城市经济和社会建设发展的同时，保证了历史文物遗产免遭破坏，甚至取得了举世闻名的文化成果，为研究历史信息、文化内涵、地方特征、格局变迁提供了新的学术价值，具有非常重要的意义。

四、基本建设考古案例研究

（一）项目背景

故宫西河沿区域搭建多处临时建筑，场地内堆放木料，多年来荒废闲置。为了解决该区域存在的安全隐患和改善整体环境，故宫在西河沿区域开展故宫文物保护综合业务用房工程建设，建设内容包括办公用房和特殊业务用房。该工程建成后可以彻底整治西河沿区域环境，消除安全隐患；腾退故宫红墙内的被占用的文物建筑，既能保护古建筑又能扩大红墙区域开放面积；设置文物藏品保护修复室作为文物修复工作人员办公场所，实现文物藏品系统修复保养，从而更好地促进文物保护事业的发展。此项工作对故宫在安全、保护、利用与发展方面意义重大。

该工程从2006年开始进行前期论证工作，历经两个阶段的考古发掘后，于2014年正式开工。前期工作的顺利完成，为工程后续开工实施奠定了坚实的基础。

（二）考古发掘

根据《中华人民共和国文物保护法》《故宫保护总体规划大纲》及国家文物局的要求，相关人员对该工程西河沿建设用地范围进行考古发掘，并对建设用地范围内遗迹的历史价值和保存状况进行科学论证和客观分析，发掘工作（图1）分两个阶段：第一阶段为2007年10月至2008年1月，第二阶段为2009年12月至2010年6月，发现井（图2）、排水沟（图3）等遗迹。

（三）考古发掘完成后的研究重点

文物遗迹是历史信息的载体，是人类历史发展的见证，具有很高的历史价值、科学价值和艺术价值。所以对于考古发掘出的文物遗迹，最主要的就是对其历史价值进行保护。制定专业的、独特的文物遗迹保护利用方案以对真实的历史信息和文化内涵切实保存，是保护工作不可或缺的一部分。

图1 发掘区局部场景

图2 发掘出的井

图3 发掘出的排水沟

针对考古发掘出的文物遗产，一般有三种保护思路：迁移保护、原址回填保护、展示性保护。对于发掘出的不可移动文物，通常情况下应尽量在原地保护，只有在"特别需要"的情况下才能予以迁移。本文以古井及古排水沟的保护为例，此案例不涉及迁移保护，故此处不探讨迁移保护方案。

1）本工程考古发掘出的两处古井（1号古井编号J1、3号古井编号J3）和一段排水沟（图4）位于工程建筑基坑附近位置，均为停泥砖砌筑，外观破损较严重。为避免施工过程中发生不可逆的破坏，需要对其制定施工期间的临时保护方案。

2）根据文物保护的相关规定，综合考虑时间、资金、技术等因素，对文物建设工程上的重要遗址采用简洁有效的办法及时就地进行保护性回填。本工程考古发掘完成后，下一步工作为制定古井及古排水沟回填保护方案。

3）考古发掘出的文物遗产具有很高的历史价值，基于合理利用文化资源、清晰地传递文化信息的理念，应采取适宜方式进行保护性展示，制定具有真实性和可读性的展示保护方案。

（四）制定保护方案

故宫是全国重点文物保护单位，对于在故宫西河沿发掘发现的历史遗迹和出土文物，根据遗迹和文物的价值，应按照《中华人民共和国文物保护法》《中国文物古迹保护准则》《故宫保护总体规划大纲》及国家文物管理部门

水井1平面图

水井3平面图

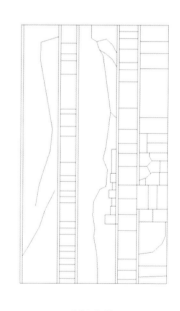

排水沟平面图

图4 古井及古排水沟平面示意图

的要求进行保护；应依据"对不可移动文物进行修缮、保养、迁移，必须遵守不改变文物原状的原则"和"所有保护措施都必须遵守不改变文物原状的原则"严格执行文物保护工作程序，加大科技保护力度，提高保护措施的科技含量，制定切实可行的保护方案。

1.施工期间的临时保护方案

古井和古排水沟位于文物保护综合业务用房周围，为

了施工时对其不产生影响,在古排水沟四周采用钢管脚手架搭设临时防护围挡,防止施工期间人员和机械设备对其造成损坏。用微型钢管桩、钢梁、钢板对古井进行临时保护。古井保护做法如下:设置古井保护桩67根,在桩顶浇筑C20混凝土承台梁,梁顶高出古井上表面100毫米,承台梁上架设工字钢,工字钢中心间距为500毫米,工字钢上铺设15毫米厚钢板作为保护面板(图5,图6)。

2.原址回填保护方案

文物保护综合业务用房工程竣工后,对古井和古排水沟采取原址回填保护措施。

1)清理(图7,图8):对古井及古排水沟采取人工清理淤泥至井底,清理时注意井壁、沟壁砌筑砖石材料是否有变形、损坏情况,如有问题及时修复,并注意渗水情况。

2)填埋(图9,图10):将井底、沟底清理干净平整后,每0.3米铺筑一层粗砂,用振捣棒振动压实,设专人注水,保持水和粗砂达到饱和状态。顶层用平板振捣器振动压实,使表面平整。

3)标识(图11,图12):古井、古排水沟等系明代遗存,回填后在地面铺设尺寸规格为600毫米×600毫米×150毫米的青白石铭牌,注明年代、井口直径、井深、结构形式等文字信息。

3.展示性保护方案

除回填保护方案,还有另一种方案:采用钢结构承重安全玻璃展示罩对古井和古排水沟进行保护。古井和古排水沟结构采用工字钢梁支撑,钢梁上加扣件,上部安装20毫米厚钢化玻璃,用密封胶封严缝隙。古井和古排水沟外围做钢筋混凝土钻孔桩以保护基础遗迹。玻璃展示罩外四周做可通风排水的铜篦子,防止玻璃内部结露。此种玻璃展示罩完成后,人们可从外部清晰地看到古井和古排水沟的内部形式。

(五)方案选择

在遗产地内应将考古发掘出的文物遗址本体保护放在第一位,对于文物遗址资源的利用,要符合可持续发展要求,考古遗址展示应在本体保护与展示效果之间寻求平衡点,采取科学、有效的方法。该项目在发掘过程中召开了专家论证会,专家建议对现存古井和古排水沟进行原地保护,对已发现的遗迹不拟进行展示,发掘结束后,可以在西河沿区域进行建设工程。故在施工期间对遗迹进行临时保护,施工结束后采用回填保护方案,不采取展示性保护方案。

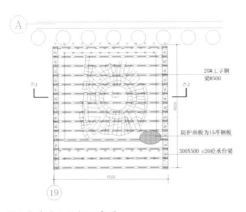

图5 古井平面保护示意图

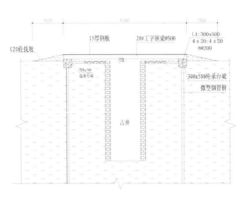

图6 古井剖面保护示意图

图7 清理后的古井

图8 清理后的古排水沟

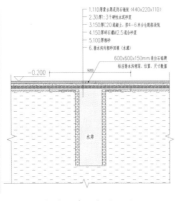

图9 古井回填方案剖面图

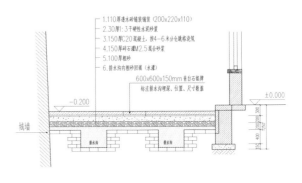

图10 古排水沟回填方案剖面图

五、结论

本文以故宫文物保护综合业务用房古井及古排水沟保护方案为例，用实践证明在遗产地基本建设工程前期任务中，加强主动考古发掘并对发掘出的文物遗产制定行之有效的保护方案是我们研究的重中之重。由于建设工作者与文物工作者的相互配合与积极努力，使文物保护成为工程建设的重要组成部分，也积累了很多文物保护与基本建设工程和谐发展的新经验。此外，历史遗迹建档、文物学术研究以及基建项目信息搜集等日常基础业务工作，也是遗产地基建工程顺利开展的前提。

文物遗产是人类的共同财富，又是不可再生的文化资源。时至今日，"考古先行，建设在后"这一理念正在成为社会共识。做好基本建设用地考古先行工作，这不仅是基本建设工程项目成功的必要前提，也是文物保护工作的重要任务，我们要平衡遗产地基本建设和文物保护的关系，在快速发展的现代化社会将传统文化传承下去，使文物保护与基本建设实现双赢。如何更好地开发、利用、保护和

图11 古井J1铭牌标识   图12 古井J3铭牌标识

展示文物遗产是我们建设工作者与文物工作者仍将继续研究的方向。

注释

①宋大川 . 城市建设中应重视地下文物保护 [J]. 北京观察，2007(11)：59-60.
②董欣 . 贵州基本建设考古初探 [J]. 贵州文史丛刊 .2014(3): 113-117.
③北京市文物研究所 . 北京皇家建筑遗址发掘报告 [M]. 北京 : 科学出版社 .2009.
④易立，江滔，张雪芬 . 四川成都东华门明蜀王府宫城苑囿建筑群发掘简报 [J]. 文物 .2020(3): 11-38.

"中国安庆20世纪建筑遗产文化系列活动"举行

2023 年 11 月 19 日，中国安庆 20 世纪建筑遗产文化系列活动在安庆市举行，活动汇聚了建筑规划、遗产文博、高校等领域的百余名专家。此次活动旨在为安庆的文化城市建设找寻不同于安徽诸城市的亮点，这不仅是对安庆 20 世纪建筑遗产的系统化挖掘与整理，更为安庆乃至安徽省全省的遗产保护赓续当代文脉。安徽省政协副主席、安庆市委书记张祥安主持了中国文物学会会长单霁翔的主旨演讲，金磊秘书长主持了学术活动。单霁翔会长以"让文化遗产活起来"为题发表了主旨演讲，强调遗产保护传承对城市发展的价值，同时也将为安庆文化城市的未来发展指明方向；金磊及安庆师范大学校长彭凤莲分别以"发现并

走进安庆的 20 世纪建筑遗产""守护国保建筑 传承皖江文脉"为题，发表主题演讲；中国文物学会 20 世纪建筑遗产委员会策划主编的《历史与现代的安庆：中国近现代建筑遗产》和《高等教育珍贵遗存：走进安庆师范大学敬敷书院旧址·红楼》在首发及赠书仪式中亮相；"中国安庆 20 世纪建筑遗产文化系列活动·安庆倡议"在活动中发布；"近现代建筑遗产在安庆"为主题的学术沙龙同期举行。当日下午，与会嘉宾考察了安庆师范大学红楼、敬敷书院、"前言后记"新华书店等安庆代表性 20 世纪建筑遗产项目。晚间，部分专家举行了"沙龙叙谈 近现代建筑遗产在安庆"座谈活动。

中国安庆20世纪建筑遗产文化系列活动与会嘉宾合影

Shaoshan Irrigation District
—An exemplary water conservancy & irrigation project in mid-20th century China

韶山灌区
——20世纪中期中国水利灌溉工程的典范

柳 肃* 柳司航**（Liu Su, Liu Sihang）

一、背景

　　韶山灌区建造于20世纪60年代中期，是湖南省省内最大的水利工程。这是一个集农业灌溉、工业供水、发电、航运等多项功能于一体的综合性工程，其中最主要的功能是农业灌溉。工程覆盖了湖南中部的湘乡、湘潭、宁乡、双峰、望城等几个县区2 500平方千米的范围，使得100万亩良田旱涝保收。工程于1965年开工，1966年建成。如此巨大的工程，一年完工，且至今已经50多年过去了，各种工程设施仍然完好，渡槽居然不漏水，可见当时工程质量之好。灌区工程各种设施今天仍在继续发挥作用。湘中地区100多万亩良田仍然受惠于它。在2022年南方普遍干旱的情况下，我们看到灌区渠道中仍然水流充足（图1），真可谓一项工程奇迹。

　　此工程1965年开工，当时的口号是"建设两位主席的家乡"（毛主席的家乡湘潭、刘少奇主席的家乡宁乡）。湘乡、湘潭、宁乡三个县各设一个指挥部，并分别设有指挥长。本来两位主席的家乡是指湘潭和宁乡，但是水源地是在湘乡，所以湘乡反而成了整个工程中最重要的和最关键的地点，开工典礼也是在湘乡举行的。1965年6月28日，湖南省委正式向全省发布《关于修建韶山灌区工程的决定》，十万工人和民工夜以继日地轮班施工，历时10个月，于1966年6月2日完成总干渠与北干渠、左干渠工程，正式建成通水，实现了当年设计、当年施工、当年建成、当年受益，创造了世界水利建设史上的奇迹，赢得了"北有红旗渠，南有韶山灌区"的美誉（图3）。

　　这次调查中我们有幸找到了当年工程的一位见证人——家住湘乡洙津渡渡槽附近的一位老农民陈天铎先生（图2）。据陈天铎先生回忆，当时他们家离渡槽工程距离最近，于是工程指挥部就借他们家做了临时指挥所。老人清楚地记得国家领导和当地领导经常在他们家开会，因为洙津渡渡槽是整个韶山灌区上游最重要的工程之一，所以当时他们都非常重视。在施工过程中，领导们也经常来现场视察，及时开会解决问题。当时因为整个国家经济比较落后，所以工程条件极其艰苦。据老人回忆，有些地方甚至连地形图都没有，用的是抗日战争胜利后从日本军队手中缴获来的军用地图。

二、工程概况

　　韶山灌区主干渠长186千米、支渠长1 186千米，另有各种支流渠道8 730千米，合计上万千米，组成了一个庞大而密集的供水网络系统，是湖南省最大的引水灌溉工程。

* 湖南大学建筑与规划学院。
** 湖南大学建筑设计研究院。

图1 灌区支流渠道水流充足（柳肃摄影）

图2 当年工程见证者陈天铎老人（中）（柳肃摄影）

这是一个包含农业灌溉、工业供水、发电、航运等多种功能的综合性工程。其中最主要的当然是农业灌溉，农业灌溉最主要的建筑设施是渠道和渡槽。渠道有主干渠道和各种大小支流渠道，形成一个遍布整个灌区的完整的灌溉网。总共有干渠5条，长186千米；支渠401条，长1 186千米；斗渠及以下渠系长8 730千米，总长10 082千米。干渠上有渡槽26座、隧洞10个、闸堰60处、小型建筑物共4 050处。

韶山灌区的源头是位于湘乡、双峰、娄底之间的水府庙水库，又名溪口水库，正常蓄水位94米时，总库容3.7亿立方米。由水府庙水库引水到下游18千米处的湘乡洋潭水库，再建洋潭引水枢纽工程。枢纽包括滚水坝、重力坝、土坝、泄洪闸、电站、斜面升船机及进水闸等主要建筑。从洋潭枢纽引水至湘乡东郊乡境内，在这里建造了整个灌区工程的核心分水枢纽工程——"三湘分流"。所谓"三湘分流"，即从湘乡引来的水在此分为两条支流，一条流向湘潭，一条流向宁乡，三条干渠在此交叉，用湘乡、湘潭、宁乡三个"湘"（乡）字的谐音取名"三湘分流"。从"三湘分流"导出左干渠，往北延伸到宁乡，灌溉湘潭、宁乡、望城等地大片农田，其中在银田寺附近的"韶山银河"渡槽进口处分出韶山分渠，把水提送到毛主席故居韶山冲。又在宁乡东南通过"靳上骑涟"渡槽，把水引到花明楼（刘少奇主席的故乡）一带。右干渠从"三湘分流"往东北延伸到湘潭，沿途灌溉湘乡、湘潭、望城等地的农田。整个韶山灌区总灌溉面积达2 500平方千米，灌溉农田100多万亩。

韶山灌区的水库和一般水库不同。一般水库通常是在河流上建坝，将河流上游来水堵截，有计划地调蓄和利用，

由于水坝抬高了上游水位，便形成了"人工湖"。而灌区水库则不同，其水源由人工导引而来。韶山灌区的水源来自湘乡境内的洋潭引水坝，通过渡槽引至各个水库，主要是起灌溉作用。少量大型水库则同时起到发电的作用。韶山灌区主干渠上有洋潭和洙津渡2个发电站，每天可发电约10万千瓦时。

韶山灌区除了农业灌溉之外，还有水库蓄水发电、防洪、养鱼等功能，还可以为城市和工业厂矿企业供水，是一个多功能的综合工程。

三、重点工程选介

1.洙津渡渡槽

韶山灌区上游第一个工程难点就是洙津渡渡槽。一般水库、大坝、电站、水渠都是已有比较成熟技术的工程，施工建造并不太困难。而所谓"渡槽"即把两端高处的水流（包括船只）用一条飞架起来的渠道承载，这条渠道跨越过一片低洼地带，甚至要跨过河流，通俗地说就是一条用桥梁的形式架起来的人工天河。因为它是灌区的主干渠，不仅长度大，而且水流也大，要保证船只通过，还要不漏水，工程难度可想而知。洙津渡渡槽从南往北要跨越530多米的农田和涟水河，是韶山灌区上游最大的一条渡槽。因为530多米的长度一部分是跨越涟水河，一部分是在农田之上，因而采用了两种不同的结构形式来支撑。因考虑跨越涟水河上的一节下面河上需要行船，故采用平行双拱梁支撑，以加大跨度。架在农田之上的就采用普通直柱支撑，可以节省工程造价（图4）。

一组一组半圆形拱梁横空跨河飞架于涟水之上，远望

图3 刚建成时的株津渡渡槽（图片来源：《建筑文化遗产》杂志）

如从天降落的长虹。但是当年在拱梁之上安装渡槽施工的时候，却遇到了巨大的技术难题：渡槽槽身是用钢筋混凝土分段整体现浇制成的，每节槽身重达120多吨，但是工地上只有30吨重的吊车。当时在工地现场召开了"诸葛亮会议"，最终采用多台吊车、扒杆加卷扬机的土办法试吊成功，终于把120吨重的庞然大物吊装到位。工程用9个月的时间建成，为后来全国的水利工程建设，特别是跨河渡槽的施工提供了宝贵的经验。

时任国务院领导在现场听了工作汇报后当场题词"飞涟灌万顷，挥笔写千渠"，时任中共湖南省委书记也题词："众志比城坚，人民力胜天。且看韶麓下，涟上又飞涟。"真是涟水河上又飞过一条涟水。后来就以领导人的题词"飞涟灌万顷"为洙津渡渡槽定名，字由湘潭书法家陈石泉书写（图5）。

2."三湘分流"

三湘分流是整个韶山灌区工程的分水枢纽。从湘乡主干渠引过来的水，在这里分别引向韶山、湘潭、宁乡等地（图6）。因为这里是整个韶山灌区工程的核心，因此韶山灌区工程管理局也就选择建在这里。"三湘分流"工程上接湘乡境内的主干渠的尾端，在两座小山之间建造了一座380多米长的渡槽，这座渡槽基本上架在农田之上，没有像洙津渡渡槽那样跨越河流，所以全部采用直柱支撑。这座渡

槽把水引入一个很大的方形水池，然后通过这个水池来向两个方向分流。水池是利用原有的一个大山塘改造而成的，不仅把水分流，可以停泊船只，如今开发旅游，这里也成了人们休闲垂钓和游泳的好去处（图7，图8）。

从湘乡方向引来的水通过三湘分流渡槽，在西南角进入分流水池，然后在水池的东北角引出一条干渠，流向韶山和宁乡的方向，这就是左干渠。在水池的东边引出一条干渠流向湘潭方向，这就是右干渠（图9~图11）。

时任中南局书记处书记王首道在视察灌区的时候题写了"三湘分流"四个字，悬挂在三湘分流渡槽上（图12）。

四、工程影响及意义

韶山灌区工程是水利科技和建筑艺术完美结合的典范，除了实用价值以外，它还具有很高的历史价值、科学价值和艺术价值。很多大型建筑物气势磅礴，设计精巧，施工精致，其建筑施工工艺创造了当时多项全国乃至世界第一（图13~图16）。

韶山灌区工程建设指挥部提出了"三高一低"的具体要求，即"高标准工程、高标准干部、高标准管理、低标准生活（当时国家经济比较落后，灌区工程处在比较落后的农村地区，因而工程人员的生活条件比较艰苦）"，特别要求所有建筑工程施工和设计图纸要一模一样，要像工厂按图纸加工的零件一样。"灌区工程把质量当成生命线"，例如大量的夯土工程，要求一层一验收，不合格挖掉重做，以保证基层的牢固。工程中还把农村传统工艺与现代技术相结合，例如将传统的三合土工艺与现代的混凝土技术相结合修渠道，先挖好土渠道，然后用三合土夯实，再铺混凝土护渠，这样建的渠道"三面光"，内部密实，外表光滑，不仅不渗水，而且流速快。整个灌区工程有6项技术获全国先进技术成果奖励，例如"飞涟灌万顷"渡槽120吨槽身整体吊装、洋潭引水坝改造、芦塘水库的土坝改造等工程都创造了过去没有过的先例。

韶山灌区工程建造的速度极快，如此巨大的工程仅用不到一年（10个多月）的时间就全面建成了，虽然速度快，但是设计和施工却一点儿不马虎。像洙津渡渡槽（"飞涟灌万顷"）和三湘分流这样的大型工程设计精巧，造型美

图4 洙津渡渡槽全貌

图5 "飞涟灌万顷" 题字

图6 "三湘分流" 工程全貌

图7 三湘分流渡槽

图8 分流水池

图9 水池分流示意

图10 左干渠分流闸口

图11 右干渠分流闸口

（图4、图6、图9柳司行摄影；图5、图7、图8、图10、图11柳肃摄影）

图12 王首道题写的"三湘分流"

图13 小型引水闸

图14 左干渠分流闸口标识

图15 三湘分流渡槽支柱上的古典 图16 建筑构件上的装饰线脚
式样装饰

（图12柳司行摄影；图13、图14、图15、图16柳肃摄影）

观，施工质量好，成为工程技术的典型。即使是小型工程，如一般的小型引水闸也是如此，其建筑设计比例尺度适当，造型美观，完全符合于"经济适用，在可能条件下注意美观"的建筑原则。不仅建筑设计注意形象美观，而且连建筑细部都还带有装饰性，例如闸门出水口的标识标牌都做有图案装饰，并带有强烈的时代特征。一些建筑构件上还做出带有古典风格的装饰式样，现代简洁风格的建筑构件上也带有装饰性线脚，而且只要这样设计了，施工也一定这样做出来。这说明即使在建设工程时间紧、任务重的情况下，设计人员和工人们仍然认认真真、一丝不苟地做到最好。

韶山灌区的建成在当时影响很大，它不仅是湖南，也不仅是南方，而是当时全国最大的综合水利工程之一，很多党和国家领导人为它题词题诗，如"飞涟灌万顷""洋潭引水坝""顺池塘渡槽""三湘分流""云湖天河""韶山银河"四个字。"韶山银河"这四个字经复制放大镶嵌在洋潭引水坝闸台和左干渠银田寺渡槽槽身上（图17）。

图17 "韶山银河"

韶山灌区山水风光迷人，水渠沿岸植树造林，百里渠道百里林，既保护了渠道本身，又保护了水渠沿岸的生态环境，水流常年清澈见底（图18）。灌渠、渡槽等水利建筑和引水工程、水闸、水库等设施穿越在田野山林中，将众多水库、山塘连成一体，形成一幅幅宏伟壮阔的美丽画卷。水利工程、田园风光和山水风光相互交融，今天成了人们旅游的景点。

韶山灌区建成后，一大批当年参与工程建设的技术人员和带队干部成为灌区的管理者，一辈子扎根灌区，把最美好的年华奉献给灌区。一代一代韶灌人，薪火相传，不断加强灌区的管理，推动了灌区持续稳定的利用和发展，让灌区在湘中大地长期发挥作用，延续至今。1993年5月，联合国粮农组织专家考察灌区后曾留言："它的漂亮的建筑和优秀的管理给我们留下了深刻的印象。我们希望它的经验能在中国和世界其他地方推广。"

韶山灌区是特定历史时代的一个工程奇迹，是一座永远的丰碑。至今已经过去将近60年了，它已经变成了一份难得的建筑遗产。许多事已经成为记忆，许多建设者已离开了我们，但我们不能忘记，凝结在灌区工程上的文化遗产将永远传承，永远激励后人。

图18 灌渠中的水常年清澈见底

（图17定小明摄影；图18柳肃摄影）

Cultural Landscape Impacted by Western Culture

—Interpreting modern architecture in China's Hong Kong and Macao Regions in the 20th century

西方文化影射的文化景观

——20世纪中国港澳地区的现代建筑解读

崔 勇*（Cui Yong）

摘要：本文试图阐明，通过考察香港和澳门建筑师的建筑设计，可在研究中国的现代建筑发展时，避免许多浪费和弯路。同时，了解香港和澳门在现代建筑设计中存在问题的症结所在，摈弃盲目复制和仿效外国的形式，充分发挥建筑师的智慧，创造在生活要求上、文化要求上更加适合中国的具有中国特色的新建筑。

关键词：20 世纪中国现代建筑；香港现代建筑；澳门现代建筑

Abstract: This article attempts to expound that, throughinspects Hong Kong and the Macao architect's architectural design, maycause Chinese the modern architecture development to avoid many wastesand the tortuous path. Simultaneously understood Hong Kong and Macao have the problem in the modern architecture design the crux, abandonsblindly duplicates and imitates foreign the form, fully displaysarchitect's wisdom, creates in the life request, the cultural requestmore suitable has the place characteristic to China the newconstruction.

Keywords: 20th century China modern architecture; Hong Kong modern architecture; Macao; modern architecture

中国香港澳门现代建筑概述

　　香港、澳门的建筑设计不能说是世界上最领风骚的，但它们是在建筑条例、经济要求及国际文化交流影响下产生的创新产物。20 世纪以来的建筑实践表明，香港、澳门多数的现代建筑是欧美化的产物，几乎所有的建筑材料及施工方法都是舶来的，所以香港、澳门现代的建筑设计显现着世界各国的建筑面貌，这种风格带有亚洲各大城市建筑设计的通病，忽略了地方性的文化特色和风土人情。总结百年来的经验与教训，笔者认为香港、澳门的现代建筑应该放弃仿效别人的做法，从风格效仿的局限中走出来，在文化根基上去寻找具有地区性建筑风格与时代精神的规律来，并充分利用优越的经济条件改善居住环境，展示东方建筑神韵。实际上，要达到这样的要求是十分难的，因为香港、澳门的文化底蕴是不丰厚的，但解读 20 世纪香港、澳门的现代建筑很有文化意义的。1999 年，一方面是为了庆祝澳门回归祖国，另一方面也是为了迎接第 20 届世界建筑师大会在北京召开，中国建筑工业出版社出版了《澳门现代建筑》①《香港著名建筑作品选》②（专辑）全面展示 20 世纪香港、澳门现代建筑的发展面貌，但由于时间仓促，这两本专辑只是图示，未作学理上的分析研究及阐释。

* 中国艺术研究院建筑艺术研究所。

香港、澳门是东西方建筑文化冲突与交融的实验地，其中的得失可引以为鉴，因此，香港建筑学家潘祖尧曾意味深长地说："从国内到国外去考察的建筑师最好先研究香港的建筑设计，这样可以使中国的现代建筑发展避免许多浪费和弯路。同时，我希望中国有关人员能了解问题之症结，放弃盲目复制和仿效外国的形式，最好让建筑师们充分地发挥他们的智慧，创造一个在生活要求上、文化要求上对中国更加适合的具有地方风味的新建筑。"③

从历史上看，20 世纪初来到香港的英国殖民者多是些平庸的冒险家，文化水准不高，对香港的城市与建设在很长一段时间内都未意识到认真规划的重要性，只知道牟利而导致城市建设杂乱无章。直到 1894 年，因为香港爆发了前所未有的瘟疫，殖民当局才颁布居住建筑相关条例对城市与建设予以规划和控制。

由于主、客观原因，长期以来香港一直被视为文化的沙漠之地，表象繁荣但缺乏精深的底蕴。文化沙漠现象固然是香港过于注重商业的结果，但文化人本身很脆弱也是导致文化沙漠现象的重要因素。香港文化是中西方文化结合的产物，从多样化至国际化，从对立、竞争到共存。香港人的文化素养与组合以及香港人对文化的态度和认识直接影响香港人的建筑设计。放眼望去，香港鳞次栉比的高楼广厦，虽然花样翻新，层出不穷，但其中很难觅见有真正创意且格调优雅的建筑精品。

香港之所以在 20 世纪 70 年代成为世界三大金融中心之一，是因为内地实行的改革开放政策创造了空前良好的局面，加之世界经济的不景气，发达国家将投资的目光投向中国，而香港成了前沿站，诸多外资汇聚香港，中国境内的许多商品也需要经过香港运向国外。

中国香港的建筑设计技术水平可以与世界任何一个先进国家地区相比，但在科研方面却没有基础，即有进口的经济能力而无出口的科研实力，有建筑之术而无建筑之艺，缺乏地方色彩与民族风格。因此，香港的技、术、量、物要与内地的科、艺、质、神结合才能对建筑设计的回归起催生的作用。

特别值得注意的是，20 世纪七八十年代风靡全球的后现代建筑在台湾很有市场，但在香港却没有回应。这当中的原因一方面是香港缺乏深远的建筑历史文化背景，另一方面是香港人过于讲求实用主义，他们在建筑上花费资金的时候，重视的是从商业的角度衡量资金用得是否有价值，而不是从文化的角度去考虑。加之很多香港人不热衷于缅怀过去，只是希望创造未来，所以后现代的建筑元素、颜色、细部处理等表现手法只在公厕、凉亭上见到。本来后现代主义建筑是经济发达地区的产物，而在香港却不畅行，其根源在于文化的欠缺。

还有一个特别值得注意的现象是，香港建筑一方面显示出非常现代的科技精髓，另一方面又显得非常肤浅做作。我这里所指的肤浅做作是香港的建筑师非常沉迷于风水，而不懂得"风水理论实际是地理学、气象学、景观学、生态学、城市建筑学等综合在一起的自然科学，重新考虑它的本质思想和它的具体问题的技术，对今天是很有意义的"④。这也是香港文化沙漠现象在建筑上的折射。现代的氛围与对历史文化的肤浅理解在此毕现。

香港建筑师懂得在寸土寸金的环境中创造更多、更有效的空间，但特色不明显。城市是建筑总体，建筑师在城市建设中担当重要角色。除了适应功能与需求外，香港建筑师的当务之急是重新给予城市精神向度，使得人们不至于在紧张的都市生活中丧失自我存在的空间。

由于香港地处亚热带低纬度地区，日照角度高，又濒临海洋，因而建筑间距的减小并没有使建筑达到危害健康与让人无法忍受的地步，倒是风水学说得以进入现代化择居探讨的领地。香港特别行政区政府曾经颁布《香港发展策略》与《十年建屋计划》等条例用以解决人口膨胀问题。香港文化一直由英国殖民文化主导，直到 20 世纪 90 年代才出现双语文化教育。香港文化是中国文化与欧美文化结合的产物，其特色是淡化政治，重视利益，在技术上精益求精，但缺少终极目标。范文照、徐敬直等人来港及 1950 年香港大学成立建筑系，布朗担任系主任，这些对促进香港现代建筑的发展产生极大的推进作用。

站在凌霄阁俯视山水之间美丽的香港全貌的时候，的确会心旷神怡，同时也让人感到决定香港城市建设发展的两大重要背景条件是高密度人口和土地资源的有限开发。香港作为一个大城市，其建设的成功历史并非任何一个单体建筑之功，而是得益于以惊人的均衡位于山水之间的众多建筑的集合，在弹丸之地实现了欧美城市理论家不能实现的城市设计理想。不仅如此，香港建筑师创建的高密度的居住建筑解决了居住人口过于密集的问题，是世上非凡的创举。

长期以来，香港在经济压力下，形成了特别注重实际、注重效益的特点，对建筑的艺术性和文化、思想方面的探求显得薄弱，而处理某些实际问题很有水平。在与世界先进地区的交流中，香港建筑师对流派、思潮较少注意，而对新的建筑技术与材料运用则掌握得很快。

1993 年，香港在一年之内建成了 1 227 幢高层建筑，建筑面积达到 320 万平方米，工程费用达 288 亿港元，这样的建设速度和规模在世界范围内是罕见的，这是导致当今香港建筑师追求建筑实用性、经济性、工程性而无暇顾及建筑的艺术价值与文化价值的重要原因。

香港在国际社会中处于一种特殊的地位：一方面，世界各国的经济、技术、信息在这里交汇，信息广泛，设施先进；另一方面，在香港回归祖国之前，由于英国当局不重视香港的文化建设，在经济极其繁荣的同时，艺术、哲学、科学等方面的水平却较低，因而整个社会要培养对文化、艺术的浓厚兴趣与自信。尽管香港耸立着汇丰银行大厦、中国银行大厦、力宝中心、中环广场、香港艺术中心、香港文化中心、香港会议展览中心等著名现代建筑（图1～图10），但民族特色逊色。尽管香港自20世纪30年代摆脱了殖民建筑影响之后迈向现代建筑的历史进程，并经历了20世纪50—70年代的转型、80—90年代的飞速发展，但异质环境下的建筑品格难免存在缺憾。

有关香港的城市与建设的话题，我们暂时告一段落，现在我们将视角移向毗邻的澳门。

澳门的城市规模相当于内地一个很普通的地级市，仅半日便可游览一遍，令人意犹未尽。相比之下，香港没有给我留下太深的文化印象，但在驻足澳门很短的时间内我却有重温的念头。这可能与澳门拥有世界文化遗产建筑群有关，建筑毕竟是文化的产物并因之而令人迷恋。

鸦片战争之后，随着香港经济的崛起，澳门地位式微，在很短的时间内由一个历史悠久的商埠蜕变为一个以博采行业为生的污垢之地。由于鸦片战争和苦力贸易给澳门带来高额收入，澳门开始进行大规模城市建设，涌现了大量新古典主义和折中主义的建筑。20世纪30—40年代，在世界现代建筑运动的影响下，澳门出现了早期的现代建筑（如红街市），但现代建筑思潮对澳门的影响并不大，因为澳门建筑的主流一直是中西混合的折中主义的建筑，注重装饰并形成了澳门建筑典型的风格特征，这样的风格特征在澳门的城市街道随处可见。这是澳门建筑与香港建筑在异质文化环境中面对外来文化的一个非常不同的文化态势，这种态势导致澳门人在生活上也仍然保持了传统的中国式的生活方式与习俗，而不及香港欧美化。

在澳门，无论是东方游客，还是西方游客，都能或多或少地找到自己所熟悉而又陌生的东西。这种特殊的气息弥漫在大街小巷而深深地吸引来自世界各地的人们。各种文化的交杂融会正是澳门文化的深刻背景，因而澳门的建筑也表现为各种建筑形式无章法地堆砌，各种文化片段交织给人以惊喜，几乎所有人都能找到自己感兴趣的东西，这是澳门建筑的文化魅力。

正因为如此，澳门建筑的设计很随意，甚至不严谨，每每散发出轻松活泼的人情味，常常可见一些公共建筑中大量出现以葡萄牙风格为主的欧洲风格，在细部设计上则多是中国工匠自由发挥。中式空间和西式外表的折中式特点，也是澳门长期以来建筑设计与建造的特点。

澳门的文化与香港的文化相比，除了重视商业性外，有更大的开放性与兼容性。独特的历史背景及地域环境造就了澳门独特的融贯东西、汇聚古今的城市风貌。澳门的城市建设结合古迹建筑的保护和利用，在旧的城市网络中谨慎地植入现代建筑，较好地维护了澳门的城市风貌。澳门以它那折中、包容的传统，将各种建筑流派都化解成一种澳门式的表达，给人一种保守的印象，使得澳门在建筑流派纷呈的年代显得平静。和活力无比的香港相比，澳门缺乏一些世界级的建筑大师作品来点缀城市面貌，但从另一方面来看，正是如此，才能在现代化步伐过快的今天给人留下可供怀旧的澳门市容。

尽管澳门建筑较香港建筑来说保守了许多，但其对历史环境保护之力是香港建筑所不及的。澳门将妈祖阁、大三巴、港务局大楼等12处典型的历史建筑申报成世界文化遗产保护地，而在香港除了仅有的几处寺庙建筑保留着中华特征之外，民族建筑的历史形态则屈指可数。行走在澳门的大街小巷依然有种在内地的感觉，而在香港则完全是进入西方文化境地。

虽然澳门建筑文化的特点是以东西方文化交汇并置为主，然而中西方建筑文化还在保持各自的文化特色的同时，潜移默化、自然而然地发生交融，这是澳门中西文化交流的一个重要的方面。在城市与建筑发展的自然过程中，澳门逐渐形成了特有的以混杂式为特点的风格，形成了一种新的折中主义的建筑，这种新的风格既有东方的意蕴又有西方情调，同时适合澳门特有的气候条件、建筑材料、施工方法。但这种文化之间的相互融合是缓慢而细微的。在交融的过程中，双方吸收对方的优点，形成各自风格的变异，这便是澳门建筑宽容的胸襟[5]。

在经历了20世纪70—80年代的混合超速发展后，澳门建筑在20世纪80年代后期开始重视建筑形象对城市风貌的影响，在政府总体规划的控制下，开始以一种反省的态度进行城市与建筑设计。一方面是要在旧的城市网络中谨慎地植入现代建筑，注意新建筑与旧有建筑的结合，注意新建筑对历史文化和城市文脉的继承责任；另一方面则是结合城市风貌进行古建筑的保护与利用，维护城市风貌，将各种风格化解为澳门式的表达，给人一种和谐的印象。

与香港相比，澳门的城市与建筑现代化水准不在一个档次上，但澳门注重中西兼容并相互尊重是其城市与建筑独一无二的特色。在如此狭小的地段上容纳了如此不同的文化、宗教信仰以至生活习俗，这是人类建筑文化史上的一个奇观，值得仔细品读与借鉴。

图1 香港中国银行大厦

图2 香港汇丰银行总部大楼

图3 香港力宝中心

图4 香港文化中心

图5 香港公园

香港现代建筑发展史略

中国香港特别行政区包括港岛、九龙、新界以及一些离岛，位于中国南方珠江出海口之外。这里的居民有土生土长的，也有南宋以后陆续从内地迁来的，他们均以渔业为主。

19世纪中叶，英国以坚船利炮进攻中国，于1842年与清政府签订《南京条约》而强占香港岛，1860年，又强占九龙南部及昂船洲，并于1898年强行租借新界。从此，中国香港成为英国向中国内地和东南亚进行经济掠夺的踏脚石。在随后的一个世纪里，香港经历了战争的动荡、移民和经济浪潮的冲击，并抓住了一些重要的发展机遇，几经起伏，成为一个国际大都市以及东南亚活跃的金融贸易中心。根据香港文化学者龙炳颐和先生的划分，1842年以来，香港的建筑发展大体可以分为四个发展时期：一是发展初期（1842—1911年）；二是开拓时期（1912—1945年）；三是快速发展时期（1946—1972年）；四是空前繁荣时期（1973年至今）。

1. 发展初期（1842—1911年）

这一时期，香港经济以英国对东南亚和中国内地的转口贸易为主。洋商多为平庸的英国冒险家，他们唯利是图，梦想成为暴发户。华人之中，有替洋行办事的官僚买办，有自己开设贸易行的海外侨商，此外，还有大批下层华人在各行各业中充当劳工。

图6 香港科技大学

图7 香港中环广场

图8 香港会议展览中心

图9 香港会议中心扩建工程

英国殖民者对香港的建设在很长一段时间内都未认真规划，城市建设发展杂乱无章，除了留出充足的军事用地外，当局所为就是把土地小幅度卖出，满足地产商唯利是图开发的需求。洋行大班的住宅位于半山或山顶，华人住宅集中于港岛西部，房屋拥挤，环境恶劣。1894年，香港爆发了一场大瘟疫，此后当局才通过了相关居住建筑条例。

香港由于商务兴旺，港口、货仓和办公楼发展迅速，在这一时期后期，出现了公共建筑。

这一时期的香港建筑，洋人所建的多为殖民地式样。按照英国为殖民地准备的《建筑模式手册》照搬，并加以改造与简化，华人住宅一般都极为简陋。这一时期的前期，香港没有职业建筑师，殖民地式的建筑都由英国占领军的工程师设计与建造。直到1860年，香港才出现私人建筑师及其建筑事务所。最早的建筑事务所有巴马丹拿事务所、李柯伦治事务所等。

2. 开拓时期（1912—1945年）

这一时期，华人势力在社会经济领域显著增强。清政府灭亡前后及第二次世界大战（简称"二战"）期间，中

国内地局势动荡，造成大量移民进入香港。二战期间的香港建成了一批工业基地。这个时期转口贸易和金融业都有较大的发展，但经济也受到20世纪30年代美国经济大萧条和二战及日军侵占的打击。总体来讲，这个时期香港的经济活动开始摆脱英国殖民者的垄断。

在这个时期，香港基础设施建设有很大的发展。1911年，广九铁路开通，成为当时东方最繁忙的铁路线。20世纪20年代，启德机场建设完工，九龙西部又开辟了大量的码头、货仓，九龙半岛开始出现酒店旅社。同时，电信业也发展起来，水陆空三业的转运贸易极为活跃。由于人口激增，华人居住条件非常恶劣，香港英当局1936年再次修订相关建筑条例。

公共建筑开始受到现代主义建筑的影响。1923年建成的利舞台广场，外表虽然依然是殖民地式建筑，但用新技术设置舞台广场，轰动一时。1936年落成的香港汇丰银行新厦成为现代建筑的一个里程碑。这是一座美国芝加哥学派风格的建筑，运用钢结构，设中央空调系统，采用辐射板式供热，设置快速电梯，用最新的技术手段来满足功能

要求，立面处理采用路易·沙里文的三段式竖向条窗。这座建筑当时在远东十分先进、新颖。这个时期的新艺术运动、包豪斯学派的建筑和装饰风格对香港建筑业略有影响，但总体来说讲，现代主义早期欧美建筑师的理想与雄心并没有影响香港建筑师的执业原则，他们非常现实地在地产商、业主的控制下默默实用地工作着。

3.快速发展时期（1946—1972年）

二战以后，香港经济和社会生活都遇到困难，特别是大量移民使得香港人口几年之内迅速倍增，造成就业和居住问题十分严重。抗美援朝期间，美国对华禁运，香港转口贸易受到严重打击。这时，从上海、南京移民而来的资本家开办了大量的工厂，使得经济获得新的支撑，也大大地缓解了社会就业问题。伴随制造业的兴起，商业复苏，金融业重新发展。不久，香港经济又走上了快速发展的轨道。到20世纪60—70年代,香港已发展成为国际性的金融、商贸中心。

在英国规划思想影响下，为解决住宅和城市建设的各种矛盾，这个时期开始了新市镇的建设。著名的规划师阿伯克隆比曾应邀来香港就香港的规划建设问题接受咨询。20世纪60年代中期，香港开始编制《土地利用计划书》，对城市建设进行综合的较长远的规划。

二战后，香港住宅建设受到社会极大关注。1956年，香港当局修订建筑条例，解除高度限制，允许高密度使用土地，但却由此引起炒楼之风。1966年，香港当局再次修改建筑条例，引入了容积等指标，对住房的层高、进深、采光、街道宽度等都作了限制。这样才中止了低劣住宅的蔓延。二战后，现代建筑在国际上得以蓬勃发展，对香港影响很大。1958年建成的北角新村,1963年建成的华富屯，住宅单元功能齐全，建筑集中而空出地面，设置了较为完善的校区配套公共设施，建筑造型简洁，经济实用。

在公共建筑中，1962年落成的香港大会堂是这一时期的优秀建筑作品，它功能合理，分区明确，空间舒展，造型简洁，比例优雅，细部制作精良，用简单的粉墙和玻璃区别出功能和内部结构的不同。这座建筑的周围现在已建满了高度是它二三倍的摩天大楼。但它依然显得端庄大方，从容得体。

二战后的移民中，不仅有资本家，还有大批技术和专业人员。一批早期留学欧美著名大学的内地建筑师，这时加入香港建筑界。1950年，香港大学成立建筑系，开始系统培养本地建筑专业人才。其后的香港建筑界，除原有的英国设计公司外，内地来港的建筑师和本地建筑师也成为一支重要力量。

图10 香港中环中心

4.空前繁荣时期（1973年至今）

20世纪70年代亚太地区经济崛起，香港由于在地理、交通、通信、财税制度、管理和劳动力等方面具备优势，经济发展迅速，进入了前所未有的繁荣阶段。

这个时期建设的大型项目包括地铁、隧道、跨海桥、电动上山步道、新机场、大型港区以及先进的通信设施、城市道路网络与公交系统，在密集的城市中形成了高效的现代生活网络。城市有计划地规划建设新的市镇和公共住宅区。

数十年繁荣不衰的建筑市场是经济发展的产物。香港建筑界在经济压力下，形成了特别注重实际的特点，对建筑的艺术和文化、思想方面的探索则显得薄弱，而处理某些实际问题很有水平。在与世界先进地区的交流中，建筑师对流派、思潮较少注意，但对新技术、新材料的掌握则很快。尽管如此，建筑师在建筑艺术方面也作出了努力。

香港建筑界这一时期与国际建筑界之间有着良好的沟

通。20世纪70年代初，有相当一批年轻的建筑师从美国、加拿大留学回来，给建筑界带来新的气息。20世纪80年代以后，曾先后有国际知名建筑师在香港留下了一些杰出的建筑作品，譬如贝聿铭的中国银行大厦（1989年）、福斯特的汇丰银行（1985年）、法莱尔的凌霄阁、保罗·鲁道夫的力宝中心、半岛酒店扩建工程（1995年）、伍振民设计建造的中环广场（1992年）、王欧阳设计建造的香港会展中心（1997年）、关善明设计建造的香港科技大学（1992年）、香港当局建筑署设计建造的香港文化中心等。

香港住宅建筑面对的特殊问题是用地极为紧张和需求量极大，房价极为贵昂。二战后，现代建筑非功能主义设计在香港住宅设计上得到很好的发挥，大型屋村在香港形成一种模式，高密度居住建筑成为香港主要的住宅形式，譬如浅水湾花园大厦、阳明山高级住区、苏屋村住宅、将军澳环保住宅区、赤柱马坑村等大型住宅区都是香港的现代化住宅。

澳门现代建筑发展史略

澳门位于我国大陆东南沿海，珠江口西岸，与香港、广州鼎足分立于珠江三角洲外缘，其行政区包括半岛及南面的仔岛和路环岛。由于不断填海拓地，其总面积由最初的不到10平方千米增至23平方千米。

1553年，葡萄牙人入侵澳门，将此处作为葡萄牙人在华唯一居留地。鸦片战争以后，葡萄牙人乘机宣布澳门为殖民地。1987年，中葡签署联合声明。1999年12月20日，中国政府恢复对澳门行使主权。

16世纪以后，澳门成为海上丝绸之路的出发港，成为远东最早的基督教传教地。明末耶稣教会传教士利玛窦等就是在葡萄牙政府的支持下由澳门进入中国内地传教，传教士经澳门带入西方的天文、地理、数学等科学和玉米、花生、卷心菜等物产的同时，也带出中国的儒学、佛学、中医、瓷器等东方的精神与物质文化。

鸦片战争后，随着香港的崛起，澳门地位式微，在很短的时间内，澳门由一个历史悠久的商埠蜕变为一个主要靠博彩业为生的污垢之地。由于鸦片战争和国际贸易给澳门带来高额的收入，澳门开始了大量的城市建设，涌现出大量新古典主义和折中主义的建筑。这一时期的澳门建筑分为欧、华两种式样。一种是欧式建筑，如岗顶剧院（1863年）、澳门总督府（1864年）、邮政总局（1929年）等。另一种是中式建筑，代表性作品包括镜湖医院（1873年）、卢谦若花园（1904年）等。20世纪30—40年代，在世界现代建筑运动的影响下，澳门出现了早期的现代建筑。建

于1936年的澳门红街市，是澳门较大的广场，其简洁的立体主义外表，抛弃了多余的装饰，显示了现代建筑的特色。中葡河东中学也是澳门早期现代建筑的一大代表。现代建筑思潮对澳门的影响并不明显，澳门建筑的主流依旧是中西混合的折中主义建筑，注重装饰，这形成了典型的澳门建筑风格及其城市建设的基本特征（图14~图18）。

二战前后，国际政治经济局势风云变幻，深刻地影响着现代澳门建筑的发展。这一时期的澳门现代建筑发展大致可以分为三个阶段。

20世纪30—60年代的停滞期。在这一阶段，世界政局动荡，对外依赖较强的澳门经济一蹶不振，建筑业处于相对停滞阶段，建筑形式的发展也受到了限制。

20世纪70—80年代的加速期。1961年，葡萄牙政府颁布法令，指定澳门地区为旅游区，将赌博合法化，以博彩业为龙头的旅游业带动了澳门经济的腾飞。由于经济的发展，建筑业、金融业也有了长足的进展。1974年，澳门大桥建成，标志着大型建筑设计启动，并兴建了大量住宅及公共建筑。这一时期的建设在探讨如何解决地少人多问题、提高土地商业价值方面是卓有成效的，但是这种大规模的房地产开发运作，忽视了建筑形象和环境质量，损害了古迹，也影响了澳门城市建筑风貌。

20世纪80年代以来，澳门的现代建筑进入稳步发展与反省期。澳门当局委托美国梦建士顾问公司拟定未来澳门城市与建设发展方向与方法的报告，推动了澳门各界人士对未来发展的思考和探索。1987年，《中葡联合声明》签署后，澳门经济向多元化发展，形成了以旅游博彩业、房地产业、建筑业、金融业、出口加工业为支柱的全面的

图11 澳门大三巴文化广场

图12 澳门奥斯丁度假酒店及高尔夫乡村俱乐部

图13 澳门中国银行大楼

图14 澳门历史博物馆

图15 澳门葡京饭店

图16 澳门圣保罗街传统商业楼改建中心

图17 澳门现代艺术中心

图18 澳门中华广场

现代型经济。1988 年，九澳深水港工程的奠基，形成了澳门发展的中心项目。大型公共建筑大量兴建，建筑类型更加丰富。1992 年动工的南湾海湾整治工程是亚洲最大规模的土地开发计划。1994 年正式启用的友谊大桥是连接澳门半岛的第二座跨海大桥。20 世纪 80 年代末开始的澳门机场建设也是重大举措。1982 年，澳门设立文化司署，开始了以行政手段对澳门文物古迹实施保护管理。1980 年，澳门通过的土地法，以及 1985 年通过的都市建筑总章程，表明澳门现代建筑发展进入平稳发展的时期。但在澳门回归祖国的 21 世纪之后，澳门如何克服地少人多的弱势，适应中国改革开放后的南方各地的竞争，如何延续其文化特色，发展成具有可以与周边城市竞争的国际性都市，不仅是定位问题，也是一项巨大艰辛的系统建筑工程。

注释

① 澳门建筑师协会：《澳门现代建筑》，中国建筑工业出版社，1999 年 6 月版。在该专辑中，编著者遴选了 25 名澳门具有代表性的建筑师的 83 项建筑设计作品，以图示的方式展示融合中外文化特点的 20 世纪澳门现代建筑的成就与得失，对于内地的现代建筑探索具有很大的参考价值。
② 潘祖尧：《香港著名建筑师作品》，中国建筑工业出版社，1999 年 1 月版。在该专辑中，编著者选录了 23 名香港建筑师和著名建筑设计公司的 90 余项建筑设计作品，以图示的方式展示了 20 世纪香港现代建筑融合中外文化的特点以及所达到的实力与水准，可供国内同行参考，遗憾的是书中没有对作品的解析。
③ 彭华亮：《香港建筑》，中国建筑工业出版社、香港万里书店联合出版，1989 年 10 月版。
④ 王其亨：《风水理论研究》，天津大学出版社，1992 年 8 月版。
⑤ 刘托：《品味澳门建筑文化》，《建筑业导报》2004 年澳门回归五周年增刊号。

Research on the Distribution and Type Characteristics of Modern and Contemporary Cultural Relics Protection Units in Jilin Province

吉林省近现代文物保护单位的分布与类型特征研究

杨 宇[*]（Yang Yu）

摘要：吉林省近现代重要史迹及代表性建筑共有 2 400 余处，其中包括具有历史价值的名人故居、革命纪念建筑以及各类纪念构筑物等。本文通过对吉林省各个地区近代文物保护单位的分布与类型进行总结划分，理清文物保护单位的历史背景和重要意义，旨在为即将开展的第四次全国文物普查提供学术支撑与参考。

关键词：近代历史；文物保护单位；分布类型

Abstract: There are over 2,400 important modern historical sites and representative buildings in Jilin Province, including historic residences of celebrities, revolutionary commemorative buildings, and various commemorative structures. This article summarizes and divides the distribution and types of modern cultural relics protection units in various regions of Jilin Province, clarifies the historical background and significance of cultural relics protection units, and aims to provide academic support and reference for the upcoming fourth national cultural relics census.

Keywords: modern history; cultural relic protection units; distribution types

一、吉林省近现代文物保护单位的总体数据

1. 地理信息

吉林省位于我国东北地区中部，位于北纬 40° 50′ ~46° 19′、东经 121° 38′ ~131° 19′ 之间；地势由东南向西北倾斜。东南部属长白山地，海拔一般在 1 000 米以上，间有河谷低地分布。龙岗山脉以东区域临近朝鲜、俄罗斯，是环太平洋文化圈的有机组成部分。长白山地区以长白山主峰为界，向北为图们江流域，与牡丹江流域及朝鲜北部、俄罗斯滨海地区存有一定文化联系；以南地区属鸭绿江流域，与辽东半岛、山东半岛文化关系较为紧密。松辽平原位于东北平原的中部，海拔一般约 200 米。吉林西连内蒙古自治区，北接黑龙江省，是欧亚草原文化分布的最东端。松辽平原北为松嫩平原，南属辽河平原。吉林省的中部属第二松花江流域，多山间盆地和河谷平原，海拔大部在 500 米以下，是长白山地向西部平原的过渡地带。

* 伪满皇宫博物院学术研究部研究员。东北20世纪建筑遗产保护修缮研究基地负责人，东北革命文物利用保护联盟与红色景区联盟秘书长。

2.总体数据

根据 2019 年至 2020 年全省文物资源核查结果，吉林省境内现有全国重点文物保护单位 95 处，省级文物保护单位 354 处，市级文物保护单位 624 处，县级文物保护单位 1 593 处，未定级不可移动文物 6 538 处，总计不可移动文物共计 9 204 处。

吉林省境内不可移动文物类别多样，包括古遗址、古墓葬、古建筑、石刻、近现代重要史迹及代表性建筑等多种类型。其中，古遗址 5 691 处、古墓葬 740 处、石刻 51 处、古建筑 194 处。

吉林省近现代重要史迹及代表性建筑共有 2 400 余处，其中铁路建筑遗产群、殖民建筑遗产群和"一五"时期工业遗产群较为突出。整体呈现出类型丰富、地域特色鲜明和构成不均衡的特点。

二、吉林省近现代文物保护单位的分区统计

从地域分布上看，各地不可移动文物资源的数量和保护级别分布不均衡。长春市不可移动文物共计 1 678 处，其中全国重点文物保护单位（国保，下同）13 处，省级文物保护单位（省保，下同）56 处，市县级文物保护单位（市县保，下同）303 处，未定级不可移动文物 1 306 处；吉林市不可移动文物共计 2 205 处，其中国保 24 处，省保 50 处，市县保 124 处，未定级不可移动文物 2 007 处；四平市不可移动文物共计 914 处，其中国保 7 处，省保 49 处，市县保 478 处，未定级不可移动文物 380 处；通化市不可移动文物共计 586 处，其中国保 16 处，省保 31 处，市县保 118 处，未定级不可移动文物 421 处；白山市不可移动文物共计 476 处，其中国保 7 处，省保 25 处，市县保 383 处，未定级不可移动文物 61 处；松原市不可移动文物共计 657 处，其中国保 5 处，省保 19 处，市县保 59 处，未定级不可移动文物 574 处；白城市不可移动文物共计 953 处，其中国保 5 处，省保 42 处，市县保 478 处，未定级不可移动文物 428 处；辽源市不可移动文物共计 372 处，其中国

保 2 处，省保 19 处，市县保 29 处，未定级不可移动文物 322 处；延边州不可移动文物共计 1 184 处，其中国保 13 处，省保 49 处，市县保 191 处，未定级不可移动文物 931 处；梅河口市不可移动文物共计 76 处，其中国保 3 处，省保 4 处，市县保 14 处，未定级不可移动文物 55 处；公主岭市不可移动文物共计 110 处，其中国保 5 处，省保 15 处，市县保 40 处，未定级不可移动文物 50 处；长白山管委会不可移动文物共计 2 处，其中国保 1 处，未定级不可移动文物 1 处（图 1～图 5）。

以长春地区为例：截至 2022 年，长春市现有"近现代重要史迹及代表性建筑"中的国保单位有 9 种 18 处，在全省仅次于吉林市排名第二。长春市现有省保单位 56 处，在全省排名第一、不可移动文物 1 678 处，在全省排名第二。

长春市城区现存近现代历史建筑名单包括文物部门公布的国保、省保、市保、未定级保护单位，以及规划部门公布的第一批、第二批历史建筑及潜在历史建筑，再加上社会文保团体、志愿者提供的历史建筑线索，共三大类。按照长春市 5 个主城区分类，共 250 处。其中含有宽城区 56 处、南关区 44 处、朝阳区 64 处、绿园区 82 处。其中工业建筑类 10 处、文教科研类 37 处、医疗卫生类 14 处、办公机构类 36 处、别墅民居类 11 处、园林景观类 3 处、商业金融类 70 处、文化娱乐类 16 处、宗教类 15 处、军事治安类 18 处、工业设施类 9 处、革命类 5 处、纪念性构筑物 6 处。

三、吉林省近现代文物保护单位的规模与年代统计

1.历史建筑规模统计分析

吉林省近现代文保单位建成规模以官方公布的数据为基准。为了力求最新数据，我们又对部分文保单位进行了重新测绘，通过各地区历史建筑规模的统计，吉林省各地区文保单位规模统计分类见表 1。

经统计，历史建筑中建筑规模 500 平方米及以下的占比 10%，建筑规模 500~1 000 平方米的占比 8.3%，建筑规

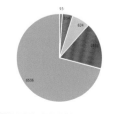

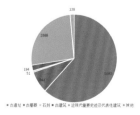

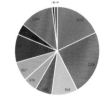

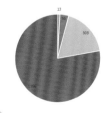

图1 吉林省各级文物保护单位及未定级不可移动文物数量　　图2 吉林省各类别不可移动文物数量　　图3 吉林省各地区不可移动文物数量　　图4 吉林省各地区全国重点文物保护单位数量　　图5 长春市各级文物保护单位及未定级不可移动文物数量

表1 吉林省各地区文保单位规模统计分类

地区 类型/平方米	长春市	吉林市	四平市	辽源市	延边州	白城市	通化市	白山市	总计
500以下含500	1		5						6
500~1 000		3				1	1		5
1 000~5 000	10	2	4	2	1	1	1		21
5 000~10 000	4	1							5
10 000~50 000	15	1						1	17
100 000及以上	4	1					1		6
总计	34	8	9	2	1	3	3		60

模 1 000~5 000 平方米的占比 35%，建筑规模 5 000~10 000 平方米的占比 8.3%，建筑规模 10 000~50 000 平方米的占比 28.3%，建筑规模 100 000 平方米及以上的占比 10%。

2.各地区文保单位年代数据统计

通过年代划分的方法对文物主管部门公布的文保单位进行数据统计，吉林省各地区文保单位年代分布情况见表2。

表2 吉林省各地区文保单位年代分布

地区 类型/平方米	长春市	吉林市	四平市	辽源市	延边州	白城市	通化市	白山市	总计
20世纪20年代前	5	1							6
20世纪20—30年代	1	4	1	1	1	2	1		11
20世纪30—40年代	21	1				1	1		24
20世纪40—50年代	1	1						1	3
20世纪50—60年代	5		1	1				3	10
20世纪60—70年代	3			1			1		5
20世纪70—80年代	1								1
总计	37	8	2					3	60

从表2中可以看出，建成于20世纪20年代前的建筑占比10%，主要集中在长春市、吉林市。20世纪20—30年代的建筑占比18.3%，主要集中在吉林市。20世纪30—40年代的建筑占比40%，主要集中在长春市。20世纪40—50年代的建筑占比5%，20世纪50—60年代的建筑占比16.6%，主要集中在长春市。20世纪60—70年代、70—80年代的建筑分别占比8.3%、1.6%。

四、吉林省近现代文物保护单位的历史分期

吉林近现代的历史起点与中国近代史并非同步。中国近代史的历史起点及社会转型，发端于1840年的鸦片战争，并由此进入半殖民地半封建社会。而近代吉林的社会形态和性质的转变却相对滞后，其近代史起点与社会转型

期在1858年《天津条约》签订，1861年营口开埠之后。在中国近代史的总体框架内，近代吉林可分为五个历史阶段：清末（1861—1911 年），民国时期（1911—1931 年），东北沦陷时期（1931—1945 年），解放战争时期（1945—1949 年），中华人民共和国时期（1949 年至今）。其中，历史时序与内容的差异表现在以下几个方面。如，吉林近代史起点及社会转型（1861 年）与关内转型（1840 年）相比在时间上滞后 20 余年；民国时期（1911—1931 年）吉林省并没有真正建立资产阶级性质的地方政权，仍处在北洋军阀（奉系）的统治之下。

吉林近代史的主体内容应表现在三个方面：第一，清政府对东北的全面封禁与解禁，并由此形成的"移民潮"（闯关东），推进了吉林农业社会的形成；第二，列强的入侵、外国资本的渗透与先进技术的应用，客观上加速了吉林自给自足经济的解体，促进了吉林近代化的历史进程。1861—1931 年的 70 年间，列强的入侵打破了吉林社会原有的封闭和半封闭状态，逐步实现了封建社会向半殖民地半封建社会的转型。吉林各族人民违禁开发建设家园，抵御列强的侵略，开展反帝反封建革命斗争等，构成了吉林近代史的基本内容和时代特征。

五、吉林省近现代文物保护单位的文化成因与类型

有学者认为，东北历史文化的构成具有"多元复合共生性"：如汉族文化和满族文化中的农耕文化、蒙古族与草原游牧文化、鄂温克族与北方渔猎文化以及朝鲜族与北方稻作文化等。

从文化源流上来看，东北文化具有多种属性形态，如以原住民族为主体的宗教文化，历史上文化流人的遣戍与东北流人文化，关内汉民族的迁移与"亚中原文化"，以俄罗斯、日本等为主要影响而形成的殖民文化和东北近现代文化。在东西方文化冲突中，中国传统文化在西方文化的强势入侵下，受到很大的影响。外来文化很快从饮食、建筑及宗教等方面，几乎覆盖了东北文化特别是都市文化。

从生产方式和社会发展的观点来分析，近代吉林实现了由多种经济方式混杂的半农业社会向完整的规模化的农业社会的转型，由游牧、渔猎、农耕相兼的文化类型向以农耕文化为主体、原住文化与异质文化并存的多元文化样式的转型。从社会政治、经济、文化等多个层面上，为了进一步确定不可移动文物的研究方向和保护目标，本文将吉林省近现代建筑遗产归纳为移民建筑遗产、洋务建筑遗产、商贸建筑遗产、民俗建筑遗产、宗教建筑遗产、近代殖民建筑遗产、文教建筑遗产、新中国工业遗产、革命建

筑遗产 9 个类别。

在这些丰富的建筑遗产当中，属于 20 世纪内的建筑遗产有商贸建筑遗产、近代殖民建筑遗产、文教建筑遗产、革命文物遗产以及工业遗产等。其中移民建筑遗产、洋务建筑遗产以及民俗和宗教建筑遗产虽然有些是 19 世纪的风格和构造，但其历史跨越了 19 世纪和 20 世纪，同样也可划分到 20 世纪建筑遗产中。

1. 移民建筑遗产

移民建筑遗产主要是指近代吉林由多种经济方式混杂的半农业社会，向完整的规模化的农业社会转型的过程中发生的"移民潮"，也就是具有地缘特色的"闯关东"的历史遗存。自清康熙至乾隆年间，统治者对东北实行了全面封禁，其时间长达 200 余年。清道光、咸丰年间，帝国主义列强开始染指东北，帝国主义侵略势力直接造成了边疆危机。其间，关内山东、河北、山西、河南等地民众，陆续进入东北乃至吉林，形成了中国近代史上规模最大的"移民潮"。清政府迫于内外交困的压力，自咸丰七年（1857 年），后经同治、光绪、宣统朝 40 余年间，对东北解除封禁，全面开放。据记载，光绪十七年（1891 年），吉林人口由道光末年的 32.7 万人，增加到 86.3 万人。光绪三十三年（1907 年），吉林人口已接近 400 万人，汉族人口约占 2/3。人口的增加、土地的开发、农业生产规模的扩大以及农副产品加工业的兴起等，使吉林加速了由多种经济方式混杂的半农业社会向完整的农业社会的转型。从这种意义上讲，"移民潮"对于东北乃至吉林是一个具有开发和重建意义的历史性巨变。目前，吉林省境内的移民建筑遗产有柳条新边、天恩地局等。其中，柳条新边、天恩地局具有典型意义。

（1）柳条新边

柳条边作为清朝统治者在东北实行封禁政策而修建的带有标志性禁区的柳条边墙，是顺治、康熙两朝历经 34 年修建的长达 1 300 千米的防御性设施。它虽以"杨柳结绳"筑墙，却是国内古代建筑史上绝无仅有的、具有鲜明地域和民族特色的遗迹。柳条边有老边和新边之分。老边亦称盛京边墙，均在辽宁；新边亦称吉林边墙，南起辽宁省的开原威远堡，经四平铁东区、梨树、公主岭、九台，北达吉林的舒兰市亮子山。其中四平铁东区、梨树、公主岭、九台等地段遗迹十分明显。尤其是靠近吉辽分界线牤牛河边的边壕遗址段，保存最为完好。四平境内的布尔图库边门衙门遗址，应为吉林边墙的第一座边门，是柳条边 21 座边门唯一保存下来的古建筑。柳条边作为闻名中外的古代防御工程，为研究清代的政治、经济和文化提供了珍贵的实证资料，具有较高的学术价值。将柳条边作为东北独

有的文化资源进行保护和利用，无疑会使其成为集自然和人文为一体的历史景观。

（2）天恩地局

天恩地局作为清政府设置的"蒙荒行局"衙署，因光绪皇帝赐御书"天恩地局"而得名。该遗址从实证的层面，记录了清廷实行开边垦荒的历史事实，见证了近代中国关内移民"违禁开发"的历史事实。天恩地局是一座具有蒙古族民族传统的代表性建筑，不仅是历史的见证物，也是一种特殊的文化载体。尤其是建筑特有的"金狮造壁""金狮斗角""雁式滚脊""雄狮头瓦"等，有着独特的文化艺术价值。天恩地局作为清廷推行移民实边政策的历史见证，是近代东北历史发展的文化载体，对于研究东北近代史、蒙古族民族文化和建筑艺术，都具有较高的学术价值。

天恩地局旧址始建于 1905 年，以前南北长 100 米，东西宽 67 米，占地面积约 6 670 平方米。建筑布局为"两进王府衙门式"的中式古建筑群（图 6）。

2. 洋务建筑遗产

洋务建筑遗产主要是指 19 世纪 50 年代开始兴起的"洋务运动"在吉林的历史遗存。清道光、咸丰年间，西方殖民势力的不断侵略与扩张给中华民族带来了深重的灾难。清廷的洋务派官僚集团面对被动的局面，提出了"中学为体，西学为用"的主张，旨在在不改变封建体制和传统文化的前提下，学习和引进西方先进的生产方式与技术，优先发展军事工业，试图以"坚船利炮"对抗西方列强。因此，洋务文化在御辱图强的背景下找到了形成的土壤，其影响也不同程度地存在于近代吉林相应的历史阶段中。吉林省境内具有代表性的遗存应属吉林机器局（图 7、图 8）。吉林机器局是清廷在东北建立的第一个军火工厂，是清末洋务运动的典型历史遗存。它不仅是清廷抵御列强入侵的历史见证，而且是吉林军事工业发展的历史缩影。当时，吉

图 6 天恩地局旧址

林已缓慢地进入机器工业时代,吉林以农耕为基础发展的支柱产业仅有面粉加工、粮油加工和酿酒制造业。吉林机器局开东北军事工业之先河,加速了吉林工业近代化的历史进程,成为近代东北具有代表性的工业遗产。它对于研究中国近代工业、军事生产、机器制币业等,都具有较高的实证价值。保护和利用该遗址,对于褒扬抗击列强侵略、保卫边疆领土,具有重要的现实意义。

3. 商贸建筑遗产

商贸建筑遗产主要是指近代吉林每个历史阶段商业贸易形成的社会形态和代表性遗存。清朝末年,伴随着关内大批移民进入东北,吉林的土地得到了大量的开发,农耕产业也逐步形成。特别是1861年营口开埠,辽河航运以及中东铁路的开通,促进了辽河沿岸早期城镇和商贸梯级市场的形成,间接地推动了吉林商业贸易的兴起和发展。20世纪初,面粉加工、粮油加工、酿酒制造业已在吉林市和长春市初具规模。与此同步,纺织、铸造、制鞋、制帽等行业也发展起来,省城吉林逐步成为东北最大的木材、烟草、粮食集散地,城内形成了以河南街为中心的商业区和以东局子为中心的工业区。现吉林境内的商贸建筑遗产有吉林河南街、洮南商贸"老字号"等。洮南商贸"老字号"俗称"吴俊升商业大楼",始建于民国十五年(1926年),地处洮南百年老街(兴隆街),建筑面积为2 925平方米,是一幢三层的近代建筑。建筑有着鲜明的异国风格,是当时洮南府具有代表性的标志性建筑,现保存较为完整。该建筑作为历史的实物载体,有着鲜明的地域特色和时代特征,它不仅记录了奉系军阀统治时期地方的经济状况,而且是近代吉林民族工商业发展的历史缩影,对于研究奉系军阀的兴衰和近代洮南经贸的发展都具有特殊的历史意义。

4. 民俗建筑遗产

民俗建筑遗产主要是指近代吉林各族人民日常生活中具有民族特色与民俗风情的建筑遗产。这类建筑遗产在很大程度上展示了吉林近代以来传统习俗、异质文化、城市之间相互融合的新历史面貌,如市井民生、街巷景观、欧风浸染、世态万象等。吉林省境内的锦江木屋村、王百川

私宅(图9)等最具代表性。王百川私宅位于吉林市船营区德胜街47号,始建于20世纪30年代,建筑面积为865平方米。王百川系吉林金融界的著名人物,是吉林永衡官银钱号总经理,曾捐资修建了吉林市松花江第一座公路桥,是当年吉林为数不多的富豪之一。该建筑为二进四合院格局,在中国传统四合院建筑基础上,融合了满族民居特色,现已辟为吉林市满族博物馆,对于研究满族民居建筑艺术具有借鉴意义。

5. 宗教建筑遗产

宗教建筑遗产主要是指近代吉林流布于社会的民间宗教建筑遗存,内容包括佛教、道教、伊斯兰教、基督教、天主教等的建筑。其中,历史久远且民间文化基础深厚的是佛教。东北"解禁"为宗教的发展与传播提供了社会条件,清光绪年间佛教在吉林的发展进入高潮期。据记载,宣统三年(1911年),吉林省修建的佛寺就有150多座。伊斯兰教、基督教、天主教在吉林出现的时间要比佛教、道教晚得多。基督教、天主教的传入分别在两次鸦片战争前后,这说明外来宗教文化的传播是伴随着列强的侵略而进行的。吉林社会生活的变化是宗教文化传播的基础,将宗教现实化、功利化、世俗化成为吉林人神祇观念的本质特征。这种特征与地域文化的内容品性同构,留存于近代吉林的历史之中。现吉林省境内留存有保安双塔、吉林天主教堂(图10)、吉林北山寺庙群等。

6. 近代殖民建筑遗产

近代殖民建筑遗产主要是指近代吉林(20世纪初)伴随着俄日列强对吉林乃至东北的侵略与扩张而产生的建筑遗产。吉林省境内留有众多的这一时期的建筑遗存。如中东铁路南满支线四平段机车修理库、沙俄将校营旧址、沙俄兵营旧址、辽源矿工墓、伪满皇宫旧址(图11~图14)及军政机构旧址、长春历史文化街区等。其中,伪满皇宫及军政机构旧址最具代表性。伪满皇宫旧址以及关东军司令部旧址、关东宪兵队司令部旧址、伪满洲国国务院旧址(图15)、伪满洲国综合法衙旧址等,以其独有的殖民文化特征,成为日本军国主义对东北进行殖民统治的历史见证。

图7 吉林机器局旧址(1)　　图8 吉林机器局旧址(2)　　图9 王百川私宅　　图10 吉林天主教堂

以伪满皇宫为代表的伪满军政机构系列建筑带有典型的殖民色彩,建筑风格多为"满洲式"及"兴亚式",同时具有突出的现代建筑艺术风格,为研究近代亚洲建筑史提供了难得的实物资料。伪满洲国系列历史建筑群以其独特的历史文化内涵,成为研究近代吉林及东北亚建筑史难得的实证资料。保护和利用这些历史遗存,从不同层面揭露日本侵略东北的历史罪行,对于进行东北沦陷时期的政治、经济、文化个案研究,具有较高的学术价值。

7. 文教建筑遗产

文教建筑遗产主要是指中华人民共和国成立后,开展文教事业所留下的历史遗存,主要有长春电影制片厂厂址、吉林大学教学楼旧址(图16、图17)、吉林大学理化楼、吉林农业大学主楼、中国科学院长春应化所主楼等。其中具有典型意义的是长春电影制片厂厂址、吉林大学教学楼旧址。长春电影制片厂作为"新中国电影的摇篮",在中国文化发展史上占有重要地位。建厂初期创作生产的第一部纪录片、第一部故事片、第一部儿童片、第一部译制片等,堪称中国电影史之最。(图18、图19)

1938年春,日本东京"照相化学研究所"开始建设"满映"新厂,新厂整体基本仿照了德国乌发(UFA)电影制片厂的规模、布局和建筑形式。工程于1937年4月开始,1939年11月竣工,整组建筑包括摄影棚6个、录音室1座、洗印车间和办公楼各1座,还有道具场等附属设施。

1945年,东北电影公司在"满映"原址成立,1946年5月迁往合江省兴山市(今黑龙江省鹤岗市),同年10月改名为东北电影制片厂,1948年10月长春解放后迁回长春现址,1955年2月改名为长春电影制片厂(以下简称"长影")。新中国成立后的长春电影制片厂在苏联援助下建造了第7号摄影棚,面积超过1 200平方米,加上原来"满映"时期留下的1~6号摄影棚,其总建筑面积达到61 433.06平方米。

2011年7月至2013年,长影老厂区改造完工。2014年8月,长影旧址博物馆对外开放。现存主要建筑有办公楼1座、摄影棚2个、洗印车间1栋、原"满映"画理事长公馆旧址1座,总建筑面积约为35 000平方米。

长春电影制片厂作为新中国最早的电影生产和创作基地,不仅在影片创作与生产方面有着闪光的记录,而且培养了众多著名的电影剧作家和电影艺术家。长影旧址建筑群记录了中国电影的文脉与传承,具有重要的历史价值。

吉林大学教学楼旧址始建于1929年,俗称"石头楼",是中国著名建筑大师梁思成设计的建筑之一,其建筑形式宏伟,堪称国内近代建筑史上的精品。吉林大学是时任吉林省省长张作相主持兴办的高等学府之一。该遗址是民国时期吉林兴办新学的历史见证,反映了近代教育在吉林的发展历程,对于研究吉林地方近代教育史和建筑史,具有较高的艺术鉴赏和研究价值。

8. 新中国工业遗产

新中国工业遗产主要是指中华人民共和国成立后,开展工业生产所留下的历史遗存,主要有长春第一汽车制造厂厂址、吉林石化公司厂址、吉林柴油机厂老家属区、丰满发电厂厂址、夹皮沟金矿等。其中最具代表性的为长春第一汽车制造厂厂址。长春第一汽车制造厂厂址(生产区),建设于第一个五年计划时期,是国家的重点工程。新中国的第一辆解放牌卡车、第一辆东风牌小轿车、第一辆红

图11 伪满皇宫同德殿旧址(1)

图12 伪满皇宫同德殿旧址(2)

图13 伪满皇宫同德殿旧址(3)

图14 伪满皇宫缉熙楼

图15 伪满洲国国务院旧址全景图

图16 吉林大学教学楼旧址(1)

图17 吉林大学教学楼旧址(2)

旗牌高级轿车都在这里诞生。长春第一汽车制造厂为我国的汽车工业作出了巨大贡献，被誉为"新中国汽车工业的摇篮"。一汽作为我国最早的汽车工业基地，其自主研发的汽车品牌在我国汽车工业领域，具有典型的开创意义和重要的科技价值。尤其是汽车工业对于社会经济的发展有着重要的推动作用，其产业价值不可估量。生产区现保留的厂房遗址，包括车身、总装、锻造、动力、铸造、发动机、工具等车间及底盘分厂、卡车分厂、工程大楼等遗址群，现保存完好（图20~图22）。保护和利用这些遗址，对于研究中国汽车的产业史以及一汽的发展史都具有较高的实证价值。夹皮沟金矿的历史可以追溯到1820年。该矿建立近200年来，历经清朝、民国、东北沦陷和新中国时期，其采矿形式也经历了个人开采、集体开采和矿业开采等阶段。中华人民共和国成立后，夹皮沟金矿先后开采了东山青、立山线、下戏台、二道沟、红旗坑等坑口，累计开采黄金70多吨，成为具有鲜明地域特色的大型金矿基地。夹皮沟金矿作为中国近代民族工业的典型代表，曾一度是全国第一大矿，以盛产优质黄金闻名中外，被称为"新中国有色金属工业的摇篮"。现遗址保留下来的"大鼻子井""帽子坑"等遗迹和各时期的产业建筑以及丰富的采矿工具等，从不同的层面记录了金矿近200年的历史变迁，成为具有较高矿业价值的历史遗产。夹皮沟金矿作为

有色金属工业遗产，对于研究东北边疆史、矿业发展史等，都具有重要的学术价值和保存价值。

9. 革命建筑遗产

革命建筑遗产是吉林各族人民在半殖民地半封建社会的历史时期抵御列强侵略，在中国共产党的领导下开展反帝反封建的革命斗争，最终取得胜利的重要体现，包括抗俄抗日斗争旧址、抗联根据地旧址、英雄殉国地殉难地、重要会议旧址、重要领导人旧居驻地、各类纪念碑塔等。其中具有代表性的为红石砬子抗日游击根据地旧址。红石砬子抗日游击根据地旧址是东北抗日战争时期典型的游击根据地之一。该遗址创建初期，具有鲜明的地域性和游击特色，特别是为东北抗日根据地的建立提供了特殊的模式，对于东北的抗日武装斗争起到了重要的推动作用。目前，在东北抗日斗争遗址中，红石砬子抗日游击地保存较为完好。将该遗址作为典型的东北抗联的文化资源留存，对于开展革命传统和爱国主义教育都具有重要的历史和现实意义。

图18 长影旧址博物馆（1）

图19 长影旧址博物馆（2）

图20 长春第一汽车制造厂生产区鸟瞰图

图21 长春第一汽车制造厂生产区主入口

图22 长春第一汽车制造厂生活区

附：吉林省省级以上文物保护单位（近代建筑类）

总计60处
　长春38处
　四平市2处
　辽源市2处
　吉林市8处
　延边州1处
　白城市3处
　通化市3处
　白山市3处
长春（38处）
　1.长春第一汽车制造厂早期建筑群
　2.长春电影制片厂早期建筑
　3.伪满皇宫同德殿、勤民楼旧址建筑群
　4.关东军司令部旧址
　5.关东宪兵司令部旧址
　6.关东军司令官官邸旧址
　7.伪满洲国国务院旧址
　8.伪满洲国外交部旧址
　9.伪满洲国交通部旧址
　10.伪满洲国军事部旧址
　11.伪满洲国经济部旧址
　12.伪满洲国民生部旧址
　13.伪满洲国司法部旧址
　14.伪满洲国综合法衙旧址
　15.伪满满洲国国民勤劳部旧址
　16.伪满建国忠灵庙旧址
　17.侵华日军第一〇〇部队旧址
　18.伪满首都警察厅旧址
　19.长春道台衙门旧址
　20.伪满洲中央银行旧址
　21.东本愿寺旧址
　22.清真寺
　23.长春文庙
　24.神武殿旧址
　25.天兴福第一制粉厂旧址
　26.福顺厚面粉厂旧址
　27.张景惠官邸旧址
　28.吉林大学地质宫
　29.吉林大学理化楼
　30.长春解放纪念碑
　31.苏军烈士纪念塔
　32.吉林柴油机厂老家属区
　33.长春市体育馆
　34.吉林省图书馆旧址
　35.南湖宾馆建筑群
　36.中国科学院长春应用化学研究所主楼
　37.吉林农业大学主楼

38.中东铁路支线附属建筑群（长春市宽城区、德惠市）
（1）第二松花江铁路大桥：建筑本体外扩20米。
（2）小白楼：建筑本体外扩20米。
（3）老烧锅站区：站舍院落及站台、兵营院落、工区院落和两单体建筑，各建筑墙外20米内（尚存10栋建筑）。
（4）中德站水塔：保护范围外，周圈扩50米。
（5）窑门站区：环沐德街、德惠铁路中学南院墙的延长线至德惠车站内第二站台、铁路线、长房87号宅北院墙的延长线。环沐德街、长房87号宅北院墙、东院墙的延长线、育红路。环沐德街、青年路、爱民街、德惠铁路中学南院墙。环爱民街、育红路、拥军街、振盛家园小区北界。"珍宝岛十英雄"杨林烈士故居：整座院内（站区尚存建筑40栋）。
（6）乌海站区：站舍院落及站台、南兵营院落、西兵营、泵房、水井，各建筑墙外20米之内（尚存建筑12栋和3处基础）。
（7）沙俄兵营：现长盛小学院内及院墙对应的南面沙俄建筑区域（尚存7栋）。
（8）沙俄将校营：环一匡街、长盛小学东院墙、长盛街北居民楼间区域（尚存8栋）。

吉林市（8处）
　东北电力大学石头楼群
　吉林江沿天主教堂
　张作相官邸
　吉林铁路局
　吉林毓文中学旧址
　王百川私宅旧址
　吉林石化公司厂址
　吉海铁路总站旧址
四平市（2处）
　四平解放烈士纪念塔
　四洮铁路附属建筑群
辽源市（2处）
　辽源矿工墓陈列馆
　辽源市二战盟军高级战俘营旧址
白城市（3处）
　吴大帅府旧址
　德安禅寺
　镇西侵华日军机场遗址
通化市（3处）
　通化葡萄酒股份有限公司地下贮酒窖
　辉南民国四合院
　柳河"五七"干校旧址
白山市（3处）
　白山发电厂厂址
　枫叶岭铁路隧道
　临江铜矿老选矿厂遗址
延边州（1处）
　龙井日本总领事馆旧址

Terraced Garden Residences
台阶式花园住宅

宋 睿* 郝文绮** 田 林***（Song Rui, Hao Wenqi, Tian Lin）

摘要: 作为第四批中国 20 世纪建筑遗产,北方工业大学校内台阶式花园住宅在 20 世纪 80 年代两届全国住宅设计大赛中荣获首奖,是当时全国十佳作品之一,在全国十余个城市推广建设。其设计核心在于打破传统多层住宅行列式单调的建筑形式,是一种创造性设计;将多层住宅之间的空地层层提升,提供屋顶花园,满足居住者对花园住宅的向往。

关键词: 20 世纪建筑遗产;花园住宅;台阶式

Abstract: As part of the fourth batch of China's 20th-century architectural heritage, the Terraced Garden Residences at North China University of Technology were awarded the first prize in two consecutive national housing design competitions in the 1980s. This innovative architectural design, recognized as one of the top ten works nationwide, has been widely promoted in over ten cities across China. The core idea behind this design was to break away from the monotonous architectural forms of traditional multi-story residences. By utilizing a stepped layout and providing rooftop gardens, the design aimed to create a harmonious blend of living spaces and green environments, fulfilling residents' aspirations for garden-style housing.

Keywords: 20th-century architectural heritage; garden residences; terraced

引言

20世纪80年代,在住宅建筑不断向高空发展的背景下,高楼中的住户对室外活动空间的渴求不断加深,台阶式住宅即在此背景下出现的一种新型住宅。由于当时的普通住宅大多为一抹平、一刀切、排排坐、行列式的居住区形式,因此,它设计的出发点是打破住宅区面貌千篇一律的局面,是针对我国的居住问题的创造性设计。台阶式住宅采用逐层退缩的手法,使每户住户都拥有一个10余平方米的露台。住户可以将露台改造成屋顶花园,实现花园住宅的美好理想。不同于古代遗产的价值容易湮没,北方工业大学台阶式花园住宅是活着的遗产,仍然被人们正常使用着。该住宅建设于20世纪80年代,距今已经30多年。随着人们需求的增加,以及原材料的老化、新技术新材料的应用,在国家提倡改造老旧小区的背景下,台阶式住宅的保护与发展应引起重视,以免现有的价值和特色遭到破坏。

1.研究背景

在20世纪80年代前后,"全国以将近每年1亿平方米的速度建设城市住宅,90%是砖混多层的"。大规模建设虽然满足了大量人口对居住的需要,但是带来了住宅社区千篇一律

* 北京建筑大学建筑与城市规划学院（北方工业大学建筑与艺术学院）研究生（在读博士）。
** 北方工业大学建筑与艺术学院学生。
*** 田林,教授,博士生导师,中国艺术研究院。

的现象。在城市住宅快速建设时期，已经有建筑师关注到住宅不仅仅是一个栖身之所，人们更需要可以优化城市环境、改善城市小气候、可持续发展的城市住宅区。当然，限于经济与技术条件，大多数住宅建筑形式单一，多采用行列式布置，在组团规划时因为用地及规模等问题，缺乏足够的绿地、广场等，使得休闲、游憩、交往空间相对有限、单调。

1984年，中国建筑标准设计所发起的全国多层砖混住宅新设想方案征集活动，开创了砖混住宅设计新局面。1980年开始进行建设的北方工业大学台阶式花园住宅项目（图1），打破了一般多层住宅"一抹平、一刀切、排排坐、行列式、居住区面貌千篇一律的单调局面"，通过屋顶分层退台和内部设置天花板，为每个家庭提供花园露台，既扩大和延续了室内起居空间，又丰富了住宅建筑的造型变化，打破了当时城市住宅的单调面貌。2016年，首届中国20世纪建筑遗产项目发布，拉开了20世纪建筑遗产保护的序幕。北方工业大学台阶式花园住宅被列入中国20世纪建筑遗产名录。

2.遗产概述

北方工业大学前身为国立北平高级工业职业学校，1946年建校，位于阜成门内北沟沿32号（原顺承王府），建校时设有机械、电机、矿冶三个专业，1953年改建为北京钢铁工业学校后迁入现址。在该时期，校园用地近似为长方形，东西向长约600米、南北向宽约300米。新学校所在地规划建设校舍36 000平方米，包括教学楼、实验楼、实习工厂、学生食堂兼礼堂、学生宿舍、家庭住宅及附属住宅。房子的结构都是砖木结构，屋顶为人字桁木屋架。楼层最高的为教学楼（4层），其余为3层或平房。1958年此学校改建为北京冶金专科学校，1960年改建为石景山冶金学院。1960年，石景山冶金学院被评为北京市文教战线的先进单位。1962年5月25日，根据中共中央教育部党组《关于进一步调整教育事业和精简学校教职工的报告》，为了贯彻调整教育事业的精神，冶金工业部于1963年8月5日下发通知，决定将石景山冶金学院调整为北京钢铁学校，开展中等专业教育，学制四年，停办了大学本科班、专科师资班、五年制专科班，从此学校又成为一所四年制的中等专业学校。"文革"期间学校发展速度减缓，校园建设停滞。1978年12月28日，国务院正式批准北京钢铁学校改建为北京冶金机电学院，办学规模为2 000人。从此，学校改为大学本科教育，开始了新的发展，校园建设随即展开。为适应本科教育发展，学校引进了大批教学人才。为解决

图1 1984年开工建设的台阶式花园住宅（图片来源：杨军、李仕英等，《坚持科学发展建设文明校园——记北方工业大学校园建设与发展》，2009年）

住房问题，学校于1980年开始建设住宅，1981年3栋住宅楼竣工，1983年1栋住宅楼竣工，而台阶式花园住宅就是在这样的背景下建设的。1986年两栋花园住宅楼竣工，建筑面积为9 045平方米，共有住房162套，当时为精装交付（包含浴盆）。

12号楼为台阶花园式住宅1号楼，单元建筑面积为1 067平方米，最高为5层，层高2.7米；13号楼为台阶花园式住宅2号楼，最高为6层，层高2.7米，建筑面积为1 319.536平方米。该项目由清华大学土木建筑设计研究院设计者吕俊华设计，在两次全国住宅设计大赛中获首奖，是当时全国十佳作品之一，并在全国十余个城市推广建成。建筑面积指标与户型见表1。

表1 建筑面积指标与户型（自绘）

套型	每户面积/平方米	12号楼单元户数	13号楼单元户数
特套	82	1	2
大套	70	4	6
中套	56	7	5
小套	40	7	11

（1）建筑风格特点

1）创造了良好的居住环境。每家有一个利用下层住宅屋顶而设的10平方米以上的屋顶平台或地面院落，有充足的阳光和开阔的视野。平台有休憩、远看、增大活动空间等功能，可以让有限的面积扩大，让住户更好地感受户外生活。建筑创造了充满生机的居住空间，其宜人的尺度和环境营造了较好的室内与室外、建筑与绿化、私密与公共的空间关系。

2）立面形式多样。阶梯式住宅层层退叠向上，具有多

层绿化，绿化覆盖率高，可与原有场地的绿化融合，形成更好的绿化效果；打破原有普通住宅建筑较为死板的行列式形式，使其立面形式生动活泼，但并不破坏原有的自然环境，形成独具特色的城市居住区风貌。高低错落的空间，可使街坊具有亲切活跃的居住气氛（图2）。

3）单元平面灵活，建筑体形丰富。住宅单元有不同类型，户型多样，多空间组合便于适应不同人口结构以及近期远期各种需要和变化（图3）。

4）抗震性能好。为确保每户居民都有一个屋顶花园，在层高5~6层的情况下，从下至上进行退台。设计采用正方形网格，实现开间进深尺寸最简化，易于实现标准化、工业化。设计采用了横梯、大天井、多户型的处理手法，形成下大、上小、中空的稳重的金字塔建筑体形。纵横墙全部对齐，再加上构造柱及现浇圈梁，稳定性好，有利于抗震（图4）。

（2）现状

1）设计内涵认知不足，现状难以彰显特色。台阶式花园初建成时，由于管理到位未有私搭乱建，随着住户对扩大起居面积的需求不断增加，居民开始使用轻质可拆卸的彩钢板进行改建。1995年前后，随着业主对空间需求的进一步增加，管理困难，业主改造开始朝着混乱化、多样化方向发展。原有的台阶式住宅的造型特征明显。退台式的特征使得住宅层次丰富，构成了丰富的轮廓线。立面变化强调韵律、构图、比例、饰面色彩和地形、绿化等自然条件相互融合，住宅群体丰富多彩，轮廓线高低错落，平台花园层层叠落，与自然相得益彰；克服了原来死板的行列式布局形式，创造出造型、风格独特的住宅模式。

2）科学及技术价值。台阶花园住宅已建设了30多年，住宅的选址、空间布局体现了当时规划的科技水平；外观结构设计和加工技艺能够反映当时的技术水平，该住宅在设计、结构、材料或工艺技术上的重要表现，丰富了建筑类型或者平面结构的表现形式，是新中国住区规划发展历程中的宝贵样本，具有较高的科学及技术价值。目前，两栋台阶住宅虽然在历史上经过改建、加固，但是建筑风貌及重要建筑构件依然保持完整，主要细部保存完好。

3. 保护策略

居民对住宅建筑的保护是极其重要的。居民对遗产的认识以及自觉维护，是遗产保护与特征延续的关键。同时，对于具体的保护方式，要充分考虑未来现代化更新的可能与需要，不能因为遗产本身的价值而忽视居民的生活需求；在思考新材料、新技术、新价值、新方法的基础上，要合理更新，尽力保留遗产价值与居住功能，满足居民的生活需求，做到保护与使用平衡发展。

一方面，需要对台阶式花园住宅独有的户型空间进行修复与保留，对留存下来的特色住宅结构，如台阶花园、天井、楼梯等特色要素进行更新与修复。此外，要对台阶式花园住宅的资料、故事进行整理与宣传，包括建筑历史、设计图纸、年代照片、文件档案、建设历程等。

（1）注重历史信息的保存和宣传

建立台阶式花园住宅的信息数据库，搜集报纸、图片、视频等留存下来的实物信息，在学校、社区内的档案馆中保存，同时通过现代的数字信息技术，对建筑遗产的历史信息进行展示。

（2）通过多种改造方式恢复原有设计格局

先对居民的生活环境进行改善，再逐步恢复原有设计格局，突显设计特征，将拆、改、留的改造更新方式灵活地运用于台阶式花园住宅。对于拆除部分，在后期的改造更新中，要对其原有的特征意象进行保留。对于改造部分，在新老结合的基础上，要使用可逆、可更改、可实施的方法。对于保留部分，整体保留的前提是加固结构，在保证建筑外立面风貌的基础上，内部可适当进行墙体改造，以满足居民的生活需求。

（3）增强居民对台阶式花园住宅的文化认同与归属

向居民宣传普及台阶式住宅的文化价值与特征，提升居民遗产保护意识，使居民意识到社区发展与文化传承需要从台阶式花园住宅的保护做起。同时，利用微信朋友圈、微信公众号、宣传片等进行宣传，给居民提供了解及获取信息的渠道，通过不同形式的公众参与，积极改善居住环境，增强居民社区归属感及建筑文化认同，形成社区居民参与遗产保护的巨大民间力量。

结论

由于多层住宅的消失，台阶式花园住宅失去了生存的土壤而消失，但其体现出的人与自然的和谐共处、交相呼应，满足了现代城市居民对优美自然环境的渴求以及现代城市对碳中和的需求。在碳中和的目标下，该住宅既能满足人们对自然环境的追求，又能打造单独的"空中"花园，其设计核心体现了人与自然环境和谐共生，满足了居民对城市中一方净土的渴求。

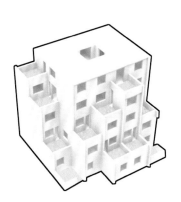

图2 台阶花园示意图（自绘）

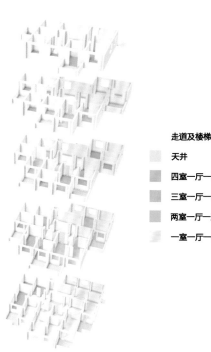

走道及楼梯

天井

四室一厅一卫

三室一厅一卫

两室一厅一卫

一室一厅一卫

图3 单元户型示意图

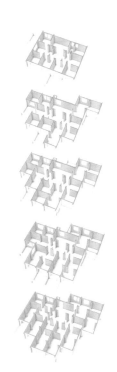

图4 正方形格网结构示意图

图5 露台花园均被封

图6 原先门前花园堆放满杂物

图7 底层天井采光

图8 线路杂乱老化

参考文献

[1] 吕俊华.台阶式花园住宅系列设计[J].建筑学报,1984(12):14–15.

[2] 吕俊华.台阶式花园住宅设计系列[J].世界建筑,1986(1):44–48.

[3] 张统生.台阶式花园住宅的思考[J].华中建筑,1993(1):34–36.

[4] 张统生,秦绪增.台阶式花园住宅的思考[J].长安大学学报(建筑与环境科学版),1992(Z1):147–152.

[5] 张统生.台阶式新型住宅:淄博市周村区商品房[J].华中建筑,1990(3):27.

[6] 吕俊华.创造美好的居住环境:台阶式花园住宅设计体会[J].建筑学报,1990(2):27–28.

[7] 张统生.台阶式花园住宅在淄博市的实践[J].住宅科技,1987(6):14–15.

[8] 力耕.台阶式花园住宅[J].建筑知识,1988(3):10–11.

[9] 吕俊华.住宅标准设计方法探新:台阶式花园住宅软件包[J].建筑学报,1988(3):47–50.

[10] 刘华钢.广州的高层花园住宅[J].建筑学报,2006(4):75–78.

A Brief Trip, Lifelong Memories
—In memory of Mr. Chen Zhihua's teachings (Part II)

短暂的旅行，终身的怀念
——纪念陈志华先生的教诲（下）

韩林飞*（Han Linfei）

图1陈志华先生与王路、韩林飞在伊莎耶夫斯基教堂登顶的楼梯上（摄影：冯金良）

* 建筑历史与理论学博士、城市经济学博士，现任教于北京交通大学建筑与艺术学院；曾任北京工业大学城市规划系主任、北京交通大学建筑系主任。

一、书海中的记忆，精深研究的功底：陈先生与圣彼得堡

在莫斯科到圣彼得堡夕发朝至的列车上，陈先生饶有兴趣地和我们谈着他对圣彼得堡的印象。他说，在涅瓦河边，"青铜骑士"所代表的彼得大帝雕像面向西欧奔去，在他身后，整个圣彼得堡都是用古典柱式建造起来的。彼得大帝勇敢地打开了俄罗斯通向西欧的门户，俄罗斯圣彼得堡的建筑与西欧完全一致。18、19 世纪，从古典主义到浪漫主义，凡西欧建筑中有过的东西，圣彼得堡一一都有。圣彼得堡矿业学院的多立克柱廊古典的纯正程度，不亚于任何一座西欧的希腊复兴式建筑物。但俄罗斯圣彼得堡建筑也有自己对西欧建筑风格的再创造，主要有两大类。一类是意大利文艺复兴和古典主义加上巴洛克式的装饰，一类是 16、17 世纪俄罗斯式样加上拜占庭的设计手法。这些结论都是陈先生在 20 世纪 50 年代研究圣彼得堡建筑的成果，时隔多年，先生仍记忆深刻，表述非常准确。陈先生强劲的记忆力、年轻时博学强识的才华深深地打动了我们。

在圣彼得堡四天的参观中，我们游览了伊莎耶夫斯基教堂（图 1）、亚历山大剧场、喀山教堂、交易所等 18 世纪末、19 世纪初的建筑，陈先生非常深刻地指出了这些用钢铁构件建造的穹顶和屋盖的俄罗斯贡献，作为一个博学的建筑历史学家，陈先生告诉我，这些建筑比法国的抹大拉教堂和英国的英格兰银行也晚不了几年，甚至是几乎同时建造的。同西欧一样，工业建筑和资本主义经济也给俄罗斯带来了新的建筑类型和形制。这些建筑采用多跨的结构，顶部的天窗采顶光，大跨度、小柱子使空间舒畅，新材料、新结构满足了新的需求。传统的砖石材料以及跟它们适应的各种结构方式都不适用了。陈先生的这些解释，使我深刻地从世界建筑历史发展的进程中理解了新结构与新材料的贡献，这些知识使我后来的建筑理论与历史课的作业成绩超过了俄罗斯的学生，使我小小的虚荣心满足了不少，自豪之中更是感谢陈先生的指点。

在冬宫广场上，我们徜徉在气势磅礴、整体感强烈又非常协调的历史氛围中，陈先生异常兴奋，时时露出年轻人一样欢快的神情，我知道这是他年轻时的梦想。40 年前在图书馆中欣赏这个建筑杰作时，在黑白图片不太清晰的表达中，陈先生仍能体验到这些世界建筑的辉煌，身临现场又如何能不激动呢？

陈先生兴奋地为我们讲述半圆形参谋总部大楼建造的历史，广场中央为反抗拿破仑战争的胜利而建造的亚历山大纪念柱是设计重要的成就，尖顶上有一只手持十字架天使的雕塑，天使双脚下踩着一条蛇，这是战胜入侵者的象征。冬宫即今天的艾尔米塔什博物馆，是世界四大博物馆之一，是18世纪中叶俄罗斯古典主义建筑的杰出典范，不仅馆内有浩瀚的藏品，建筑本身也极尽华丽。明快清新的色彩、各种精美的雕塑与装饰让这座古老的建筑依然熠熠生辉。总参谋部大楼恢宏的凯旋门上有驱驾战马战车的胜利女神像，其气势十足。陈先生绘声绘色的讲解给我们又上了一课。他讲述的不仅是这些历史知识，更是一位学者青年时代研究的情怀，是对世界历史文化杰作发自内心的欣赏与热爱。

深秋的冬宫广场在夕阳余晖的映衬下更加圣洁与开阔，金色的阳光映射在冬宫蓝白相间的外墙上，有着让人流连忘返的深深的温暖的气息。走在广场上，特别是和陈先生一起走在这个历史的遗产中，伴随先生激情的讲解，我们如同穿越了华丽的历史走廊，整个世界都呈现出一种古典而又和谐的美妙氛围。非常怀念与陈先生同游圣彼得堡冬宫广场快乐欣喜的时光。

在参观圣彼得堡海军总部大厦时（图2），陈先生夸赞这个作品是19世纪前半叶俄罗斯古典主义建筑的天才作品，它是贡献给俄罗斯海军力量的纪念碑。海军部的尖顶从柱廊的白冠和建筑物顶层的雕像中耸立起来，在很远处就能看到，不仅统领城市的三条轴线，更通过立面敞厅的柱廊与涅瓦河上交易所的柱廊相呼应。

海军部立面造型的组合是非常丰富的，雄伟的形式与墙面柔软的、严峻的平静感相结合，与雅致的装饰相结合，是建筑和雕塑高度统一的杰作与典范。让我们非常惊讶而又佩服的是陈先生说出了这座建筑的设计师是萨哈洛夫（А·Д·Cáхаров），雕塑师是捷列别尼夫（теребенев），先生说出的这两位大师的名字准确而且俄文发音纯正，现在我仍能记得大家当时惊讶而又佩服的神情，敬佩陈先生惊人的记忆力，我仍能记得陈先生说这些话时平静而又自豪的神态。

愉快的圣彼得堡之行很快结束了，不仅仅是先生惊人的记忆力，陈先生对圣彼得堡城市建筑的评价与真知灼见永远留在了我的脑海中。

二、异国的古村与古落，老朋友重逢的拥抱：游苏斯达里与弗拉基米尔

离开莫斯科，前往圣彼得堡的前一天，我们游览了莫斯科金环古道上的两座古镇——苏斯达里和弗拉基米尔。一大早我们来到了莫斯科城郊的火车站，这几天正是俄罗斯1998年卢布大贬值的第一周，新闻报道和街上的银行处于动荡和紧张之中，但火车站的旅客们好像并没有受到多少影响，周围的居民仍在安详平静中过着普通老百姓的

图2 陈志华先生与俄罗斯小朋友在海军部门前（摄影：冯金良）

日子。但商棚中货架上的商品明显减少，货品标签也在不断变换着。不知是不是这个原因，那天通往郊区的火车晚点了，火车站广场上一个俄罗斯出租司机看到我们几个外国人主动搭讪，一天包车的价格倒也合理，但我们一行五个人是否可以挤进他的车呢？司机信心满满地拉着我们来到他的车旁，一辆老式伏尔加轿车，宽大厚实，20世纪50年代老式的车头有着苏联轿车一贯的愣头愣脑的气派，后排座宽敞地涌进了我们四个不算健壮的建筑学人，宽大的前排座椅正适合陈先生高大的身材。我担心这三个小时的路上会遇到警察而遭受处罚，俄罗斯警察罚款的不讲情面甚至强词夺理是令人心惊的。但这位健壮的肌肉发达的俄罗斯司机信心满满地说，我有办法。将信将疑中我们挤进了车，急着参观的我们也想不了那么多了。路上司机告诉我们他退伍不久，参加过阿富汗战争，受过伤立过功，接着露出了鼓鼓的臂膀向我们保证不会有任何问题。但出了莫斯科进入弗拉基米尔州时，我们仍受到了交警的盘问。手握冲锋枪的警察格外威严，这时司机对警察亮明了自己的身份，警察也是退伍的阿富汗老兵，并没有为难他。这让车上的我们虚惊一场。陈先生说普通人之间的相互帮助在日常生活中特别可贵，这些朴实的俄罗斯人还没有受到不良的影响，还有可贵的互助之心。

经历了警察的风波，劫后余生的我们逐渐放松了下来，虽然不是什么劫，但当时四个车门旁站满全副武装警察的场面，还是很可怕的。车上的我们分明看到了AK47冲锋枪的锋芒。一脸平静的司机在他破旧的车上播放起了音乐，一首俄罗斯悠扬的《回家之路》伴随着我们前往目的地。一直在望着窗外景色的陈先生突然问我，歌词中总在重复的俄文是不是"回家之路"的意思。我肯定的答复了老人。陈先生喃喃道"回家之路，回家之路"，轻声细语中透露

着喜悦。我知道先生踏上了古村古落回乡的路，这是他后半生青春重新开始的地方……

弗拉基米尔位于莫斯科东北 190 千米处的克里西法马河两岸，是现今弗拉基米尔州的首府。这座古老小镇的历史比莫斯科还要悠久，它是整个俄罗斯历史文化长河中一颗熠熠生辉的璀璨明珠，其重要地位甚至对俄罗斯民族和俄罗斯国家的形成都有重要的影响。读着广场上纪念碑的碑文，陈先生对这座古镇欣赏有加。能亲临参观这座古镇，体验年轻时书中无法体验的现场感受，获得真实的信息，我似乎感受到先生与老朋友重逢般的感情，更为自己因没有做好功课而无法讲出这座古城的历史而内疚。

除了丰富深厚的名胜古迹（图3），弗拉基米尔优美的自然环境（图4）、原生态的景观、沁人心脾的新鲜空气更让我们大为赞叹。站在沿河高高的土坡上面，在任何一个点上，都能远眺河对岸辽阔的原野和起伏的低丘。当时大家都很兴奋，一扫三小时路上颠簸带来的疲惫。我们也对一些古建筑缺乏维修、破损陈旧的状态表示忧虑，但陈先生说在没有完善的修复技术和资金支持的情况下，维持现状也许是一种较好的保护方法。只要当地人民有着热爱遗产、理解这些遗产价值的胸怀，这些遗产妥善保存的现状就可等候到完整修复的那一天。这些观点深深地印在我的脑海中。

到了苏兹达里（图5）这座传说中四季都如童话般的古镇时，陈先生非常高兴，紧紧跟随着我们这些年轻人快速的步伐前行。这里有起源于公元10世纪的真正代表俄罗斯建筑艺术风格的古代建筑群，几乎所有的建筑都是木制的（图6），是俄罗斯木建筑天然的博物馆。陈先生说苏兹达里凭借其众多的名胜古迹和优美的自然风格被列为世界文化遗产。他在20世纪80年代的罗马遗产保护研修班时就听说过其大名，真是久闻不如一见。这里是一个和大自然融为一体的，集俄罗斯古代宗教、文明、传统于一身的美丽乡村与聚落。它宁静、古老，有一种纯白色的清爽，圣洁得没有一丝尘埃。人在这里，宛若置身于洁白的梦幻般的童话世界中。

那一天，我们在深秋略带寒意的原野上走了七八个小时。如果有今天的手机，一定能看到步数超过了两万步。大家都很累，但是兴致很高，特别是陈先生紧随我们这些年轻人的脚步，不肯落下一步。除了参观这些历史古迹，我们以最好的方式轻松惬意地闲游，享受了古村落的美景：看到了秋天最美的晚霞（图7）、喝到了最好喝的当地村民自酿的啤酒、闻到了让人至今想念的麦芽的芳香、呼吸到了最新鲜的自然空气、闻到了许久没有闻到的甚至是记忆中乡村的味道。特别是陈先生的现场讲解给人带来久旱逢

甘露般的滋润清爽。旅途不同寻常甚至艰苦，下车时大家都腿酸脚胀，但每个人都余兴未尽，都在想象着未来或许能重游此地……

回程的路上，司机——这位曾经上过阿富汗战场的硬汉再次留给我们意想不到的印象。他看我们在这里停留了许久，这远超计划中返程的时间，就知道我们是真的被吸引了，不像日本人长枪短炮地一阵拍照后就匆匆离去，日本人再次"中枪"引得陈先生哈哈大笑。当司机知道陈先生是中国古村落保护研究的专家时，他有点卖弄地说到了苏兹达里的历史，说12世纪基辅大公掌管苏兹达里，之后这里又成了苏兹达里公国，蒙古人入侵时几乎毁掉了这个地方，直到18世纪俄罗斯帝国崛起，才复建了这里。随着俄罗斯政治文化中心的西移，苏兹达里渐渐淹没在历史的长河中，但也有幸成了一个世外桃源般的地方。

司机的这番讲解，使我们大为吃惊。陈先生说这就是一个普通民众的民族之爱、文化之恋、历史之情，大众文化与历史的沉淀、民众的真情才是古建筑保护事业的希望。大家对这位司机的认识更加深入了，他不仅是位司机，更是深爱本民族文化与历史的普通俄罗斯人。回程的路上，依旧是《回家之路》这首俄文歌曲深沉而悠远的旋律，游览了一天的陈先生和我们也在渐黑的夜幕中小酣起来。一个真实可爱的老人睡梦中露出满意的微笑，我知道这是会见老朋友之后的轻松、会心的欢畅！

三、战后重建的城市，情感与灵魂：游白俄罗斯

行程计划中的白俄罗斯之行吸引了大家的注意，因为它是苏联时代重要的加盟共和国。当时的独联体国家中国建筑师去得很少，号称欧洲战后重建典范的白俄罗斯首都明斯克更是令大家神往。这次旅行得益于白俄罗斯理工大学巴达耶夫教授的帮助，1995年他在莫斯科建筑学院研修时我们结识。他对中国人向来称赞有加，最初的缘由来自他的父亲，一位物理学家。20世纪50年代他的父亲在火车上遇到了一位中国留苏学生，这位留苏学生说，回国后也要建设好中国的铁路事业，那坚定执着的神情给他父亲留下了深刻的印象。不只是他，20世纪50年代一代留苏学子这种报效祖国的精神以及努力认真、坚持不懈、勤奋刻苦的良好形象，给当时大量的苏联本土学生留下了极其良好的印象。

承蒙第一代留苏学子留下的友谊之树的福荫，我们后来的留苏留俄学生受到了苏联人、俄罗斯人许多帮助。这个故事也让陈先生和同行者感受到20世纪50年代留苏学人的风采。带着圣彼得堡古城留给大家新老朋友会面后的

愉快，带着游历圣彼得堡之后略显疲惫的神态，带着对下一站旅行的憧憬，经过朝发夕至一夜列车的奔行，一大早大家精神抖擞地来到了明斯克，巴达耶夫教授已经在站台上等候我们了。简单洗去了旅途中的风尘，巴达耶夫问我们要不要休息一个小时再开始一天的行程，大家异口同声地说节省时间，表达了想要多看看的愿望。尤其是上了年纪的陈先生，从不希望浪费一点的时光。巴达耶夫教授说，一听这就是中国学者的风格。愉快而坚定地，我们直接来到了白俄罗斯理工大学建筑系（图8～图11）。

建筑系的系馆就在城市主干道一侧，有着巨大的体量，如同航空母舰一样竖立在一片绿地上，翘起的一头非常醒目，另一头是三角形的与之呼应的斜翼。在从停车场走向

图3 弗拉基米尔沙皇加冕的圣母升天大教堂

图4 弗拉基米尔自然景观

图5 苏兹达里自然景观

图6 苏兹达里的木建筑

图7 苏兹达里的晚霞

图8 建于20世纪80年代的白俄罗斯理工大学

图9 陈志华先生给女教授赠书（摄影：韩林飞）

图10 陈志华先生与明斯克总建筑师（摄影：冯金良）

图11 与白俄罗斯理工大学教授在学校最初的教学楼门前合影（摄影：冯金良）

系馆的路上，陈先生评价说：这幢建筑很有 20 世纪 20 年代苏联构成主义的特点，功能简洁、布局合理，形式简单并直接地表达了结构、技术、功能的需求，教学使用起来一定不错。到了楼内，宽敞明亮的展览大厅、流畅的交通空间、朴实无华实用的教室，让我们明白了建筑师对建筑造型理性的追求。陈先生仔细观察了空间布局的特点，对美术教室中布置的水池、老式木质的绘图桌、墙上学生的储藏柜、大型阶梯教室的起坡与建筑造型等的设计理性进行了评论。陈先生将对现代建筑功能细节的体验作为首要出发点，如同他一贯的严格、关注功能使用、重视空间效率、强调建筑设计的科学性。

巴达耶夫教授带着我们楼上楼下参观了一遍白俄罗斯理工大学的教学设施、学生作业等，我们在开放式的巨大的城市与建筑历史教研室停留了较长时间，一位资深的女教授仔仔细细地给我们看了她的课程表，陈先生给女教授赠了书。从一年级一直到毕业班，由简到繁、由易到难，学校每年都有古建筑测绘实习课，从乡村民居、钟楼钟塔到教堂、修道院，学生们进行各种类型各种尺度的建筑测绘工作；从整体的乡村聚落到古老的城市中心，有细部剥落的古代城墙墙体测绘、有整体的建筑立面测绘，都极其详细，而且学生只用手尺，不用仪器。女教授反复强调培养学生的历史情感，从而养成对设计工作一丝不苟的作风和精深的审美能力。陈先生很赞成这种教学方法，一再说为培养高水平的建筑师，教学工作应该精密细致，不要也

不可心急。

结束了教学楼的参观，在去与明斯克总建筑师见面访谈的路上，陈先生有些沉重地说："看了这个教学楼，再看看我们的教学楼，就明白什么是真正的学术殿堂。"这里的博士答辩和学术报告厅非常讲排场，展览和学生老师交流的场所也适合教学的需要，布置的学生优秀作业和教师的教学成果使宽大的教研室很有教学殿堂的味道。教学楼的外形体现功能、体现教师与学生的教学活动，教学建筑的特点很到位，不像我们的某些新楼，后现代的风格让人迷失方向，涂脂抹粉，矫揉造作，失去了教育的根本，更谈不上教学建筑的特点。他愤愤地说道："最可气的是门厅最明显的地方还有两间外宾专用的厕所，收发室地沟盖还会散发出恶臭的气味。"我当时已经毕业，没有使用过陈先生所说的这个教学楼。在我某次回到学校后真的发现了先生所说的这些实际问题。我也知道1995 年先生发表在院刊《世界建筑》上评教学楼的文章，曾引起领导们的不满，甚至波及刊物的主编。但多年后，一位同济大学的知名教授告诉我，在自己创办的刊物上客观地批评自己的教学楼，这是一种宽宏博大的学术肚量。我们这些后生深深为陈先生的直言与深刻感到自豪，也为《世界建筑》杂志的开放与敞亮而叫好！

与明斯克的总建筑师见面访谈时，我明显看到陈先生有点不太买账的神情。对官员陈先生向来不怎么"感冒"，对外国官员也一样。当时陈先生的问题比较尖锐，甚至带着某些不屑。他问道："如果你的顶头上司市长先生指示要在某个地方建造个什么样的房子，作为总设计师和技术总负责人，你会怎么办？"明斯克的总建筑师显然从未碰到过这样的问题，他不解地回答："从来没有发生过这种情况。"陈先生又紧追了一句："如果市长先生一定要求这样做，会怎么样？"这位官员仔细想了想，认真地说："一律按城市与建筑的法律程序办事，市长和普通市民的提议是一样的！"当时作为翻译的我确实为两位的较真捏了一把汗，还好双方一问一答的精妙谱写了高手交流的篇章。

后几天，我们参观了明斯克市中心修复的古迹"眼泪岛"，游览了明斯克郊区城堡，漫游了号称欧洲之肺的别洛韦日国家森林公园，在秋日的阳光中参观了世界文化遗产米尔城堡小镇（图 12~ 图 15）。对于战后明斯克城市的重建，陈先生谈到了这个城市重建与巴黎奥斯曼重建的不

图12 陈先生与巴塔耶夫教授在明斯克米尔城堡小镇　图13 陈先生与我们同游明斯克（摄影：韩林飞）　图14 陈先生与我们及俄罗斯老师共进午餐（摄影：冯金良）

同。明斯克重建是二战后不得已的事情，它之所以是欧洲战后城市重建的典范，就是因为它作为战后重新振奋人民情感的城市成果，解决了城市与人、城市与自然的关系问题。奥斯曼的大拆大建并没有从根本上改善巴黎市民的生活条件，城市中形式化十足的林荫道并没有形成亲切的生活环境。明斯克宜人的街区环境就形成了密切交往、互助的邻里关系，充满了友谊和亲情，安全、有边界感、悠然有趣、健康文明的步行交通系统是人性化宜居城市必需的。城市和建筑史要深入研究的内容就是城市和建筑在发展过程中各个阶段的基本历史条件，这可以帮助人们清晰地认识当前城市和建筑所处的历史阶段以及它们的发展方向。城市和建筑史的研究不仅要研究艺术、形式和手法，更要研究社会、经济、文化和生活。历史科学就是一种思维方法，城市史和建筑史这些科学的任务就是帮助人们树立方法论，并将它们自觉地应用起来。这就是情感和灵魂，是城市发展的根本。历史研究不能太功利、太狭隘、太麻木，更不能简单化、技术化和实用主义化。当时陈先生的这些感慨仍历历在目，成为我和许多学者研究方向的宝典。

四、严谨、正直、勤劳与思辨，宝贵的学术遗产：旅途中先生的言传与身教

在旅途中，我感受到了另一个陈先生，在学校时他尖锐甚至古板的形象总是给人难以接近的感觉。而旅途中他风趣，和蔼，平易近人。不管距离远近，陈先生时刻展示着他的精彩，不仅是他的文采、冷静的批判，更是他始终年轻的一颗心，始终传递着他的价值观，始终表达着自己独立思考的态度，他不为体制所局限、不盲从地存在、不苟且懦弱地生存。

还记得晨曦中，他早早起来给我们熬煮的大米粥；还记得骄阳下他紧随我们行走有些气喘吁吁的身影；还记得森林中他深深呼吸新鲜空气时满足的微笑；还记得夕阳下

他看到田野中刺猬乱跑时发出孩童般的笑声；也记得开会时听到不喜欢的事情时他紧蹙的眉头；也还记得他捶胸顿足怒其不争的神情；也还记得他轻轻拍我寄托殷切希望的慈祥；也还记得他争论时坚持自己观点甚至不依不饶的坚守；也还记得他看到海军部尖顶如老友见面般的激动；也还记得他与普鲁金教授握手、惺惺相惜的互道保重；也还记得他对不当修复而破坏遗产行为的无奈与神伤……

旅途中，陈先生总在用自己的言传身教影响着我们。记得快七十岁的他，在秋风中穿着朴素的棉布厚衬衣，外穿一件年轻人喜欢的浅色多口袋的摄影背心。由于年龄的原因，他不再手持相机，但摄影背心中有小本本、笔、地铁图，甚至还有一本20世纪50年代出版的袖珍汉俄小字典。路上一些空闲时间、车上地铁上偶尔记上几笔，他总说烂笔头胜过好记性。看到我们拿着大大小小的胶片照相机四处拍摄，他笑眯眯地羡慕道："年轻时靠相机记录，老了只能靠烂笔头喽。"但我们都知道这老头烂笔头下记载的可是闪光的真知灼见啊！陈先生多产而深刻的随笔正是锲而不舍、不断积累的硕果！更是陈先生勤奋与思辨、言之有物、物物见真、一以贯之的思想真情！

旅途中，陈先生还多次展示了他刚直、不屈服于权贵的真性情。记得我们在圣彼得堡游河时，由于卢布贬值，我们带的外币升值，发挥了不小的作用。我们用外币租了一条涅瓦河上不错的游船，船老大还为我们准备了丰盛的俄式晚餐。船上除我们外还有中国建筑学会的一位领导，正好他在圣彼得堡公干，我们与他同游了一天圣彼得堡的城市景观，欣赏了涅瓦河两岸的美景。河海相交处深蓝色的河水荡漾在游船的船帮，天海交融，城市与建筑及自然的美景给我们留下了深刻的印象。大家兴致很高，欢声笑语中欣赏着沿河的风光，与对面游船上欢乐的客人愉快地挥手相互致意，一派大团结其乐融融的气氛。陈先生也很高兴，与我说着彼得大帝向西打开大门、建设东方威尼斯圣彼得堡的盛况。但全程陈先生没有与学会领导交谈。这位领导也是清华校友，曾经是陈先

图15 米尔古堡小镇的总建筑师陪同访问（摄影：冯全良）

生的学生，领导走过我们身旁，点头向陈先生致意，陈先生将头扭向了另一个方向。晚餐时领导向陈先生敬酒，酒杯停留在空中许久，陈先生硬是没有抬头，当时我们这帮小年轻摸不着头脑。也许名士总是特立独行，我行我素。多年后我才知陈先生与学会刊物的矛盾，为批评者的执着暗自击掌。这就是陈先生对我的身教，因为他相信："唯天下之至诚能胜天下之至伪，唯天下之至拙能胜天下之至巧。"他和我说过做学问就要至诚不伪、做人就要至拙不巧。这也是一个真正的历史学者堪称打不死、炖不烂的铜豌豆精神，我究历史清，历史奈我何！

十五天愉快的旅行就要结束了，大家不仅游历了莫斯科、圣彼得堡、明斯克城市的美景，感受了各地多彩的建筑，体验了不同的风土人情，而且我们年轻人之间、我们与陈先生之间也形成了非常好的友情。机场上，我托大家帮我带回去两箱书，说很不好意思占据大家的行李空间。陈先生听说要带书，面露满意、赞许的微笑说："用我的行李指标，好样的。"这样的夸奖让我得意了许久，同时也感到先生殷切的希望。包装好行李，大家一一握手告别。陈先生摸出口袋里剩余的卢布，又从衬衣口袋中摸出一个清华的信封，对我说："留着这些买书吧。"信封的温度让我再次感动，再次感到陈先生殷切的希望。随后各位老师也都将剩余的卢布留给了我……温馨的场面让我久久难以忘怀。陈先生信封中是没有兑换的一百五十美金，此行中他仅仅兑换了五十美元的卢布，他说过要给老伴买一个俄罗斯套娃作为留念，我知道在弗拉基米尔郊外陈先生买了一个便宜的小小套娃，当时还和旅游纪念品摊贩谈了一会儿价钱……后来我回国带了一套大大的套娃送给陈师母，师母高兴了很久。我要还钱给陈先生，陈先生只是问书买了吗？我说买了不少。陈先生说买好书仔细看，就不用还钱。

我永远记得陈先生当时支持我的神态，忘不了那个带着先生体温的清华信封，信封的校徽上自强不息、厚德载物的校训让我再次体会到清华精神的力量。

九、短暂的旅行，永远的教诲：终生的收益

短暂的旅行虽然结束了，但从此我与陈先生开始了新的交往。回国后陈先生一直鼓励我进行苏联前卫建筑与现代建筑起源的研究，并对我的研究工作给予了极大的支持和热情的帮助。先生殷切的希望促进了我断断续续的探索。还记得2002年，我在北京工业大学教书时，先生从清华园独自一人打车到三十多千米外的平乐园，参观了我们组织的"从呼捷马斯到莫斯科建筑学院"的展览，一张一张图板仔细看了四十多分钟。七十三岁的老人让在场的后学们敬佩不已。先生不仅对我们的工作予以了高度的赞扬，而且还谆谆教导说："希望利用好这些来之不易的资料，将莫斯科前卫建筑运动纳入欧洲、世界现代建筑起源发展的历史中进行深入研究，知其然并知其所以然。"他指导我将苏联构成的教学方法与包豪斯进行比较研究，总结这些至今仍具有重要影响的教学方法及其经验。他还深刻地指出，欧洲今天许多学校，如瑞士、法国、意大利等国的学校的现代设计教学仍受到20世纪20年代苏联人深刻的影响。当时先生娓娓道来，如数家珍似地论述展示了自己年轻时深刻的研究、年长以后纯熟的思辨。2015年，我出版的三本教材应用呼捷玛斯的教学遗产探讨了新的基础教学，得到了陈先生的大加称赞，愚钝的后学总算没有辜负先生的殷切希望。

当时在场的建筑出版界元老、著名的建筑史学家、编辑家杨永生先生也非常赞同陈先生的说法，并补充道："这段历史在现代建筑起源发展历史上的贡献不可抹杀，希望有系统而深入的研究。研究对象不仅是建筑作品，更要研究建筑师之间的相互影响，还要研究那段历史中社会、文化、哲学、学术之间相互影响的关系，那个阶段是二战前翻天覆地式发展的基础，喷薄而出了许多有影响力的思想，这些也是日后人类建筑文明发展的重要起源。"两位先生灼言真见令我不敢松懈，也是我前进中重要的支持力量。

当时北京工业大学正在进行教学评估，同所有的学校一样，评估总是关乎学科生死存亡的头等大事。在我们研讨时，学校、学院领导及评估专家等一群人来到了会场，陈先生正在讲话，他看到这些领导时并没有停下来，仍不紧不慢地说着，甚至提升了一些音调。估计这些评估专家圈里人也都知道陈先生的影响。当时北京工业大学的院长是清华大学的一位女学长，她优雅且小声地介绍了展览研

讨的情况。她带着一行人谦卑地从侧门静静离开了，可能是不愿意打扰陈先生的发言。陈先生不卑不亢的神情和气场展现了学者的学术风范。会议结束后，陈先生没有留下来共进晚餐，只是说多留些经费省些饭钱也要做些真正的研究，嘱咐我出版好这些资料，并为《呼捷玛斯》一书做了一篇热情洋溢的序言（图16），让后学感动良久。陈先生对我的这些支持一直是我研究的动力，只是由于种种原因，此书一拖再拖，在呼捷玛斯百年纪念时又发生了疫情，直到今天才将要出版，这成了我终生的遗憾。拖延中的书一直没有出版，几次和先生通电话中我都非常羞愧，甚至回避先生的关心，但几次陈先生总是不紧不慢地说："慢工出细活，有些工作是需要时间的，坚持就是希望。"这是陈先生对我的教诲，使我深耕，促我奋进！

陈先生离开我们了。商务印书馆为陈先生出版了十二本厚厚的文集，著作的700万字是先生研究的成果，字里行间留下的是一位真正学者的仗义执言。锋利的笔如刀箭般刺向一切他认为的丑恶与弊端，对任何人都不留丝毫情面。陈先生的研究横跨古代与现代。他从社会、文化、美学、人类文明等角度，在自己坚定的历史观、价值观和文化观的引领下，对建筑史进行深入研究。与一般历史学者的研究不同，陈先生将对建筑历史研究的思考放到整个世界、整个历史背景中，清晰地认知到17世纪前的世界建筑史多是皇权贵族的情趣史，虽然他并不否认这些建筑的创造性价值。对于现代建筑，他则一贯坚持科学与民主的观点，强调为普通人服务的观点，坚持建筑功能、实用与技术创新相结合的方法。

陈先生并未局限于西方建筑史的研究，他对社会主义国家苏联建筑史的研究更是观点鲜明。他翻译了可以说是中国第一部的俄罗斯建筑史，对苏联20世纪20年代前卫建筑创新的贡献进行了中肯的评价，并且对苏联前卫建筑与欧洲现代建筑发展的渊源进行了深入研究；对20世纪50年代苏联学者唯建筑造型艺术论的观点进行深刻批评并切中要害，对其影响及研究方法的本质缺陷认知清晰；对西方学者解构主义理论试图利用苏联构成主义的形式语言深恶痛绝，毫不留情地指出其本质。关于苏联前卫建筑的研究，陈先生所写文章的历史观、价值观、研究的深度与广度超越了西方的学者，甚至超越了苏联本国的研究学者，只可惜这些文章没有外文译本，外国建筑理论作家少有懂中文的，这是极大的遗憾。关于中国乡土建筑的研究，陈先生可以说是开拓者，不仅就研究的数量而言，更是就创造性的研究方法而言。其研究理论内容深厚，对中国现代社会中的各种奇怪现象，如对封建风水假象、封建传统和殖民心理等根深蒂固的影响发出了尖锐的怒吼，这至今都

图16 陈先生为呼捷玛斯一书所写的序

是后学们模仿的对象。

对于建筑史研究中的历史史观，陈先生认为多种史观的写法都可以存在，而且坚持认为"唯物史观""阶级分析"的方法并不过时。陈先生不是共产党员，但他比许多人更执着于天下为公的理念，是一名坚定的社会主义者。从1949年年轻的他选择留在中国的那一刻起，为民发声、为群请愿、为众呐喊，无论何时都不减初心的纯念。陈先生始终认为建筑理论应该研究普通大众的建筑需求、满足民众生活的需要，认为建筑学就是人学，建筑教育应包括对建筑师人格的教育。他发出了功能主义就是人道主义、"物惟求新"、"为我们的时代思考"的呐喊。

关于陈先生的学术思想、教育思想、历史理论、研究方法和内容及其相关性方面的研究完全可以写成一篇系统性的博士论文，因为他是一名真正的思想家，不仅仅是建筑界的思想家。有人说陈先生就是中国建筑界的鲁迅，我认为并不夸张，这是实至名归的真实评价。有人说，到了21世纪，我们将不缺钱、不缺技术，但我们将缺思想。而没有思想，将是民族命运的悲哀。民族命运的命题也许太远了太大了，但没有思想肯定将是中国建筑界的悲哀！

谨以此文怀念陈志华先生，非常怀念与先生一起的日子！永远的清华老先生！

Research on the Excavation and Inheritance of the Spring and Autumn Period and the Warring States Period Culture in the Ancient Capital City of Zheng and Han

郑韩故城春秋战国文化挖掘与传承研究

闫 琰*（Yan Yan）

摘要：位于河南新郑的郑韩故城是春秋战国时期郑国、韩国的都城，距今已有近 2 800 年的历史，并且拥有丰富的地面和地下遗存，包括目前世界上同时期保存最完整的古城垣之一、李家楼郑公大墓、郑国祭祀遗址、春秋贵族墓葬群和大型车马坑、韩国宫城遗址、韩国宗庙遗址、韩国宫殿建筑基址、韩国冰井窖藏遗址、韩国手工作坊遗址、韩国墓葬区等。1961 年，郑韩故城被列入第一批全国重点文物保护单位，2017 年 12 月郑韩故城考古遗址公园获得第三批国家考古遗址公园称号。对于这样一座古城，挖掘其真正的文化内涵，探索一种可以将文化融入当下生活进行传承与传播的方式是一件甚有价值的事。当下的许多文化古城普遍面临两个问题，一个是对文化的挖掘不够深入，导致古城不能真正散发出内在的文化魅力；另一个是对文化的利用不够，导致文化无法融入当下生活。所以关于郑韩故城文化挖掘与传承的两个问题就是本文的研究重点。

关键词：春秋战国；郑韩故城；文化基因；文化挖掘；文化传承

Abstract: Located in Xinzheng, Henan Province, the Ancient Capital City of Zheng and Han was the capital of the State of Zheng and Han during the Spring and Autumn Period and the Warring States Period. It has a history of nearly 2,800 years and is rich in surface and underground remains. It includes one of the most complete preserved ancient city walls of the same period in the world at present, Prince Zheng Tomb of Lijialou, the Sacrificial Site of Zheng State, the Spring and Autumn Noble Tombs and Large Chariot Pits, the Palace City Site of Han State , the Temple Site of Han State, the Palace Building Foundation of Han State, the Ice Well Hoard Site of Han State, the Handmade Workshop Site of Han State, the Burial Area of Han State, etc.In 1961, the Ancient Capital City of Zheng and Han was listed in the first batch of Chinese National Key Cultural Relics Protection Units, and in December 2017, the Ancient Capital City of Zheng and Han Archaeological Site Park won the title of the third batch of National Archaeological Site Park.For such an ancient city, how to explore its real cultural connotation and explore a way to integrate culture into current life and obtain inheritance and dissemination is a very valuable thing. Many cultural ancient cities currently face two problems, one is that the excavation of culture is not deep enough, thus the ancient city can not really send out the inherent cultural charm.The other is the insufficient use of culture, thus culture can not be integrated into the current life.Therefore, this paper focuses on two questions about the excavation and inheritance of the Ancient Capital City of Zheng and Han.

Keywords: the Spring and Autumn Period and the Warring States Period; Ancient Capital City of Zheng and Han; cultural gene; cultural excavation; cultural inheritanc

* 中国艺术研究院博士生，郑州西亚斯学院讲师。

一、郑韩故城的历史与文化遗产

（一）郑韩故城的历史

郑韩故城位于河南省郑州市新郑市，是春秋战国时期郑国、韩国的都城。公元前806年，周宣王将其兄弟姬友封到镐京附近的咸林，国号郑。西周末期，王室危机四伏，姬友（郑桓公）先后灭掉郐与东虢，东迁至郐、虢之间（今河南荥阳、新郑一带）。公元前770年，西周火亡，周平王东迁，郑武公（郑桓公之子）因拥护周平王东迁有功，在原郐、虢故地重建郑国，都于新郑[①]，公元前375年，韩灭郑，自建国至灭亡，郑在新郑立国394年[②]。

韩国，春秋时晋国六大夫、战国七雄之一，公元前403年，周王室正式承认韩景侯为诸侯，韩国迁都阳翟（今河南禹州）。公元前375年，韩哀侯灭掉郑国，迁都新郑。公元前230年，秦灭韩。韩国在新郑立都145年[③]。

新郑在春秋战国时期先后作为郑国和韩国的都城长达539年，至今保留了目前世界上同时期保存最完整的古城垣之一，经考古挖掘，工作人员勘探出了郑韩故城的基本布局，也有多项重大考古发现，由于春秋战国时期距今时代久远，很难有地面木构建筑遗存，保存下来的多为夯土城墙、陵墓、遗址等，如李家楼郑公大墓、郑国祭祀遗址、春秋贵族墓葬群和大型车马坑、韩国宫城遗址、韩国宗庙遗址、韩国宫殿建筑基址、韩国冰井窖藏遗址、韩国手工作坊遗址、韩国墓葬区等。

这些留存下来的人类历史遗迹我们可以统称为"文化遗产"。"文化遗产"一词源于1972年联合国教科文组织通过的《保护世界文化和自然遗产公约》（简称《公约》），其中对"文化遗产"进行了阐释，包括古迹（monuments）、建筑群（groups of buildings）和遗址（sites），结合英文我们可以做一个分类，三种类型中"建筑群"主要指保存较完整的建筑或建筑群，比如中国的北京故宫。而"古迹"与"遗址"的区别，通过英文的表述可以看出，古迹偏向具有纪念性质，而遗址偏向更大范围的有人类工程的场地，所以郑韩故城由于年代久远，多为古迹和遗址，为表述方便，统称为"文化遗产"。

本文选取郑韩故城中具有代表性的文化遗产进行详细阐述，从中可以勾勒出郑韩故城的文化底蕴与特色，包括世界上同时期保存最完整的古城垣之一的郑韩故城城墙遗址、诞生"新郑彝器"的李家楼郑公大墓、郑国祭祀遗址、春秋贵族墓葬群和大型车马坑。

（二）城墙遗址

郑韩故城虽有郑国和韩国先后在此定都，但整个城市布局前后变化不大，由于新郑东临黄水河（《诗经》中的溱水），西南为双洎河（《诗经》中的洧水），地处两河交汇地带，所以城市随河流走向布局。至今两条河流依然流淌，在《诗经·郑风》中有一篇《溱洧》，描述了郑国三月上巳日青年男女在溱水和洧水边游春的情景[④]：溱与洧，方涣涣兮。士与女，方秉蕑兮。女曰："观乎？"士曰："既且。且往观乎？洧之外，洵訏于且乐。维士与女，伊其相谑，赠之以芍药"。

郑国和韩国时期的故城布局面貌整体比较接近，郑国时期宫室林立，文献《左传》中提到有西宫、北宫和大宫[⑤]。根据考古勘探，在城市西北角和中部区域均发现宫殿遗址。西南城墙位于双洎河西南部，沿着河水走向布局，东西长约5 000米，南北宽约4 500米[⑥]，东部城墙沿黄水河西岸南北走向布局，北部城墙东西布局。韩国时期，宫城位于西北部，北部和东部城墙与郑国的基本一致，西南部城墙可能由于水流的冲击对城墙产生了破坏，人们于是将城墙建在双洎河东北岸，并在城市中间建设一道南北向的夯土城墙。其长4 300米，将城市分成西城和东城两个部分，在《新郑县志》中称为"分国领"或"分国城"，西城为主城或内城，内部为宫殿和贵族居住区，东城为外廓城或外城，主要是手工业者、商户和普通市民居住区[⑦]。杨宽先生认为春秋战国中原都城为西"城"东"郭"连接布局，这种布局是西周初期东都成周开创的，到了春秋战国这种布局被许多王采用[⑧]。

现存的城墙遗址除了西南城墙可能受到河水冲击存留较少，北部、东部和中部的城墙较为完整，城墙用黄土或红黏土分层夯筑，保留在地面以上的墙体残高15~18米，城墙底宽40~60米[⑨]。作为距今超过2 000年的城墙，能够保留得如此完整实属珍贵，所以如何能够在更好的保护基础上让当下的人们和这些珍贵的古城墙产生交流是本文后面将要论述的问题。

（三）李家楼郑公大墓

新郑李家楼郑公大墓被发现于1923年8月25日，9月至10月初挖掘[⑩]，出土文物百余件，其中以青铜器为主，包括闻名于世的莲鹤方壶等。这次发现并非考古挖掘，而是在河南新郑李锐园中因凿井、灌溉而发现这批铜器，约89件。9月17日尽数运往开封古物保存所保存。后继续挖掘前后共百余件[⑪]，均归保存所。这时还处在中国考古学建立的前夕，一般认为中国考古学的建立始于1928年清华研究院的李济先生在山西夏县西阴村的考古挖掘以及1928年中央研究院历史语言研究所的殷墟考古挖掘。郑公大墓的发现出于偶然，后来由靳云鹗派参谋会和县中官绅进行挖掘，并未运用考古学的方法，所以不算考古[⑫]。但值得庆幸的是，郑公大墓的挖掘虽不及真正的考古挖掘那样科学系统，但是相较于同时期其他挖掘来讲，还是有进步的地方。其他墓葬挖掘出的青铜器多数流散欧美，而郑公大墓的器物基本上能够集中保存，在那个时期为首次，这些文物也是曾经的河南古物保存所即现今河南博物院的第一批文物。

李家楼郑公大墓不仅器物大部分得到集中的保存，而且由此产生的著录也十分丰富，包括蒋鸿元《新郑出土古器图志》（1923 年）、关葆谦《新郑古器图录》（1929 年）、孙海波《新郑彝器》、谭旦冏《新郑铜器》等[13]。对于李家楼郑公大墓年代的讨论主要有两种说法，1924 年王国维先生根据唯一有铭文"王子婴次之卢"的器物提出"然则新郑之墓当葬于鲁成公十六年鄢陵战役之后，乃成公以下之坟墓矣"[14]。所以王国维先生认为李家楼郑公大墓应为鲁成公十六年（公元前 575 年）之后建造的。1932 年，郭沫若先生提出不同意见，他认为"新郑之墓当成于鲁庄公十四年（公元前 680 年）后三五年间。墓中殉葬器物至迟亦当作公元前 675 年"[15]。两位学者的观点相差 100 年，到了 20 世纪 50 到 60 年代，考古人员根据其他考古发现进行类型对比，认为李家楼郑公大墓最可能是郑成公（卒于公元前 571 年）或郑僖公（卒于公元前 566 年）的陵墓。

（四）郑国祭祀遗址

郑国祭祀遗址的挖掘自 1996 年 9 月 24 日至 1998 年 12 月 3 日，历时两年多，共发掘 8 000 余平方米，清理春秋青铜礼乐器坎 18 座，殉马坎 45 座，社壇墙基 30 余米，各时期灰坑 589 座，水井 99 眼，各时期土坑（洞）和砖室墓 141 座，瓦棺葬 31 座，烘范窑 3 座，灶 9 座（包括汉代 2 座），沟 13 条。其中较重要的遗存除礼乐器坎和殉马坎外，还出土了一大批东周时期的礼乐器铸范、钱币范、生产工具范、残熔炉块、炉砖、泥范芯及铁生产工具等[16]。

这次考古，出土文物数量多，等级高，所以研究人员对其遗址性质有过一段时间的研究。最开始由于发现众多殉马坎，考古人员认为附近应该有等级很高的墓葬，但随着考古挖掘的深入，发现越来越多的殉马坎和青铜礼乐器坎，而没有发现与之相关的墓葬（在此处发现了汉代和宋代的墓葬，但是与这些青铜礼乐器坎和殉马坎没有关系），后来考古人员发现了 30 余米的墙基，与普通城墙不同的是这组墙基的宽度仅为 1 米左右，古代社稷壇包括社壇与坛墙，"壝"即矮墙，所以这组墙基应该是祭祀遗址周围的社壝墙。

此处遗址位于宫殿遗址的东部，根据上文提到的春秋战国时期许多城市的西"城"东"郭"的布局，杨宽先生还认为这一时期的城市是坐西朝东的，以东门为正门[17]。根据《周礼·考工记》中对古代营建都城的记载："匠人营国，方九里，旁三门。国中九经九纬，经涂九轨，左祖右社，面朝后市，市朝一夫。"在宫殿前方布置"左祖右社"，"祖"即祖庙，"社"即社稷壇，根据新郑考古挖掘，在郑国祭祀遗址北边发现了一组春秋时期建筑群，并有用动物祭祀的痕迹，从方位角度来看，若此时城市坐西朝东，那么郑公大墓正位于宫城"右"（南）边，即"社"的位置，而北边有建筑遗址的区域正位于宫城"左"（北）边，即"祖"的位置[18]。

（五）春秋贵族墓葬群和大型车马坑

1996 年 7 月 11 日，在位于郑韩故城东城西南（新郑市文化路南端）的一处工地上，钻探队的人员正在进行钻探，结果发现了 1 座长约 25 米、宽约 21 米的特大墓葬和 14 座大中型墓葬，1 座长约 10 米、宽约 8 米的车马坑（一号车马坑）（图 1）[19]。后经文物部门勘探，此处为春秋时期郑国国君及其家族的墓地。该区域有春秋墓葬 3 000 余座，大中型车马坑 23 座，其中超过 6 米的大型墓约 180 座，长宽均超过 20 米的特大型墓 4 座。2002 年，新郑市在此建成郑国车马坑遗址博物馆[20]。

现在郑国车马坑遗址博物馆对外展示的有：郑公大墓（图 2）、郑国大夫级贵族墓葬、一号车马坑、三号车马坑（图 3）。其中较早挖掘的一号车马坑中出土了 22 辆车和 40 余匹马，车辆均为实用车辆而非明车，且采用上等木料刷漆制成，这反而为考古挖掘带来了困难。因为一般的木材在十多年间就会腐朽，周围的土可以进入腐朽的地方填充，最终会形成原来木头的形状。但是由于这批车辆木料上乘不易腐烂，当木头逐渐腐烂时周围的土质已经不再松软，无法进入木头内部，所以在挖掘的时候木头中间出现中空的情况，后经研究决定采用灌注石膏成型的方式，得以保留车子的形状。

一号车马坑虽然面积不算最大，但出土的车辆众多，和其他同时期的车马坑相比较，已知发现的车辆最多的车马坑是河南淮阳马鞍冢 2 号战国车马坑，有葬车 23 辆；山东临淄淄河店 2 号战国墓中有葬车 22 辆；河南三门峡虢国墓地春秋早期国君的最大车马坑中有葬车 19 辆，所以一号车马坑应为国君墓的陪葬坑[21]。

郑公大墓于 2002 年 8 月开始挖掘，是目前发现的春秋时期唯一的双墓道郑公大墓，"墓葬平面呈'中'字，南北总长 45 米。墓室长 13.9 米，宽 10.95 米。南墓道长 21 米。北墓道长 10 米。南北墓道摆放大型安车、中型仪仗车、行车（图 4）、小型战车等 45 辆。墓室三棺两椁与《庄子·天下》载'天子棺椁七重，诸侯五重，大夫三重，士两重'相吻合"[22]。

2017 年，河南省文物考古研究院挖掘了东周时期最大的车马坑即三号车马坑。其位于郑公中子型大墓西边 10 米处，坑口南北最长 11.7 米，东西最宽 10.6 米，深 5.9 米，坑中清理出至少 124 匹马、4 辆车[23]。由于发现了众多的马匹和少量的车，此坑应为郑公大墓的陪葬坑，且原来应该是用于存放马匹的，可能是郑公大墓两边墓道放置 44 辆车后已满，便将剩余 4 辆车放入三号车马坑中，由此推算，郑公大墓的陪葬车辆有 48 辆，马超过 124 匹，规格颇高。

二、郑韩故城代表文物与文化属性

（一）郑韩故城出土重要文物

郑韩故城的重要遗址上文已有论述，这些遗址中都出土了大量的珍贵文物，其中李家楼郑公大墓的代表文物有莲鹤方壶、"王子婴次"青铜炉，郑国祭祀遗址的代表文物有成套的礼器和乐器，如九鼎七簋、编钟，郑国车马坑中出土了大量车马，这些文物都是郑国的时代缩影，从这些文物中我们可以读取到那个时代的文化片段，从而寻求其背后的文化属性，所谓一叶知秋。

（二）莲鹤方壶的文化属性

莲鹤方壶是新郑出土青铜器的代表，同时也是河南博物院的镇馆之宝，确有其独具特色的魅力（图5）。出土于李家楼郑公大墓的莲鹤方壶共有两件，形式基本相同，大小略有不同，现在分别藏于河南博物院和故宫博物院，河南博物院的一件通高117厘米，口长30.5厘米，口宽24.9厘米；故宫博物院馆藏的一件比这件略大，通高125.6厘米，口长31.6厘米，口宽26厘米。本文以河南博物院这件为主要研究对象。

莲鹤方壶整体的造型和细节可以找到三个方面的来源[24]，首先是方壶的器型源于西周方壶。著名的西周晚期青铜器颂壶（图6）就是这种方椭圆形腹壶，壶体花纹也比较接近，为一首二身对称龙纹。其次是莲鹤方壶最具特色的顶部"莲"与"鹤"的形象来源，根据两周时期的晋侯墓出土的两件青铜器，晋侯壶（图7）和立鸟盖壶（图8）的形式，可以看出莲鹤方壶壶盖围绕一圈的莲花形象与晋侯壶波形壶盖有相似的表现手法，并且晋侯壶的壶身纹样更接近颂壶。莲鹤方壶中立鹤的形象也可以在立鸟盖壶中找到相近的表现手法，只是相较立鸟盖壶中鸟的表现手法，莲鹤方壶的立鹤更加灵动，这应该与下面的影响有关；最后的影响因素应该是源自郑国南部的楚文化，从1978年河南淅川下寺1号楚墓出土的龙耳方壶（图9）上可以看出楚国青铜器特有的灵动感，器物上面的神兽生动得好似可以从器物上跳脱出来，壶身两侧的龙形耳和底部的虎形足与龙耳方壶几乎一致。若与西周的颂壶和晋地的晋侯壶比较，能够更加明显地感受到楚地青铜器的灵动，龙形耳和虎形足的造型曲线极富动感，龙头伸舌头的造型极具创意，让负重的龙有种压力感，这些龙作为神兽被表现在器物周围又显得非常温顺，没有了之前饕餮那种狰狞的面容，是否象征着一种人类征服了神兽的理念，或者是青铜器的象征仪式和威严作用的消解，继之则是一种更加趋于装饰性、表现性的功能？当然，礼仪的象征意义依然存在。

（三）郑韩故城的文化属性

在前文的基础上，我们可以从遗址和文物两个方面对

图1 一号车马坑 来源：河南省文物局《郑国车马坑遗址博物馆》

图2 郑公大墓南墓道葬车 来源：河南省文物考古研究院《河南新郑郑国三号车马坑》[J].《大众考古》,2018年第4期

图3 三号车马坑 来源：河南省文物考古研究院《河南新郑郑国三号车马坑》[J].《大众考古》,2018年第4期

图4 郑国行车复原 来源：郑国车马坑遗址博物馆

图5 莲鹤方壶 来源：作者自摄

图6 "颂"青铜壶来源：作者自摄

图7 晋侯壶 来源：胡春良,刘建璐《山西晋侯墓出土的青铜器》[J].《收藏》,2018年02期

图8 立鸟盖壶 来源：胡春良,刘建璐《山西晋侯墓出土的青铜器》[J].《收藏》,2018年02期

郑韩故城的文化属性进行分析。从遗址方面来说，郑韩故城保留了丰富的文化遗存，这些文化遗存自身具有很强的文化属性，是郑韩故城的文明见证，这些城墙、陵墓、祭祀遗址都真实地留下了时代的痕迹。但是这类文化遗址也有一些问题，由于遗留下来的遗址多为夯土遗址或陵墓，遗址的文化感染力较低，不容易让大众通过对遗址的直接感知认识到春秋战国时期郑韩都城的文化，所以还需要通过文物，让大众更加真切地感受郑韩故城的文化。文物是人类文明的结晶，郑韩故城出土的众多青铜器，由于材料相对容易保存，虽然已有超过两千年的历史，大多仍十分完整。人们通过对青铜器的研究，可以真切地反映当时的社会文化，正如上文的分析一样，从莲鹤方壶中，可以看出不同青铜器之间的传承关系，可以了解到郑韩故城地处晋国和楚国之间，受到中原周文化和南方楚文化的双重影响。莲鹤方壶可以成为研究两种文化之间交流的纽带，这样从文物到文化便有了依据。

所以郑韩故城文化属性的特色应该是一方面发挥其现存遗址的文化效力，这是最直观的文化感知，即使人们对郑韩文化了解不多，当看到一处两千多年的遗址遗存时还是会感受到其时代给予的震撼；另一方面要体现郑韩故城在春秋战国文化中的文化特色，因为春秋战国时期有许多的国家，所以要找出郑韩故城的独特之处，即作为中原与楚文化的交界，体现出两种文化融合的特色，所以可以将这种文化融合作为郑韩故城的文化特色进行挖掘。

三、郑韩故城的文化传承

（一）郑韩故城文化活态传承

郑韩故城的文化传承可以从两个方面着手，分别是物质文化遗产的活态传承和文化精神（非物质文化遗产）的活化利用。

活态传承是当下文化遗产（包括物质和非物质）传承的一个重要理念，是一种让文化遗产与当代人产生联系的方式，即让过去的遗产重新进入当代人的生活，并产生活力。如果要让文化保持活态，需要形成一种良性的文化场，这种文化场可以分三个层次，由内而外分别是文化基因、文化遗产和文化产业（图10）。文化基因是郑韩故城文化

的根本属性，上文进行过讨论，就是郑韩故城最具文化特色的属性，也是所有郑韩故城文化遗址共同体现的文化属性，是在物质实体中的精神内核，也是郑韩故城文化传承的核心。这些文化基因的第一层物质表现方式就是当下存留的文化遗产，这些文化遗产是精神的载体，也是第一载体。通过接触文化遗产，人们可以近距离地接触郑韩故城的文化。第三层的表现方式就是文化产业，这是对于第一层文化基因和第二层文化遗产的扩展表达，也是文化能够活态传承的关键，因为文化产业才真正能够与当代人的生活产生关联，并与当代人的生活产生互动，所以也是沟通文化基因、文化遗产与当代人的桥梁，所以活态传承的关键就是文化产业的发展。但是文化产业也不能脱离文化基因和文化遗产的核心属性，否则就不能称为文化产业。

（二）郑韩故城文化产业发展

经过上文的论述，可知文化遗产的活态传承的关键是文化产业在当下的发展，这里面包含两个方向的维度，作为文化基因和文化遗产与当下社会的桥梁，文化产业既要传承真正的文化，又要发展有吸引力的产业，两者缺失任何一个方面，都不能算是真正发展了文化产业。

1.品牌文化活动建设

品牌文化活动应当围绕郑韩故城的文化遗址并结合中国传统文化习俗以及其中与郑韩故城有密切关系的方面展开，比如围绕新郑出土的青铜器尤其是乐器展开表演活动；也可以根据《诗经》中《国风·郑风》中的描述，恢复一些传统习俗。比如《郑风·溱洧》中描述的就是郑国三月三日上巳节，青年男女在溱水和洧水岸边游春的情景。上巳节在中国传统文化中是一个很重要的节日，在北方有"三月三，轩辕生"的说法，现在新郑也会在三月三举行黄帝大典。但其实根据《诗经》的记载，三月三这天，也是青年男女游春之日，《诗经》中提到的溱水和洧水如今仍在流淌，所以这天也可以组织一种沿城墙和河流的游春活动，让曾经的文化通过现存的遗址重新回到人们身边。遗址博物馆可以举办一些围绕出土文物的文化活动，比如车马坑遗址博物馆可以复原战国的车马，让观众能够通过乘坐的方式感受当时的车马设计。从城市的整体角度上，应该将各种活动进行整合，增加彼此之间的联系，形成文化合力。

2.文化衍生品开发

郑韩故城有着自己独特的文化名片，闻名全国的莲鹤方壶却有许多人并不清楚的地方，甚至连郑韩故城所在地的新郑人，都不清楚当地的文化名片，也不清楚当地有着如此厚重的文化基因。

文化衍生品是一种比较好的宣传方式，应该基于郑韩故城的文化基因开发一系列文化衍生品，让这些属于郑韩故城的文化衍生品在新郑城市和文化活动中流通。尤其是一些文化景点，笔者曾经去过一些新郑的文化景点，并没有看到有文化承载量的衍生品，大多是千篇一律的旅游产

图9 龙耳方壶 来源：河南博物院

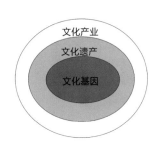

图10 文化构成 来源：作者自绘

品，在这些方面还有很多可以改善。

除了这些可以带走的文化衍生品，还可以建设一些固定的文化衍生品，打造城市的文化氛围，让郑韩故城的文化符号更加清晰，比如进行旧城改造或者沿文化遗产周边进行建设时，多考虑郑韩故城的文脉，对于文化元素的提取也不能太过表面，应当注意文脉性和深入性。

3.互联网联通文化资源

互联网的运用可以成为连接各种文化资源的纽带。由于郑韩故城各处文化遗址都呈现散装布局，在全国其他故城都存在这样的情况，可以建设一个网络平台，在平台上将各处文化遗址标注出来，相当于一个在线旅游地图，为了更加体现文化性质，可以将页面设置成郑韩故城古时的平面布局，同时结合当下的城市地图，让大众可以清晰明白自己去的地方在古代是什么位置，这样城市的整体感就加强了，大众也更加容易感受春秋战国时期的城市样貌。

若是能够融入游戏寻宝，相信能够增强城市文化的整体性，比如做一系列的打卡手册，其中有每个文化景观的打卡介绍，并且将打卡位置经过层层设置，使其具有一定的难度和趣味性，结合网络，营造一种贯穿全程的春秋战国时期郑韩故城之旅。相信通过这样的方式，大众对郑韩故城会有更加深入的感知。

四、结论

本文梳理了郑韩故城文化遗址遗存，进一步通过遗址和文物分析郑韩故城自身的文化属性，最终探讨如何能够更好地传承这种城市文化，通过对郑韩故城遗址和文物的分析，提炼出郑韩故城在春秋战国时期独特的文化属性，由于其具有独特的地理位置，既靠近东周的文化中心，又临近楚国，所以传承周文化和吸收楚文化成为其文化特质，两种完全不同风格的属性在郑韩故城碰撞出了如莲鹤方壶这样的文化瑰宝的火花。对文化的挖掘应当是挖掘到其文化的本质属性，从而挖掘出一个鲜活且有特性的文化内涵，然后将其拓展开来，无论是举办活动还是建设大遗址，都要把握核心要素，才能传承有活力的文化基因。

注释

① 河南博物院编：《逐鹿与争鸣：东周时期》，科学出版社，2017年6月，第30页。
② 河南文物考古研究所编：《新郑郑国祭祀遗址》，大象出版社，2006年1月，第2页。
③ 河南博物院编：《逐鹿与争鸣：东周时期》，科学出版社，2017年6月，第120页。
④ 王秀梅译注：《诗经（上）》，中华书局，2017年3月，第185页。
⑤《左传·襄公十年》记载："冬十月戊辰，尉止、司臣、侯晋、堵女父、子师仆帅贼以入，晨攻执政于西宫之朝，杀子驷、子国、子耳，劫郑伯以如北宫。"《左传·隐公十一年》记载："郑伯将伐许，五月甲辰，授兵于大宫。"
⑥ 董鉴泓主编：《中国城市建设史（第三版）》，中国建筑工业出版社，2011年8月，第21页。
⑦ 董鉴泓主编：《中国城市建设史（第三版）》，中国建筑工业出版社，2011年8月，第22页。
⑧ 杨宽著：《中国古代都城制度史》，上海人民出版社，2016年7月，第62页。
⑨ 马世之：《新郑郑韩故城》，载《中原文物》1978年第2期。
⑩ 河南博物院，台北历史博物馆编：《新郑郑公大墓青铜器》，大象出版社，2001年10月，第8页。
⑪ 河南博物院，台北历史博物馆编：《新郑郑公大墓青铜器》，大象出版社，2001年10月，第11页。
⑫ 河南博物院，台北历史博物馆编：《新郑郑公大墓青铜器》，大象出版社，2001年10月，第8页。
⑬ 河南博物院，台北历史博物馆编：《新郑郑公大墓青铜器》，大象出版社，2001年10月，第9页。
⑭ 王国维：《王子婴次卢跋》，载《学衡》，1925年46期，第83-120页。
⑮ 河南博物院，台北历史博物馆编：《新郑郑公大墓青铜器》，大象出版社，2001年10月，第10页。
⑯ 河南省文物考古研究所编：《新郑郑国祭祀遗址》，大象出版社，2006年1月，第17页。
⑰ 杨宽著：《中国古代都城制度史》，上海人民出版社，2016年7月，第70页。
⑱ 河南省文物考古研究所编：《新郑郑国祭祀遗址》，大象出版社，2006年1月，第915页。
⑲ 马俊才，衡云花：《大型车马坑惊现郑韩故城——新郑春秋大型车马坑挖掘的前前后后》，载《寻根》，2001年5期，第65页。
⑳《郑国车马坑遗址博物馆》，河南省文物局网站：https://wwj.henan.gov.cn/2022/09-21/2610934.html
㉑ 马俊才，衡云花：《大型车马坑惊现郑韩故城——新郑春秋大型车马坑挖掘的前前后后》，载《寻根》，2001年5期，第73页。
㉒ 内容来源：《后端湾郑国贵族墓地"中"字形郑公大墓》，郑国车马坑遗址博物馆展厅展板内容。
㉓ 河南省文物考古研究院：《河南新郑郑国三号坑》，载《大众考古》，2018年4期，第12-15页。
㉔ 河南博物院，台北历史博物馆编：《新郑郑公大墓青铜器》，大象出版社，2001年10月，第42页。

The Reasons for the Transformation of Odd and Even Bays in Ancient Chinese Architecture

中国古代建筑奇偶数开间转变之因[*]

查昶胜[**] 周学鹰[***] （Zha Changsheng, Zhou Xueying）

摘要：开间作为展示中国古代建筑主要形象的迎面间，无疑具有重要地位。现存的我国绝大多数古代建筑均为奇数开间。但追溯至考古发现的三代建筑遗址，偶数开间数量不在少数。目前最新的研究成果表明，奇数开间建筑在南北朝末期成为主流，并在隋唐时取代偶数开间。何以如此，学界尚无定论。本文立足于考古资料及历史文献，对我国古代建筑由偶数开间为主向奇数开间为主转变的缘由进行初步的探究：偶数开间的产生应与原始穴居中的"中柱火塘"，早期宗教、生殖崇拜及东向坐之制等有关；魏晋南北朝时，随着城市中轴线制度的确立、佛教的传入及东向坐之制的废除等，奇数开间开始取代偶数开间的主导地位；隋唐时，奇数开间发展成为主流。

关键词：建筑开间；原始宗教；礼制文化；佛教史；建筑考古

Abstract: As the head-on room displaying the main image of ancient Chinese architecture, the Bay undoubtedly plays an important role. The vast majority of existing ancient Chinese buildings are odd Bay. However, there are many even Bay buildings dating back to the archaeological discoveries of the three generations. At present, the latest research results show that odd Bay buildings became the mainstream in the late Southern and Northern Dynasties, and replaced even Bay buildings in the Sui and Tang Dynasties. However, there is no final conclusion in the academic circles about this phenomenon. Based on archaeological data and historical documents, this paper makes a preliminary study into the reasons for the transformation of ancient Chinese architecture from even number of bays to odd number of bays: the emergence of even number of bays should be related to the "central pillar fire pond" of the original cave, primitive religion, reproductive worship and the East-sitting system; During the Wei, Jin and Southern and Northern Dynasties, with the establishment of the urban central axis system, the introduction of Buddhism and the abolition of the East-sitting system, odd bays began to replace even bays; In Sui and Tang Dynasties, odd bays developed into the mainstream.

Keywords: architecture bays; primitive religion; etiquette culture; history of Buddhism; architectural archaeology

[*] 本论文得到了江苏省社科基金资助，基金号：18LSB002。

[**] 南京大学历史学院硕士研究生。
[***] 南京大学历史学院考古文物系教授、博士生导师。

一、前言

中国古代建筑的平面形状有多种，如方形、圆形等，其中最常见者为长方形，例如宫殿、寺庙、民居等多为此形状。长方形有长和宽之分，在中国古代建筑中，长边被称为"面宽"

或"面阔",宽边被称为"进深",构成面宽和进深的最基本单元为"间"。在木构建筑中,一间即为四根立柱所围成的空间,这与现代建筑中"间"的概念有所不同。而在土木混合或砖石等非木柱承重建筑中,四面墙围成的空间为一间。展示中国古代建筑主要形象的迎面间又称作"开间",即每两榀屋架之间的空间为一开间。

目前所见大多数中国古代建筑为奇数开间。如唐代建筑佛光寺东大殿为七开间(图1),北京故宫太和殿为十一开间(图2)等。然而,纵观中国古代建筑史,追溯至魏晋南北朝之前,不论是在传世的古代文献、书画中,还是在考古发掘的建筑遗址、遗物中,均能发现大量偶数开间的实例。如二里头夏商宫殿建筑(图3)、湖北黄陂盘龙城一号宫殿等均为偶数开间(图4),直至秦汉宫殿建筑遗址亦然(图5)。进入魏晋南北朝后,偶数开间与奇数开间并驾齐驱;隋唐以降,偶数开间基本消失,奇数开间占据主导地位。

奇偶数开间现象早已被很多学者所认识到。目前,最新的研究成果认为,奇数在南北朝末期成为主流,并在隋唐时取代偶数开间[6]。但究竟为何如此,学界尚无定论。开间之问题亟待解决,然而此方面的研究却略显捉襟见肘,开间之制鲜有人提及(表1)。

建筑是一个地区、一个民族的文化表现形式,其细微变化均是时代历史文化的缩影。尽管中国古代建筑的屋顶部分十分突出、引人注目,然而作为建筑主体部分的迎面间——开间,其重要地位不言而喻。研究我国古代建筑开间的变化,能够探寻中国古代礼制、宗教及社会习俗等的发展脉络,对探究中国古代政治、文化、经济等均大有裨益。

综上,本文从建筑考古的角度,基于中国古代建筑之遗存、考古发掘中的建筑遗迹、建筑明器、墓葬、壁画及古代文献,将文献考据与考古实物相结合,探究我国古代建筑奇偶数开间转化现象,从而使学界对中国古代建筑的开间有新的认识。

表1 目前所见相关研究成果列表举要

研究者	论著	论点
张良皋	《双开间建筑——东向生礼仪与符号化圭臬》[J].江汉考古,1995(1):79-88.	张良皋认为奇偶数开间与礼制、臬柱思想等方面有关
邵陆、常青	《东西阶与奇偶数开间》[C]//.营造第三辑(第三届中国建筑史学国际研讨会论文选辑),2004:170-181.	邵陆、常青认为奇偶数开间与东西阶制度、礼佛现象有关
杨洪勋	《宫殿考古通论》[M].北京:紫禁城出版社,2009.	杨洪勋认为偶数开间是早期强调中轴的一种方式,后来这种建筑形式让位于统治者中轴设座的奇数开间布局,同时也认为奇偶数与阴阳有关
王鲁民	《中国古典建筑探源》[M].上海:同济大学出版社,1997.	王鲁民认为偶数开间的产生源于原始宗教

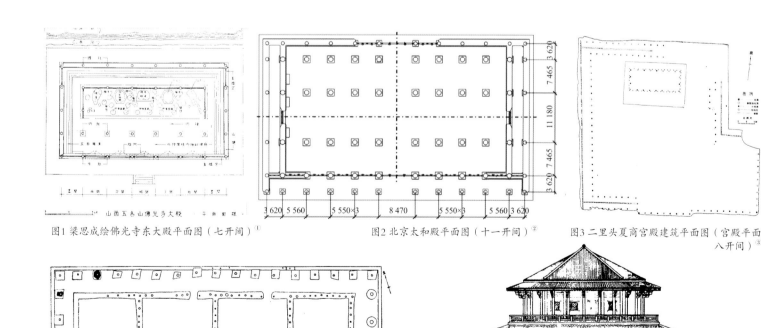

图1 梁思成绘佛光寺东大殿平面图(七开间)[1]

图2 北京太和殿平面图(十一开间)[2]

图3 二里头夏商宫殿建筑平面图(宫殿平面八开间)[3]

图4 湖北黄陂盘龙城一号宫殿(四开间)[4]

图5 西汉长安城南郊明堂建筑复原图南面(杨鸿勋复原,底层八开间)[5]

二、偶数开间探源

从现有材料看,上至新石器时代,下至隋唐,中国古代建筑偶数开间都有实物遗存,文献更是不胜枚举。如果说史前建筑开间的奇偶数可能是随机现象,但进入夏商后,偶数开间集中体现在礼制建筑等重要建筑上,并在秦汉得到扩大;魏晋南北朝后偶数开间又逐渐被取代,甚至隋唐时偶数开间急剧减少,这一现象就需要深入分析。偶数开间的历史一直伴随中国建筑的发展并进入第一次发展高潮,却又在隋唐之际戛然而止,这是相当奇特的文化现象。

鉴于此,本文首先从偶数开间起源入手。

1. 偶数开间之起源——"中柱火塘"说

偶数开间的起源问题目前尚无定论。笔者比较赞同"中柱火塘"说——史前房屋遗址中心多有中柱火塘,由此形成了最原始的双开间布局。我国北方地区,史前人类多用天然洞穴作栖身之所,谓之"穴居"。随着原始人营建经验的不断积累和技术的不断提高,新石器时代晚期的建筑逐步从以地穴式建筑为主、地面建筑为辅,发展到以地面建筑为主、地穴式建筑为辅,最后地面建筑成为主流,即形成地穴式为主—地面建筑为主的中国古建筑发展序列。因此,从最早史前人类的地穴式建筑中追溯偶数开局的起源应是可行的。

考古资料表明,绝大多数地穴式建筑中都有一个重要构筑物——火塘。如陕西省西安市半坡村仰韶文化房址,该处地穴式住宅有圆形和方形两种(图6、图7)[7]。火塘位于房屋中央,且正对门口。沿门口至火塘这一轴线,便将房屋分成了两个"开间"。在此意义上,其可视为一种双开间。

火塘一般由火种、火体和火架三部分构成。火塘主要功能为照明、炊食、取暖、驱虫等,此外火塘还有很浓厚的宗教含义。火崇拜是原始宗教中自然崇拜的一种典型形式,将火塘置于房屋之中,便为其赋予了不同的含义。火塘可用于祭拜火神、祭祀先祖,原始人经历了崇拜自然之火到崇拜火塘之火的信仰过程。或许这与后来多数礼制建筑都为偶数开间有一定联系。

民族学资料表明,在中国高原畜牧区,如藏彝走廊地带,主要居住方式为游居。譬如,安东藏族最早最简单的游居形式为帐篷,帐篷由两根木柱支撑,两根木柱与帐门中心在同一中轴线上,火炉位于两根柱子之间,轴线向里靠近帐壁处放置佛像和供品,是供奉神灵之处,为上方;面对帐门,火炉左侧为男人居住的空间,右侧为女人居住及堆放杂物的空间。帐篷内围绕"柱子"和"火炉"进行布局,两者构成"中柱—火炉"原型空间[8]。中柱火塘将帐篷内空间分成东—西、南—北两组相对的空间,即形成了一定意义上的双开间(图8、图9、图10)。可以说,双开间最早的历史可追溯至史前社会的穴居时代。

2. 生殖崇拜影响

1)女阴之崇拜

尽管中柱火塘在一定条件下可视为偶数开间的前身,

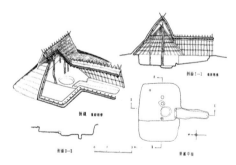

图6 陕西省西安市半坡村原始社会方形住房(图片来源:刘敦桢《中国古代建筑史》24页)

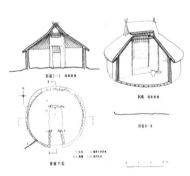

图7 陕西省西安市半坡村原始社会圆形住房(图片来源:刘敦桢《中国古代建筑史》25页)

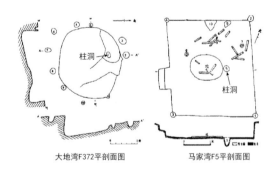

图8 甘青地区半地穴居遗址平面图[9]

羌族主室中柱-火塘

云南藏族主室中柱-火塘

普米族主室中柱-火塘

图9 住屋主室"中柱-火塘"空间基本组织模式(图片来源:同图8)

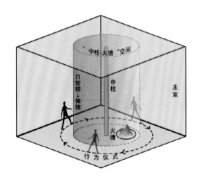

图10 藏彝走廊"中柱-火塘"住屋主室原型空间结构(图片来源:同图8)

然而真正最早的双开间建筑应是一种"吕"字形平面的建筑（图11）。这种平面布局的房子在龙山文化遗存中就有发现，如客省庄第二期文化发掘中又出土了十座该时期此类房屋遗址。此类型房屋由内室和外室两个房间组成，中有过道相连。内室外室有圆形和方形两种，一般内室多为圆形，外室多外方形。王鲁民认为此"吕"字房屋之"吕"字形类似甲骨文"玄"（ 8 ）字形，即此类型房屋为"玄宫"之雏形，这种平面两个房间相连的建筑类型很可能是后世使用广泛的"工字殿"的雏形[10]。

甲骨文"玄"（ 8 ）字形与葫芦相似，而葫芦又被视为男女合体之像，因此"玄"（ 8 ）字形最终象征着女性的子宫。考古资料表明，汉代此类型建筑仍有阴阳交合的含义。如汉甘泉宫遗址中出土有多种瓦当和空心砖，其上的动物纹饰如龟、蛇、雁、蟾蜍、玉兔、鹿等均可视为男根或女阴的象征[11]。历史文献中也记载汉甘泉宫所处地形为葫芦状，班彪《北征赋》道"朝发轫于长都兮，夕宿瓠谷之玄宫"[12]。玄宫，即甘泉宫，也就说甘泉宫所在之地为一个葫芦状的山谷。

这种"吕"字形房屋与女阴、男女交合等形象结合在一起，被赋予了神圣的意义，在一定意义上反映了人们的生殖崇拜文化。因此，笔者认为最早出现的双开间产生之初或带有强烈的生殖崇拜影响，并被赋予特殊功能，如原始宗教、祭祀等，并可能延续到后世的礼制建筑之上。

2）男根之崇拜

偶数开间建筑中一个最为令人注目的特征，就是中央一柱十分触目。中央一柱如此醒目，或许与早期人们对男根的崇拜有某些关系。

1954年经科学考古发掘的山东沂南汉墓中发现了一批石刻画像，这批石刻中的一组庭院图像引人关注[13]。在这个庭院图像中（图12），可看到最后一排建筑的中央有一根十分突出的柱子，且柱子上硕大的斗拱也十分显眼。这根柱子将最后一排房屋分成四间，即偶数开间。立柱、硕大的斗拱都被认为象征着男根，即体现一种生殖崇拜[14]，且此图中的钟、鼎等形象表明此建筑的性质，应是带有祭祀性质的礼制建筑家庙。

除山东沂南汉墓中这组图像外，还有很多墓葬、石刻甚至一些随葬器物中都有类似形制。如我国现存最早的地面房屋建筑山东孝堂山郭氏墓石祠就是一个带有中央一柱的双开间建筑（图13），大致建造于东汉初年，其后连着郭巨之墓，两者实为一体[15]。这种墓前石祠为我国古代祭祀建筑，在东汉

帝王陵如明帝显节陵、章帝敬陵、和帝慎陵均有祭祀性质的石殿[16]。除此之外，还有一些随葬明器中也带有这样的中央一柱（图14）[17]。

这种带有硕大斗拱的柱子表明此建筑的礼制建筑性质，且这根带有硕大斗拱的柱子本身很有可能就是人们祭祀的对象[18]。由此，这种带有中央一柱做法的偶数开间自诞生之初，就出现在祭祀性质的宗庙建筑上，并逐渐发展成后来的礼制建筑，因此偶数开间的建筑与礼制祭祀建筑紧密相关。

3. 东向坐之制影响

偶数开间和祭祀礼制建筑有关。根据考古资料和历史文献，两汉至南朝时期，礼制建筑多为偶数开间。因此，从礼制因素考虑偶数开间之制是必要的。

偶数开间建筑的特征为中央有一根立柱，那么如果从中间设立台阶进入殿堂内部应是不合理的。古人在殿前采用了东西两阶制度，使这一问题迎刃而解。例如，陕西岐山凤雏村考古发掘的一组西周时期建筑可能为西周"宗庙"遗址[19]，根据考古报告，这组建筑殿堂平面为六开间建筑，且带有东西阶（图15）。这样从东西阶进入殿堂时，不会正面面对中央一柱，因而更为合理。

东西阶又与古代东向坐之制有关。中国古代建筑，尤其是主体建筑，如殿堂一般采用坐北朝南的形式。房屋主人在迎客时，主人行于东阶，宾客行于西阶。进入殿堂之后，主人坐东面西，客人坐西面东，两人相向而坐，这便是东向坐之制。东向坐制度的由来可能与主东宾西即古代迎宾时车上的座位有关[20]。四川新都县（现为新都区）出土的一块

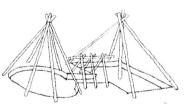
图11 "吕"字形平面穴居结构示意图

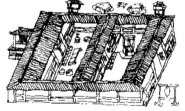

图12 山东沂南汉墓石刻中的家庙形象 （来源：《沂南古画像石墓发掘报告》（增补本））

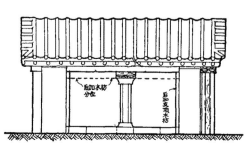
图13 山东孝堂山郭氏墓石祠正立面图

图14 出土明器

画像砖(图 16)[21]以及山东省长清孝堂山石祠后壁画像(图 17)[22]都绘有这样的乘车制度,车上载有三人,《文帝纪》载:"乃命宋昌骖乘,张武等六人乘传诣长安。"师古曰:"乘车之法,尊者居左,御者居中,又有一人处车之右,以备倾侧[23]。"因此当主客下车入门,会延续主右客左的制度,升阶之时也是如此,直至入座。这样沿袭下来,东向坐便逐渐成为"尊位",演变成制度。《史记•项羽本纪》中对鸿门宴的座次这样描述:"项王、项伯东向坐,亚父南向坐,——亚父者,范增也;沛公北向坐;张良西向侍。"[24]由此可表明东向坐为主坐,地位最高,西向坐则次之。《史记•廉颇蔺相如列传》中也有相关记载:"既罢,归国,以相如功大,拜为上卿,位在廉颇之右。""今括一旦为将,东向而朝,吏无敢仰视之者。"[25]这些描述表明,早在春秋战国之际,东向坐、以东为尊就已成为定制。因此,东向坐之制及以东为尊的习俗所产生的东西阶制度影响了我国古代建筑的开间制度。

综上,偶数开间之起源可以追溯至中柱火塘;在地穴式的时代,代表着人们生殖崇拜文化的"吕"字形房屋是目前最早的偶数开间实物证据。早期人们的生殖崇拜也深刻地影响了建筑开间。东向坐之制证明了东西阶的合理存在;而东西阶又伴生于偶数开间,所以在一定程度上可以认为东向坐之制是偶数开间得以发展的重要因素。

因此,当东向坐之制动摇之时,由尊东向尊北转换之时,便是偶数开间被奇数开间取代之日。

三、奇数开间流行

偶数开间在东汉时尚见于石墓、祭堂及若干明器中。此时奇数开间迅速发展并普及,并在魏晋南北朝末期成为主流,这应与礼制、佛教文化等有关[26]。建筑乃历史文化的一种物质表征,欲分析建筑之变化,不可脱离当时的社会环境。

奇数开间逐步替代偶数开间是在三国两晋南北朝时开始的。此时国家政权更替频繁,社会动荡,文化交融。三国至隋灭陈大一统的这 360 多年里,30 个政权交替更迭,使这一时期的中国文化受到了巨大的冲击。礼制的变化、玄学

的兴起、佛教的传入、道教的勃兴及北方少数民族文化的输入等,诸多文化因素相互渗透、相互交融,使得此时期的各种文化现象错综复杂。

1. 礼制影响

1)《周易》中阴阳之思想

礼被确定为治国之制始于西周周公时期,《礼记•明堂位》记载周朝初年,"武王崩,成王幼弱,周公践天子之位以治天下。六年诸侯朝于明堂,制礼作乐,颁度量,而天下大服"[27]。《左传•文公十六年》载"先君周公制周礼"[28]。相传周文王姬昌作《周易》,春秋时自孔子赞易后,《周易》被儒门奉为经典。汉武帝"罢黜百家,独尊儒术",使儒家思想成为两千多年来中国传统文化的正统和主流。《周易》作为儒家经典,其中一个重要内容就是"阴阳"思想。早在西周时,就有偶数、奇数与阴、阳对应之说。如《易•系辞》载:"归奇于扐以象闰"[29]。

可以认为,奇数开间对应阳,偶数开间对应阴。这一点可很好地解释在两汉至南北朝时,多数宗庙、明堂、辟雍等礼制建筑为偶数开间——即这些建筑是用来纪念、祭拜逝者的,自然与阴对应。而考古发掘的大多数宫殿、住宅为奇数开间——与阳相对,此为生者所用。

那么为何在南北朝以后,几乎所有的建筑都为奇数开间,不论是礼制建筑还是居住建筑? 这一点尚无定论,笔者认为可能是在此以后,地面上的建筑统一被认为供活人使用之故,与阳相对。而地面之下的建筑——墓葬建筑与阴相对。若果如此,地面建筑绝大多数为奇数开间就说得通了。

2)"东向坐"之制的废止

上文提到,东向坐之制产生了东西阶,而东西阶又与偶数开间息息相关。或说明东向坐之制在一定意义上决定于偶数开间的产生,当东向坐之制废弃之时,便是偶数开间被取代之日。文献中关于东向坐之制的废止有明确资料。如《通志略•礼略第三》载:"(梁)天监六年(507 年)诏曰:'顷代以来,元日朝毕,次会群臣,则移就西壁下,东向坐。求之古义,王者宴万国,唯应南面,何更居东面?'于是御坐南向,以西方为上。皇太子以下,在北壁坐者,悉西边东向。尚书令以下在南方坐者,悉东边西向。旧元日,御坐东向,酒壶在东壁下。御坐既南向,乃诏壶于南兰下。"[30]

这段文献清楚地记载了东向坐的废止年代。"顷代以来"表明了在此之前的礼制均使用了"东向坐"之制,证明东西阶以及偶数开间产生并延续的合理性。且这段描述还确定了东向坐之制的废止之年——梁

图 15 陕西岐山凤雏村西周建筑遗址平面复原图

图 16 四川新都汉画像砖•骖驾轩车

图 17 山东省长清孝堂山石祠后壁像•骖驾轩车

天监六年（507 年）。东向坐之制废止之后，偶数开间的地位也随之动摇，这在文献中也有体现。《梁书·武帝本纪》曰："（天监）十二年（513 年）春二月辛巳，新作太极殿，改为十三间[31]。"（顾炎武《历代宅京记》卷十三，注引《南史》曰：以从闰数。）[32]

这说明在此之前，太极殿为偶数开间，不然不会称"改为十三间"。结合以上两段文献，及上文东向坐之制，天监十二年改太极殿为十三间与天监六年废止东向坐之制应是有因果关系的。尽管在梁天监十二年（513 年）之前已有少数宫殿为奇数开间，如南朝刘宋，"孝武帝（刘骏）大明四年（460 年），始于台城西白石里为西蚕，设兆域，置大殿 7 间"[33]。但可以认为，梁天监六年官方诏书规定的东向坐之制废止，预示偶数开间的消亡。至于东向坐废止之因，可见下文。

2. 中柱思想转变为中轴线思想——城市中轴线

魏晋南北朝时另一种制度——城市中轴线制度的确立，也对中国古代建筑产生深远影响。中轴对称思想在中国由来已久，《周礼·考工记》中体现了典型的周礼城思想："匠人营国，方九里，旁三门。国中九经九纬，经涂九轨。左祖右社，面朝后市。市朝一夫。"[34]（图 18）《吕氏春秋》亦云："古之王者，择天下之中而立国，择国之中立宫，择宫之中立庙。"[35] 建筑对称思想在西方同样影响深远，但与西方不同的是，中国讲究对称的延续性，即不仅是一个建筑，而是建筑群乃至整个城市的对称，这种"连闼通房"的概念在中国形成已久。《淮南子》曰"广厦阔屋，连闼通房"[36]，形容房屋重门深邃，但组织秩序井然，不得僭越。

城市中轴线之制诞生于曹魏邺城（图 19）[37]。邺城南面中间的中央门大道正对宫殿区的主要宫殿，形成中轴，并与凤阳门大道、广阳门大道平行对称，标志我国都城史进入了新阶段，改变了汉宫殿区的分散布局；都城中轴线的形成使都城更对称和规整，对北魏、东魏、北齐、隋唐都城产生重要影响。

自邺城以后，中国古代诸多都城几乎都有中轴线，从隋唐长安城直至明清北京城。这些城市中轴线以一条道路贯通。既然如此，如果是偶数开间，那么建筑中央为立柱，又如何贯通呢？如果为奇数开间，建筑中央则不是立柱而是一个开间，如此便可以以一条通道将各单体建筑串联起来，以保证中轴线的延续性。因此，这种建筑总体布局与建筑局部安排之间的矛盾，也是导致偶数开间向奇数开间转变的重要原因。

公元 589 年，隋灭陈后，统一中国，结束了自西晋末以来中国长达近 300 年的分裂局面。隋唐大统一局面使得中央集权进一步加强，这种"建中立极"的"中"的思想也深刻影响了建筑布局和城市规划，这也使得隋唐以来城市中轴线地位更加突显。

3. 佛教传入的影响

1）佛堂布置

魏晋南北朝时，政治动荡，战乱频发，民不聊生，佛教乘机而起。加之专制者需要通过宗教维护统治，使得此时期佛教深入人心。经三国到两晋、南北朝，随着统治阶级的不断提倡，兴建佛寺逐渐成为当时社会的重要建筑活动之一。南朝首都建康有五百多所佛寺，北魏统治范围内，在正光（520—524 年）以后有佛寺三万多所[38]。此时的佛教建筑活动，对中国建筑发展有较大影响。

佛教建筑群通称寺庙，目前最早见于记载的佛寺是东汉永平十年（67 年）的洛阳白马寺，它利用原来接待宾客的官署鸿胪寺改建而成[39]。这种建筑被称为寺庙，"寺"取自鸿胪寺，"庙"是中国古代祭祀祖先、供奉神仙的礼制建筑。因此，寺庙建筑在一定意义上被视为礼制建筑的一种。上文提到南北朝之前大多数礼制建筑均为偶数开间，可以肯定此种文化交融现象对开间之制有很大影响。

佛寺建筑中的主要建筑为佛塔和佛殿。北魏《洛阳伽蓝记》中记载了当时洛阳城中的许多佛寺，以永宁寺最著。这座佛寺采取中轴线上布置主要建筑的布局：前有寺门，门内建塔，塔后建佛殿。早期中国佛寺平面布局大体和印度的相

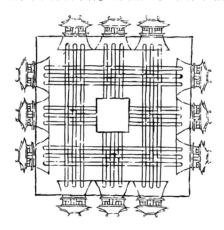

图 18 宋聂崇义绘《周礼·考工记》"王城图"

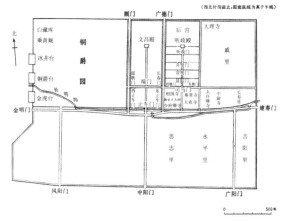

图 19 曹魏邺城平面复原图

同,以塔藏舍利。舍利是教徒的崇拜对象,故塔位于寺中央,是寺庙主体。南北朝时,正是佛寺布局中心由佛塔向佛殿转化的时期;至迟在隋唐之际,供奉佛像的佛殿成为寺庙主体。

《三国志》卷四十九《吴书·刘繇传》载:"笮融,丹阳人……大起浮屠祠,以铜为人,黄金涂身,衣以锦采……垂铜槃九重,下为重楼阁道,可容三千余人。"[40]以铜为人、黄金涂身是对佛像的描写,说明至迟在东吴时,佛像就已传入中国。但此时佛像还依附于浮屠中,即佛塔之中。佛像广泛流行是在东晋十六国时期,此时佛像从早期可安置在台案上的小型佛像发展成大型、多尊佛像[41]。如此导致佛塔空间不够,这也是佛殿逐步占据主要地位的原因。

有文献对永宁寺佛殿进行过描述:"浮屠北有佛殿一所,形如太极殿。中丈八金像一躯、中长金像十躯、绣珠像三躯、织成五躯,作功奇巧,冠于当世。"[42]可见,当时永宁寺佛殿或仿太极殿建造,且其中有八丈高的金像。这样的佛像必然摆在殿堂中央,如果殿堂为偶数开间,信众从殿堂外对佛像瞻仰时也会被开间中间立柱所阻碍,这在布局上就很不合理。

前已述及,佛教寺庙也可视为礼制建筑之一。所以南北朝时礼制建筑偶数开间的主导地位,在此时就逐步动摇了。

2)都讲制兴起

佛教传入还有一重要影响,就是为中原带来了都讲制。佛教讲学中的都讲制,是指佛家在讲经之时,有一人唱经,为都讲;另一人解释,为法师。这里的都讲是指在讲学过程中担任诵唱经文以及问难角色的人,而法师的职责则是主讲经文,回答责难[43]。佛教教学中,都讲提出问题,法师解释问题。这种一问一答的教学形式十分灵活,对儒家教学形式产生了重要影响。

儒家的都讲产生得也很早。《后汉书》卷三十七《恒荣传》记载"荣卒……除兄子二人补四百石,都讲生八人补二百石,其余门徒多至公卿"[44]。这里的都讲为学舍主讲者,但还不普及。至南北朝佛教中兴起的这种一问(居南)一答(居北)的"都讲制"在官学、私学中流行,使得早期儒学教学形式被摒弃。《魏书》载:"莹(祖莹)年八岁能诵诗书,十二为中书学生,一时中书博士张天龙讲《尚书》,选为都讲。生徒悉集;莹夜读劳倦,不觉天晓,确讲既切,遂误持同房生赵郡李孝怡《曲礼》卷上座。博士严毅,不敢还取,乃置礼于前,诵《尚书》三篇,不遗一字[45]。"

这段文献描述了儒家讲学的场景。先生讲经之前,先由弟子上座诵经,这在儒家教学中是具有开创性的。在此之前,儒家的都讲被称为都讲生,与讲师为师生关系,而佛教的都讲与法师之间为平等关系,虽然此时的都讲仍被称为"生",但其职责已经和佛教讲学中的都讲相似了[46]。

据此,中国佛教教育教学一问一答的都讲制构成了魏晋南北朝时期寺院教学的一大特色,并对儒家教学产生了一定影响。上文提到天监十二年(513年)"新作太极殿,改为十三间",在之前,天监七年(508年)春昭曰:"建国君民,立教为首。不学将落,嘉植靡由……今声训所渐,戎夏同风,宜大启庠学,博延胄子,务彼十伦,弘此三德。"可见,此时佛教和儒教的相互交融已被广泛认可,佛教传入的都讲制已在国学教育中十分盛行。因此,殿堂由东西对坐改为面南而坐也大为流行,这就导致了后来梁武帝改太极殿为十三开间。此后,中大通五年(533年)二月,梁武帝"行幸同泰寺,设四部大会,高祖(梁武帝萧衍)升法座(坐北朝南),发《金字摩诃波若经》题"[47]。中大同元年(公元546年)三月,梁武帝"法驾出同泰寺大会,停寺省,讲《金字三慧经》。夏四月,于同泰寺解讲,设法会"[48]。梁武帝佞佛之心可见一斑,无论在寺堂还是在朝堂上都是身体力行地升坛座,面南背北地召见僧俗、臣僚。萧梁明堂、太庙中无须南问北答的"都讲制",因此仍保持偶数开间。

笔者认为,南北朝时佛教都讲制的传入使得早期殿堂东西对坐的礼仪改变为升坛座,面南背北。东向坐的废止使得东西阶消失,如此偶数开间的地位也随之动摇。因此,佛教传入对中国奇偶数开间之制有很大影响。

4. 结语

综上所述,可以对中国古代建筑开间之制的奇偶数现象进行简要总结如下。

史前社会人类地穴式建筑中的"中柱火塘"是自然状态的偶数开间,"中柱火塘"将居室内空间分成东—西、南—北两组相对的空间,这些空间各自的功能也各不相同,这形成了一定意义上的双开间。因此偶数开间起源可追溯到原始社会的穴居。

真正出现偶数开间建筑是龙山文化的"吕"字形房屋。这种房屋由内室和外室组成,中有过道将两个房间连接,形成真正的两间的双开间建筑。这种建筑带有一定的生殖崇拜,蕴含着人们的宗教思想,故此可将这种建筑视为最早的礼制建筑。南北朝以前大多礼制建筑为偶数开间之源可能在此。另外,此种建筑也被一些学者认为是"工"字形宫殿的前身,而早期宫殿正是偶数开间。

目前考古发现最早的偶数开间建筑是偃师市二里头遗址,其是夏商文化之交的产物;此后的郑州二里岗商代早期建筑为面阔二间的建筑[49]。根据考古材料,商代宫殿很多为偶数开间。周以后,由于受到《周易》中"阴阳"观念的影响,阳对应奇数,阴对应偶数,因此住宅用的宫殿为奇数开间,而祭祀用的礼制建筑为偶数开间。

早在春秋战国时期，以东为尊就已成为一种定制，主人在迎接宾客时，主人立东阶，宾客立西阶，进入殿堂以后，主人东向坐，宾客西向坐。由东向坐产生的东西阶令偶数开间的布局更加合理，使得偶数开间能够延续下去。汉代壁画、画像砖反映的一些偶数开间建筑应与古代东向坐之制有关。

东汉时佛教传入中原，并于南北朝时期深深扎根在中国，对中国文化产生了深远影响。此影响体现在建筑上表现为：一方面，寺庙这种礼制建筑为摆放佛像，不得不改变偶数开间中间为立柱这一布局，因此一些礼制建筑也慢慢改为奇数开间；另一方面，佛教"都讲制"的讲学方式改变了原来东向坐之制，主人需升坛而坐，面南背北。这使得一些房屋、殿堂等居住形制的建筑也逐渐摒弃了偶数开间。

魏晋南北朝时，曹魏邺城开创的城市中轴线制度对后世的城市规划产生了重要影响。城市中轴线的确立使得一条通路贯穿整个城市，而偶数开间中间为立柱，这与中轴线布局明显矛盾，这也是偶数开间被取代的一个重要原因。

隋唐以降，中国古代建筑以奇数开间为主已成为定制。尽管有个别建筑为偶数开间，但可能是受当地的民风民俗影响。中国古代建筑的奇偶数开间之制自此确定下来。

本文通过考古发掘资料和古代文献，对中国古代开间之制进行了简单的探索，对奇数开间为主取代偶数开间为主这一现象有了一定的认识。开间是一个建筑的迎面间，是中国古代建筑除大屋顶以外令人注目的一个主体部分，古人在设计迎面间时，一定考虑了多方面的因素。偶数开间的产生与延续是多方面共同促进的，偶数开间的衰退与奇数开间的兴起受到了多种因素的影响。并非某个事件或某个时间点突然转换，而是在中国古代建筑长期发展的过程中，先民们不断思索，不断选择，不断实践后逐步确立的。

本文不仅探究了中国古代开间奇偶转变之制，亦是对建筑考古学研究的一点尝试。中国建筑考古学理当伴随中国考古学、建筑学等学科发展不断促进、相互融合，才能更好地实现学科构建及提升的目标。

注释

① 梁思成 . 梁思成全集（第四卷）[M]. 北京：中国建筑工业出版社，2001.
② 周乾 . 紫禁城太和殿的建筑艺术 [J]. 工业建筑，2019,49(12):201-210.
③ 中国科学院考古研究所二里头工作队 . 河南偃师二里头早商宫殿遗址发掘简报 [J]. 考古，1974(4):234-248.
④ 湖北省博物馆盘龙城发掘队，北京大学考古专业盘龙城发掘队 . 盘龙城一九七四年度田野考古纪要 [J]. 文物，1976(2):5-15.
⑤ 杨鸿勋 . 宫殿考古通论 [M]. 北京：紫禁城出版社，2009.
⑥ 周学鹰，李思洋 .《中国古代建筑史纲要（上）》[M]. 南京：南京大学出版社，2020.
⑦ 刘敦桢 . 中国古代建筑史 [M]. 北京：中国建筑工业出版社，1984.
⑧ 陈蔚，郭宏楠 . 藏彝走廊安多藏族"中柱－火塘"原型空间衍化机理研究 [J]. 住区，2020(6):118-127.
⑨ 王鲁民 . 中国古典建筑探源 [M]. 上海：同济大学出版社，1997:34.
⑩ 王学理 . 秦都咸阳 [M]. 西安：陕西人民出版社，1985.
⑪ 南朝梁·萧统 . 文选·班彪 < 北征赋 >[M]. 北京：中华书局，2019.
⑫ 曾昭燏，蒋宝庚，黎忠义，等 .《沂南古画像石墓发掘报告（增补本）》[J]. 全国新书目，2022,(2):119-120.
⑬ 孟颖 . 汉代人形立柱探究 [J]. 艺术科技，2021,34(18):20-22.
⑭ 罗哲文 . 孝堂山郭氏墓石祠 [J]. 文物，1961(21):44-55,117.
⑮ 韩国河，张鸿亮 . 东汉陵园建筑布局的相关研究 [J]. 考古与文物，2019(6):71-78.
⑯ 陆德良 . 四川新津县堡子山崖墓清理简报 [J]. 考古 .1958(8).
⑰ 王鲁民 . 中国古典建筑探源 [M]. 上海：同济大学出版社，1997.
⑱ 陕西周原考古队 . 陕西岐山凤雏村西周建筑基址发掘简报 [J]. 文物，1979(10):27-37.
⑲ 张良皋 . 双开间建筑——东向生礼仪与符号化圭臬 [J]. 江汉考古，1995(1):79-88,92.
⑳ 四川省博物馆 . 四川新都画像汉砖 [J]. 社会科学研究，1981(2):129.
㉑ 罗哲文 . 孝堂山郭氏墓石祠 [J]. 文物，1961(Z1):44-55,117.
㉒ 班固 . 汉书·文帝纪 [M]. 颜师古，注释 . 北京：中华书局，1962.
㉓ 司马迁 . 史记·项羽本纪 [M]. 北京：中华书局，2019.
㉔ 司马迁 . 史记·廉颇蔺相如列传 [M]. 北京：中华书局，2019.
㉕ 周学鹰，李思洋 . 中国古代建筑史纲要（上）[M]. 南京：南京大学出版社，2020.
㉖ 戴圣 . 礼记·明堂位 [M]. 北京：中华书局，2017.
㉗ 左丘明 . 左传·文公十六年 [M]. 北京：中华书局，2007.
㉘ 周易·系辞 [M]. 北京：中华书局，2011.
㉙ 郑樵 . 通志略·礼略第三 [M]. 上海：上海古籍出版社，1990.
㉚ 姚思廉 . 梁书·武帝本纪 [M]. 北京：中华书局，2020.
㉛ 顾炎武 . 历代宅京记 [M]. 北京：中华书局，2004.
㉜ 沈约 . 宋书·孝武帝本纪 [M]. 北京：中华书局，2018.
㉝ 郑玄 . 周礼·考工记 [M]. 上海：上海古籍出版社，2010.
㉞ 吕不韦 . 吕氏春秋 [M]. 北京：中华书局，2011.
㉟ 刘安 . 淮南子 [M]. 北京：中华书局，2011.
㊱ 郭湖生 . 中华古都 [M]. 北京：中国建筑工业出版社、中国城市出版社，2021.
㊲ 刘敦桢 . 中国古代建筑史 [M]. 北京：中国建筑工业出版社，2008.
㊳《大清一统志》卷 163，河南府二，寺观（光绪二十七年，上海宝善斋石印本）
㊴ 陈寿 . 三国志·卷四十九吴书·刘繇传 [M]. 北京：中华书局，2011.
㊵ 李正晓 . 中国早期佛教造像研究 [M]. 北京：文物出版社，2005.
㊶ 杨衒之 . 洛阳伽蓝记校笺 [M]. 杨勇，校笺 . 北京：中华书局，2006.
㊷ 丁钢 . 儒佛教学制度之比较研究 [J]. 教育评论，1987(03):51-57.
㊸ 范晔 . 后汉书·卷三十七·恒荣传 [M]. 北京：中华书局，2007.
㊹ 魏收 . 魏书·卷八十二·祖莹传 [M]. 北京：中华书局，2007.
㊺ 丁钢 . 儒佛教学制度之比较研究 [J]. 教育评论，1987(3):51-57.
㊻ 姚思廉 . 梁书·武帝本纪 [M]. 北京：中华书局，2020.
㊼ 姚思廉 . 梁书·武帝本纪 [M]. 北京：中华书局，2020.
㊽ 刘敦桢 . 中国住宅概说 [M]. 天津：百花文艺出版社，2004.

Research on Strategies for Enhancing the Resilience of the Infrastructure System in the Forbidden City

故宫基础设施系统韧性提升策略研究

穆克山*（Mu Keshan）

摘要：通过持续开展古建筑维修保护工程等不懈的努力,故宫的开放区域已经成倍扩大,对基础设施的使用需求也随之迅速增加。故宫现有的基础设施系统在过去曾经发挥了重要作用,但是现在部分已经陈旧,需要改造和提升。经过系统性的研究得出结论,如果采用建设地下综合管廊的方式集约布置管线将实现故宫基础设施系统的韧性和弹性空间预留。故宫作为中国第一批世界文化遗产,历史信息丰富,文化内涵深刻,具有不可替代的突出普遍价值,因此,对古建筑群的预防性保护是研究工作的主旨。本文通过总结这一研究过程,探索得到了一整套分析问题、解决问题的思路和技术路线,希望可以为我国古建筑群的保护提供一些参考。

关键词：故宫;古建筑群;基础设施系统;改造;综合管廊

Abstract: Through continuous efforts such as the maintenance and protection of ancient buildings, the open area of the Forbidden City has expanded several times, and the demand for infrastructure has also increased rapidly. The existing infrastructure system of the Forbidden City has played an important role in the past, but now some parts have become obsolete and need to be improved. Through systematic research, it is concluded that if the pipeline is intensively arranged by building an underground utility tunnel, the flexibility and elastic space reservation of the infrastructure system of the Forbidden City will be realized. As the first batch of world cultural heritage in China, the Forbidden City has rich historical information and profound cultural connotation, and has irreplaceable outstanding universal value. Therefore, the preventive protection of ancient buildings is the main purpose of the research work. Through summarizing this research process, this paper has obtained a set of ideas and technical routes for analyzing and solving problems, hoping to provide some reference for the protection of ancient architectural complexes in China.

Keywords: Forbidden City; ancient architectural building complex; infrastructure system; reform, utility tunnel

一、引言

　　故宫作为中国第一批世界文化遗产，历史信息丰富，文化内涵深刻，具有不可替代的突出普遍价值。当今，故宫保护已从抢救性保护为主进入到以预防性保护为主，辅之以必要的抢救性保护的新阶段，保护理念与保护实践研究水平不断提升。随着对世界遗产的价值认知不断深化，故宫工作人员对预防性保护措施的研究也不断深入。目前，故

* 故宫博物院干部。

宫预防性保护的一大课题是基础设施系统已经无法满足日益增长的功能需求。由于故宫作为世界文化遗产的特殊性，基础设施系统是否改造，适合以何种方式改造，是一个综合性很强的研究课题。

故宫基础设施系统的建造可以上溯至明、清两代，最早的现代给水系统始建于 1900 年，至今已运转 120 余年。其他设施系统如给水、供热、供配电、智能弱电系统等有许多建于 20 世纪的不同时期。新中国成立以来，故宫在进行保护的同时，一直在改造和建设管网系统，在当年的条件下尽量控制工程规模，运用当年的工程技术建成的基础设施满足了当时的功能需求，对保护故宫起到了重要的作用。当今，通过持续开展古建筑维修保护工程等不懈的努力，故宫的开放区域已经成倍扩大。2010 年至今，故宫开放参观的面积已从不足三分之一扩大到 80% 以上，开放的范围也从中轴线沿线扩展到故宫的大部分区域。新开放参观的区域对基础设施的使用需求迅速增加，对于供电、供暖、照明、火灾监控、供水等基础设施都有新增的需求。目前故宫凸显出三个新问题：第一是各基础设施系统建设年代比较久远，大多为地面架空管线，运行风险逐渐积累，亟须改造；第二是现在的工程设计和建造水平与数十年前相比有很大的提高，现存的基础设施系统本身的技术水准、材料、设备已经明显落后；第三是需要布设基础设施系统的范围扩大，需要对管线系统进行整合并且预留发展条件。

为了实现世界文化遗产的永续传承，在故宫博物院的主持下，设计单位、古建筑专家对故宫基础设施改造进行了深入的研究。研究工作以对古建筑群的预防性保护为主旨，首先研究了故宫保护的历史背景、政策和理论以及评估程序的规定。由于故宫是世界文化遗产，所以研究人员对比研究了国外古建筑群保护的相关制度，随后结合大量的调研工作，分析了故宫基础设施系统的分类、功能及现状，并且考虑未来基础设施系统的增容、扩容，得出研究成果：如采用暗挖的方式建造埋地综合管廊，可以减少施工开挖，减少地面架空管线；廊内预留设施系统的发展条件，能够在施工和运行的全过程降低对古建筑的影响，实现安全、韧性、节能、低碳、可持续发展的理念。

二、故宫保护的政策和理论研究

1. 故宫保护的历史背景

北京故宫是以紫禁城为主体的中国明清两朝沿用近500 年的皇家宫廷建筑群，位于北京旧城中轴线的中心，由宫殿建筑群、宫廷生活各类遗存以及皇家收藏的艺术品组成。它是中国古代官式建筑的最高典范、明清宫廷文化的特殊见证、中国古代艺术的系列精品，1961 年被国务院列为第一批全国重点文物保护单位，1987 年被联合国教科文组织列入《世界遗产名录》。故宫博物院成立于 1925 年，是在明、清两代皇宫及其收藏的基础上建立起来的综合性博物馆，也是中国最大的古代文化艺术博物馆。

我国领导人多次对全国的博物馆工作作出重要指示批示，内容涉及增强历史自觉坚定文化自信、加强文物保护、博物馆建设、让文物活起来、促进文明交流互鉴等等，指出历史文化是城市的灵魂，要像爱惜自己的生命一样保护好城市历史文化遗产。北京是世界著名古都，丰富的历史文化遗产是一张金名片，传承保护好这份宝贵的历史文化遗产是首都的职责，要本着对历史负责、对人民负责的精神，传承历史文脉，处理好城市改造开发和历史文化遗产保护利用的关系，切实做到在保护中发展、在发展中保护。《北京城市总体规划（2016 年—2035 年）》指出："严格执行《北京皇城保护规划》，加大保护和整治力度，完整真实保持以故宫为核心，以皇家宫殿、衙署、坛庙建筑群、皇家园林为主体，以四合院为衬托的历史风貌、规划布局和建筑风格。"《故宫保护总体规划（2013—2025）》提出："规划目标：在本规划期内，经由循环更新，逐步满足故宫遗产保护、管理、利用、研究等各方面的工程管网配置需求。主要策略：全面优化、改造、升级基础设施，实现基础设施的完整覆盖，去除老旧管线安全隐患，解决景观干扰等问题。以基础设施改造、维修为契机，面向未来，全面统筹、规划故宫基础设施建设，并分区、分期实施。"

在新的发展阶段，故宫博物院完整、准确、全面理解并贯彻创新、协调、绿色、开放、共享的新发展理念，深入推进故宫世界文化遗产保护工作，以"四个故宫"建设为支撑，真实完整地保护并负责任地传承和弘扬故宫承载的中华优秀传统文化，实现遗产永久保存和永续传承，推动故宫世界文化遗产保护工作高质量发展。

2. 故宫保护工作的相关法规及规定

故宫的保护工作有一系列法律、法规作为支撑和依据。其中，国家法律与行政法规主要包括：《中华人民共和国文物保护法》《中华人民共和国文物保护法实施条例》等。部门与地方政府法规性文件主要包括：《文物保护工程管理办法》《世界文化遗产保护管理办法》《北京市文物保护管理条例》《北京历史文化名城保护条例》《北京市地下文物保护管理办法》等。其他相关文件主要包括：《关于故宫博物院管理的规定》《故宫保护总体规划（2013—2025）》（2016 年 5 月，故宫博物院）等。根据《故宫保护总体规划（2013—2025）》，故宫保护总体规划范围与故宫的世界遗产缓冲区等同，具体为：东至安定门内大街—东黄（皇）城根—中国国家博物馆东侧规划路；南至正阳门；西至人民大会堂西路—西黄（皇）城根—新街口大街；北至北二环路。其中，紫禁城位于明清皇城中心地带、三海东侧，宫城坐北朝南，平面呈矩形（900米x1 111米），占地规模为100.43公顷。图1中红色虚线为故宫保护范围边界，黄色虚线为皇城保护范围边界。

3. 历史建筑影响评估及其相关程序

评估工程建设对历史建筑的影响主要针对两个方面，一是从建设项目对文物本体安全可能造成的影响进行分析，二是从建设项目对文物周边历史风貌可能造成的影响进行分析。国家文物局《关于加强基本建设工程中考古工作的指导意见》（文物保发〔2006〕42号）（简称《意见》）规定了开展基本建设工程中考古工作应严格履行的工作程序以及基本建设工程中的考古工作应遵循的规范。《意见》指出在工程建设的项目建议书、可行性研究、初步设计、工程实施前、田野考古工作结束后等阶段，应分别向有关部门和单位提供《文物影响评估报告》《文物调查工作报告》《考古勘探工作报告》《考古发掘工作报告》，并按规定填报考古发掘工作汇报表。上述《意见》指出，适应工程建设管理需要，建立考古工作监理制度；加强管理，明确职责，确保基本建设考古工作顺利开展。

故宫古建筑群的基础设施系统改造经过了严格的评审

图1 故宫保护范围边界及皇城保护范围边界

和论证过程。相关的批复文件包括：《关于故宫保护总体规划的批复》（2016年，国家文物局，文物保函〔2016〕386号），《关于故宫博物院基础设施现状管线维修改造工程方案的批复》（2011年，国家文物局，文物保函〔2011〕1689号），《故宫博物院基础设施现状管线维修改造工程设计方案专家咨询会的意见》（2012年5月28日），《研究"平安故宫"工程总体方案的会议纪要》（2013年4月18日，国阅〔2013〕23号），《故宫博物院基础设施现状管线维修改造工程二期工程专家研讨会的意见》（2017年10月27日）等。

4. 对比研究国外对于古建筑群保护的相关制度

对世界遗产的保护，须对比、借鉴国外的成果。由于近、现代历史发展的因素，工程建设涉及文物影响的评估在我国近十多年才得以普及。欧美国家，尤其是历史建筑比较多的欧洲国家对古建筑群、历史纪念物的保护评估和立法开展得比较早。1913年，法国颁布施行《历史纪念物法》（loi du 31 de cembre 1913 sur les monuments historiques），把作为保护对象的文化遗产的概念从单体建筑扩展到建筑群、街区、村落。1943年，法国将保护历史纪念物的周边环境制度化，历史纪念物周围500米范围内的建设及景观受到控制。1962年颁行的《马尔罗法》制定了世界上最早的历史环境保护制度[2]。1939年意大利颁布《文化遗产保护法》，1985年意大利"历史环境遗产部（Ministero peri beni culturle e ambientale）颁行《加拉索法》，此法案主要从风景规划角度对开发建设实施控制，同时保护意大利众多古建筑的历史环境。英国建立了三种保护古建筑和历史环境的制度："指定纪念物制度"由1882年的《古纪念物保护法》发展而来，规定保存史前遗址及所有考古学上的纪念物；"登录制度"为确认、登录历史建筑建立了制度；"保护区制度"将"在建筑或历史价值方面特别重要的，期望对其特性或是景观加以保护或改善"的地区定为保护区。奥地利以及在第二次世界大战中许多历史建筑被毁的德国都制定了各种历史建筑保护法规。美国的历史比较短，关于保护历史建筑的联邦法律始于1906年的《古物法》，旨在保护原住民的具有考古价值的遗址等。1935年制定了《史迹法》（Historical Sites Act），规定了调查包含国家级重要史迹和指定国家历史地标等内容。1966年，美国制定了《国家历史保护法》，从此确立了执行至今的历史遗迹保护体系。1964年在加拿大召开了第一次国际环境质量评价的学术会议，会上提出了环境影响评价的概念。1969年，环境影响评价作为一项正式的法律制度首创于美国。2009年，由联合国教科文组织与国际古迹遗址理事会（ICOMOS）制定的《世界文化遗产影响评估导则》奠定了目前通行的文物影响评估框架。

西方各国现行的历史文物保护制度中可以借鉴的内容是：虽然存在最小干预、修旧如旧、重视永久性保护等原则，但是没有规定历史建筑群不得改造，而是包含了价值重现、保护并改善古建筑的情况等内容。改造故宫的基础设施系统是对古建筑群保护状态的改善，符合国际通行的法规原则。除了国外的主要文物保护法规，在历史建筑遗存丰富的国家也存在基础设施提升成功的先例，典型的例子是捷克采用建造综合管廊的方式提升布拉格古城的基础设施。布拉格古城始建于中世纪，曾被歌德誉为"欧洲最美丽的城市"，是二战中唯一没被炸毁的欧洲重要古城，也是全球第一座世界文化遗产城市。为了使古城能得到妥善保护并永续发展，并且不破坏历史风貌，古城自 1971 年开始建设地下综合管廊，累计建成的综合管廊总长约 94 千米。管廊干线位于地面以下 25 米至 40 米深处，支线位于地下 2 米至 12 米深处。入廊管线包括电力、给水、供热 / 供冷管道、电信、燃气等系统的管线。布拉格管廊至今运行良好，没有影响历史风貌；几十年来一直具有足够的弹性发展空间，随着技术的发展不断容纳新的管线；钢筋混凝土的管廊具有足够的结构强度，是位于其上方的建筑的稳固地基。这些方面都表现出管廊的韧性特点。图 2 为捷克布拉格古城地下综合管廊的布置简图和内景。

我们借鉴和对比国外的经验，研究适应故宫具体情况的基础设施系统韧性提升策略，也具有探索和创新的性质。

三、为了更好地保护故宫，故宫的基础设施系统必须提升

1. 故宫基础设施系统的分类、功能和现状

目前，故宫拥有给水、供热、供配电、智能弱电等基础设施系统。它们基本建于近现代，分类表述情况大致如下。

（1）给水系统。故宫的现代给水系统始建于 1900 年，包括给水和消防两套系统，其功能主要是提供给故宫博物院内部生活及消防用水。现状给水管在故宫内呈网络状布置，中心区域基本呈环形布置，外部区域为枝状布置，总长约 11 818 米。管道材料为热镀锌钢管和给水铸铁管。给水系统形成于 20 世纪 40 至 50 年代，80 年代进行局部更换和增建，至今仍在使用。80 年代后期至 90 年代，根据国务院关于加强故宫安全保卫工作的指示，故宫修建了内环及东南部外环的临时高压消防管网，同时修建了消防水泵房，安装了室外消火栓设施，解决了部分院落的消防供水问题，提高了故宫的防火能力。目前给水管线布局早已不能满足使用需要：管线直径普遍较小，用水高峰时水压不足，导致部分区域长期使用临时管线供水；部分老旧管道已经出现跑、冒、滴、漏的现象，亟待更换。图 3 为故宫现状给水系统。

（2）供热系统。故宫的供热系统建成于 20 世纪 70 年代中期，主要为文物保护部门用房和主要展馆冬季供暖，现有东、西、南三处热力站。随着故宫展示功能的增加，现有供热能力逐渐呈现出不能满足总体规划供热要求的现象。故宫新增展陈用房需供热面积约为 120 000 平方米，如果要保证规划面积的供热能力，则需对现有三个热力站

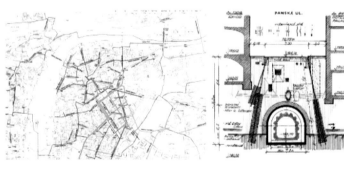

图2 捷克布拉格古城地下综合管廊的布置简图和内景（组图）

图3 故宫现状给水系统

进行增容，同时对故宫内热力网进行整合增容改造。现有热力外网管线最初建设时是根据满足具体需求、最小干预的原则布置的，未做整体规划。部分管线明装架空，由于管道腐蚀、保温层脱落导致爆裂漏水，热损耗高，管道更换频繁。图4为现状供热系统。

（3）供配电系统。故宫博物院属于特别重要负荷用户，其中珍贵文物保护用电、珍贵文物展览照明用电、安防系统用电为特别重要负荷，不允许中断供电。消防系统、通信系统、信息系统、应急照明、文物展览照明的用电按一级负荷考虑。其他智能化系统用电按二级负荷考虑。非一级、二级负荷用电均按三级负荷考虑。依据现状，电源为三路10千伏电源供电，当一路电源中断供电时，另两路电源应能承担全部一、二级负荷用电。故宫现有东一、东二、西和北共四处变配电所，输入端电压为10千伏。故宫现有的低压地下电缆总长约为12 690米，高压地下电缆采用185电缆，总长约为5 284米。高压电缆主要采用直埋方式，在穿越道路和建筑的区段采用电缆沟敷设。低压配电干线主要沿通道敷设，部分线路穿过院落。现有的系统管网布局整体基本合理，但是随着故宫开放的区域越来越多，目前供电容量已不能完全满足使用需求：除午门展厅、地

库、安防控制室为双路供电，其他院落的电源均为单路电源，不能满足珍贵文物展览用电负荷等级的要求。另外历史原因造成三个问题：①供电线路没有和其他管线综合考虑，造成管理与维修的困难；②数十年前敷设的一些电力管线已无法使用，但是现有的线路不能停电，导致供电线路经常重新敷设；③明装供配电系统线缆对木制建筑也造成一定的消防隐患，需要改造。图5为现状变配电系统。

（4）智能弱电系统。弱电系统担负着故宫博物院内监控等功能。故宫现有的智能弱电系统包括五类，分别是火灾自动报警、安全防范、广播、通信和信息网络系统。其中，信息网络系统主干光缆（144芯）总长约11 350米；有线电视系统光缆（16芯）总长约3 450米；安防系统光缆（单模24芯）总长约3200米；火灾报警系统光缆（单模16芯）总长约2 890米；广播系统电缆总长约1 535米；通信HYA-400电缆总长约1 350米。智能弱电系统存在的问题是：现有设施的容量不能满足使用要求，各系统线路独立并未能进行统一规划，管理、维护成本高。管线主要敷设在管孔内，局部露明。广播系统管线部分埋地、部分沿墙明敷设。弱电系统布线不合理，部分管沟及管井积水、部件锈蚀，存在安全隐患。图6为现状智能弱电系统。

图4 故宫现状供热系统　　　　　图5 故宫现状变配电系统　　　　　图6 故宫现状智能弱电系统

图7 故宫内的架空管道情况（组图）

基于上述分类调研的管线现状和资料分析，故宫现有各基础设施系统是基于数十年前的工程技术建造的，管线系统大部分是位于地面以上的架空管道，一部分浅埋于地下。架空管道给古建筑群带来两个主要问题：一是影响古建群的历史景观；二是年代久远的管道会增加使用安全风险。图7为故宫内的架空管道情况。

2. 故宫基础设施系统改造提升工作的历史及现状

基础设施系统改造的大致过程是：20世纪50年代末，故宫博物院内开始铺设污水管线，建设水冲厕所，并且铺设消防管道，为古建筑安装避雷针等。1974年国务院批准实施了《故宫博物院五年修缮保护规划》，该规划将热力管线引入故宫，彻底结束了院内使用明火照明和取暖的时代；敷设电缆、建设配电室，结束电线凌乱架设的局面；扩大防雷工程；延伸污水管线，增加厕所等。虽然当年的改造解决了当时的使用需求，但是局限于当年的工程技术水平和管材的生产水平，再加上缺少基础设施系统整体的规划，导致现状设施系统不能满足故宫的发展需要。随着故宫对外开放的区域越来越大，为满足办公条件的需要，制冷制热设备越来越多，原有变配电系统、给水系统、供热系统和智能化系统的覆盖面积远远无法满足需要。现在很多设备及管线已经超期服役，其中，新中国成立初期改造的部分管线已经失效。因此，将所有地上、地下管道集约布置，恢复紫禁城宫殿的原有风貌，迫在眉睫。

《故宫保护总体规划（2013—2025）》中对基础设施规划提出了明确要求，要在规划期内经由循环更新，逐步满足故宫遗产保护、管理、利用、研究等各方面的工程管网配置需求；全面优化、改造、升级基础设施，实现基础设施的完整覆盖，去除老旧管线安全隐患，解决景观干扰等问题；同时以基础设施改造、维修为契机，面向未来，全面统筹、规划故宫基础设施建设，并分区、分期实施。因此，近年来故宫博物院按照"保护为主、抢救第一、合理利用、加强管理"的文物保护工作方针，下大力气推进文物保护和基础设施改造工作。故宫博物院基础设施现状管线维修改造工程便是根据《故宫保护总体规划大纲（2003—2020年）》和《北京市"十二五"时期文物博物馆事业发展规划》的要求，重新核算各区域的各种能源用量，改善工程管网分布现状，提升基础设施水平而提出的。图8为故宫基础设施系统改造工程的一期及二期的范围。

四、研究基础设施系统提升策划和古建筑群保护对策

1. 研究故宫基础设施系统提升的整体思路

故宫基础设施系统改造的整体思路是：贯彻"保护为主、抢救第一、合理利用、加强管理"的文物工作方针，贯彻《故宫保护总体规划大纲（2003—2020年）》的原则要求，在保护故宫历史真实性、完整性的前提下，对故宫内部现状管线进行科学、合理的维修改造规划，充分展示故宫的历史价值与内涵，使故宫这一世界文化遗产发挥更广、更久的社会教育作用，谋求历史文化遗产保护与故宫博物院远期发展的和谐统一。

维修改造方案以对故宫的文化、风貌、特色、历史进行保护为前提，立足现状，体现科学性、可靠性、前瞻性和可实施性；考虑远期管线增容的要求，改造部分段落，力求满足国家环保、节能、绿色的可持续发展政策。在上述思路的基础上，形成以下原则。

（1）最小干预原则。防止及避免因管线敷设及施工震动对地上或地下可能的文物遗存产生影响，在不破坏现有管线系统的前提下，加强管线系统的使用能力。

（2）真实完整的保存原则。新建设施必须符合保护故宫历史格局的完整与环境风貌的和谐要求。建筑高度、体量、色调、风格等不得对故宫的空间景观造成明显的负面影响。消除地面道路的各个检查井井盖，恢复故宫原有的历史风貌。

（3）内外统筹的可持续原则。将院落作为基本单位，根据历史格局和现状院落空间划分院落分区，落实各项功

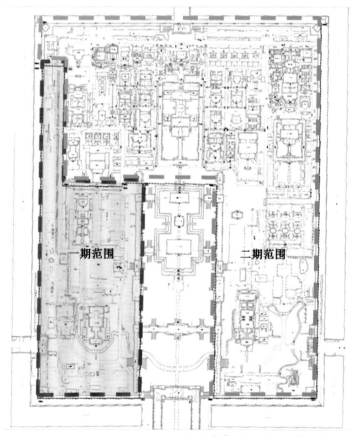

图8 故宫基础设施系统提升的研究范围

能，满足规划要求。还要做到考虑周全、设计全面。新建的设施系统要能够预留管位，能具备根据使用需求陆续纳入管线的条件。

（4）易于维护改造原则。管线的增容、扩容、养护维修等工作均应方便进行，不能出现养护困难和反复开挖。

除上述基本原则外，还有一些具体的限制条件，例如新建建筑或构筑物的建筑檐口限高、维护历史风貌等。

基于上述思路，根据前面调研的基础设施管线功能需求，可以具体提出一些技术策略，比如：为了满足功能需求，并充分考虑未来的功能发展，须新建热力管线，一次线管径为 DN350 毫米，一供一回，管径尺寸满足故宫内热力网增容后的使用要求，如果把零散的、明敷的、直埋的管道等并归至统一的线位之内进行调配，将有助于减少热量损失。根据新的技术水准需要改造现状智能弱电系统，一方面需要整合零散的弱电线网，另一方面预留发展需求，共享光缆、铜缆资源，节约管线资源。对于给水管线的提升需求，适合的策略是在封闭而且坚固的结构空间内架设整体式管道，可以规避管道漏水影响古建筑地基的风险，并且方便检修和更换管道和设备。

2. 反复对故宫古建筑群基础设施系统进行实地调查研究，复核提升策略

尽管故宫古建筑群基础设施系统改造的需求越来越迫切，但是在我国最重要的世界遗产中开展工程，必须慎之又慎。因此需要在深入调研的基础上逐步形成具体的方案。图 9 和图 10 是调查研究的简要情况。

3. 建造地下综合管廊为韧性的提升策略

综合分析故宫基础设施系统的情况和使用要求，最适合的提升策略是建设地下综合管廊。综合管廊具有如下优点：集约地下空间，促进城市高效可持续发展；解决管线增容、更换，反复开挖的问题；提高基础设施运行安全性，避免事故频发造成人员伤亡和经济损失；架空网线入地，美化城市景观，释放城市建设空间；结合排水防涝设施，缓解城市内涝灾害；全生命周期，比直埋敷设更具经济效益。我国于 1959 年在天安门广场建成了国内第一条综合管廊，入廊管线有热力、电力、通信、给水 4 种管线。1994 年，上海市政府规划建设了内地第一条规模最大、距离最长的综合管廊——浦东新区张杨路综合管廊。该综合管廊全长 11.125 千米，内有给水、电力、信息与煤气 4 种城市管线。到 2000 年左右，北京、上海、广州等一线城市均建设了一定数量的综合管廊。近几年，随着城市化进程的加速，国务院高度重视推进城市地下综合管廊建设，2013 年以来先后印发了《国务院关于加强城市基础设施建设的意见》《国务院办公厅关于加强城市地下管线建设管理的指导意见》，部署开展城市地下综合管廊建设试点工作。住房城乡建设部、发展改革委、财政部等相关部门都已经下发有关文件，支持地下管廊建设。2015 年 1 月份，

图9 在西长房和春华门等区域的踏勘调查（组图）　　　　　　　　　　　　　　　　　　图10 在东热力站和东华门等区域的踏勘调查（组图）

住房城乡建设部等五部门联合发出通知，要求在全国范围内开展地下管线普查，此后决定开展中央财政支持地下综合管廊试点工作，并对试点城市给予专项资金补助。同年，国务院发布《国务院办公厅关于推进城市地下综合管廊建设的指导意见》（国发办〔2015〕61号），要求"从2015年起，城市新区、各类园区、成片开发区域的新建道路要根据功能需求，同步建设地下综合管廊；老城区要结合旧城更新、道路改造、河道治理、地下空间开发等，因地制宜、统筹安排地下综合管廊建设"。

我国经过几十年的迅速发展，城镇化率已经超过60%，城市发展步入了"存量提质"的城市更新发展阶段。但由于历史原因，在不同时期多种因素的作用下，城市内已经建成的市政管网目前面临管线安全使用寿命到期、道路反复开挖导致结构质量有风险、市政道路下空间不足以满足更高的诸如一体化开发的需要等问题，成为制约城市高质量发展的短板。近些年，国家在政策和经济层面大力推动城市市政管网提质增效，确保城市"里子""面子"都能高质量安全发展。特别是借鉴国外经验，大力推动市政管网以综合管廊形式建设。市政管线廊化敷设对于解决上述问题、增强城市的安全韧性作用凸显。

建造韧性地下综合管廊提升故宫基础设施系统的具体分析如下：

（1）综合管廊很好地集约了地下空间资源。综合管廊内市政管线布局紧凑，将明装和直埋管道收纳入综合管廊内，可以很好地解决因为管道敷设所带来的风貌影响问题。

（2）管线的增容、扩容、养护、维修等工作均可以在综合管廊内完成，避免了因为管道养护等一系列问题所带来的道路反复开挖的弊端，对文物起到了保护作用。

（3）众多道路下的检查井井盖可以大量减少，有利于恢复古建原貌和故宫原有的空间景观。管线集中设置于综合管廊内，可有效抵御地震、侵蚀等多种自然灾害。

（4）管廊内设置智能监控管理系统，采用以智能化固定监测与移动监测相结合为主、人工定期巡检为辅的多种手段，达到管廊内全方位监测、运行信息反馈不间断和高效低成本的管理效果。

（5）综合管廊主体结构采用钢筋混凝土结构，按照设计工作年限100年标准设计，能够达到一次投资、长期有效使用的目的。

综合管廊建成后，可以将位于金水河河面上部的给水、消防管道，随墙敷设的安防及电力缆线，明装的热力管道集中布置于管廊内。这既能有效恢复因为现代管线敷设所破坏的历史建筑风貌，又能解决因管道检修所带来的开槽施工问题。为了长久、有效地保护人类文化历史上这一绚丽瑰宝，保持故宫的完整性和真实性，综合管廊的建设是十分必要的。

4.研究管廊埋地部分对故宫古建筑群的影响和解决思路

地下部分是管廊的主体，地上部分是管廊使用功能之中必须通往地面的部分。从古建筑群保护的角度出发，建设地上和地下两个部分要解决不同的问题。地下部分（埋地部分）重点解决建造的工程问题，地上部分重点解决对古建筑景观及环境的影响等问题。

建设综合管廊的埋地部分会对古建筑的基础、地下文化层造成影响，须合理布置线位和科学设计断面，在建造过程中须仔细研究施工工法，尽力减少对古建筑群的影响。

故宫管线改造需要结合现有管线运行系统完成，考虑近期使用及远期预留，将管线逐步纳入综合管廊内。将管廊分为两个舱室，供配电系统和给水系统整合为一个舱室，供暖系统、智能化系统整合为一个舱室。图11为设想中的故宫基础设施系统综合管廊断面。

综合管廊的埋深依据《故宫保护总体规划（2013—2025）》及工程技术条件综合考虑。综合管廊线位布置均须避开文物保护建筑，同时结合目前已实施完毕的综合管廊，利用既有竖井，按照避免反复开挖的原则，在精简综合管廊断面尺寸的基础上进一步确定其合理埋深。经过研

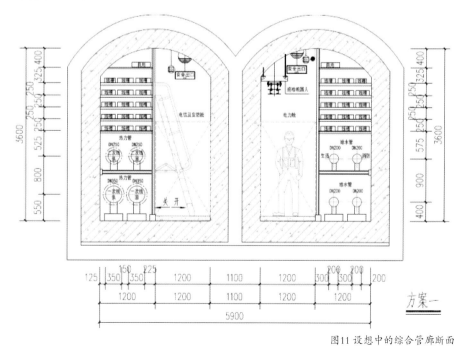

图11 设想中的综合管廊断面

究得出如下解决思路。

（1）结合对故宫所有地面文物的调查资料确定管廊的线位，埋地管廊的平面位置须避让开古建筑基础的边界范围，并保留水平方向安全距离。故宫的古建基础多为石板和成砖砌筑，其下为木桩[3]，这种基础的整体性比现代建筑的基础差很多。须对每处古建筑、古代遗存进行调查，逐个论证具体的水平安全距离。技术论证时综合考虑施工方法和古建筑、古代遗存的基础情况、保存状态，杜绝因为在侧面施工导致古建筑损坏的情况。

（2）埋地管廊的深度应避开故宫建筑群地下的文化堆积层。根据现在掌握的资料，故宫从地表向下约4米范围为文化堆积层，具有一定的考古价值。因此，管廊的顶部最高点设定为距离地面9~10米，这样是为了尽量远离文化堆积层，在地下的空间位置也尽量远离建筑基础。

（3）采用科学合理的建造方式。在建造管廊的过程中，只要开挖施工，对故宫古建筑群就会形成"疮口"，因此计划采用非开挖施工，在地下深处暗挖施工，并且根据每个区域的具体情况，采用注浆加固土体、分部开挖等各种工程方式减少地面沉降。暗挖工程需要设置通往地面的竖井，竖井就设置在管廊通往地面的位置，二者结合，并且采用各种工程技术手段尽量减小竖井的尺寸，以最大限度减少需要开挖面。图12为故宫综合管廊埋地部分暗挖示意图。

（4）在建设过程中坚决贯彻文物保护第一的原则，不论是管廊的主体部分，还是局部通往地面的部分，一旦发现任何文物遗存，立刻停止实施，进行考古发掘，根据实际情况具体调整或重新布置管廊的线位。建立严格的施工沉降监测三级预警机制，一旦发现沉降超出预警值，立刻采取相应的技术措施（表1）。

5. 研究综合管廊出地面构筑物对故宫古建筑群的影响和解决思路

综合管廊地上部分包括人员出入口、吊装口、通风口等。根据防火分隔区划分通风分区，每个通风分区一端为进风井和进风亭，另一端为排风井和排风亭。相邻防火分隔的进风井、排风井的风亭合建，并在管廊顶板上设置夹层，预留通风孔。风亭均考虑防水设计，并与故宫环境结合，参照区域综合管廊布局要求设置，保证通风分区不超过600米。综合管廊内的管线敷设在管廊主体土建完成之后进行，所以需预留吊装口，同时吊装口也是今后综合管廊内管线维修、更新的投放口，需保证两座吊装口之间长度不超过400米。为了保证人员进出综合管廊，须在地面设置通往管廊的人员进出口，间距不大于2千米[4]。出地面构筑物的位置、高度、尺寸是基于基础设施管廊的功能而布置的。为了尽量减少对故宫的历史景观的影响，出地面构筑物立面造型有两种设计思路。第一种思路是消隐处理，尽量用玻璃等透明的材料建造构筑物，尽量减少对故宫景观的影响（图13）。但是由于钢材、玻璃这些现代常用的工程材料不可能做到完全透明，因此必须设法解决新建构筑物与历史景观结合的问题。典型的先例是巴黎卢浮宫的"玻璃金字塔"。第二种思路是将出地面构筑物建造为仿古造型，尽量融入历史景观之中。这种思路必须解决好新建的仿古构筑物与古建筑环境的区别与融入的问题。上述两种思路各有优劣，需要结合具体的构筑物的尺寸、形状、位置，因地制宜确定每一处构筑物采用何种形式，不能采用设计一种标准造型，在故宫中各处布置的方式。

五、结论

综上所述，我们可以得出如下结论。

故宫基础设施系统改造是保护故宫古建筑群的必要措施，属于保护工程。提升基础设施系统可以促进提升故宫的展陈环境，对故宫的永续保护越来越重要，保护世界遗产不得不正视和解决这个问题。保护重要的历史建筑群并不等于禁止改造、禁止工程建设，通过科学合理的保护工程，解决威胁古建筑的问题，保护并改善古建筑群的状态，符合国际通行的原则。

筹划故宫基础设施系统提升是一个综合性很强的系统工程，涉及文物保护、考古、历史景观保护、工程技术、生产技术等许多方面。文物保护和历史景观保护的着力点应为历史建筑保护法规的落实；筹划工程方案的着力点应为工程规模的控制及前期方案的选择。同时也要认识到，

表1 监测预警分级及预警响应表

序号	预警级别	预警条件	预警响应
1	黄色预警	$70\%U_{01} \leq U_1 < 80\%U_{01}$ 或 $70\%U_{02} \leq U_2 < 80\%U_{02}$	发送预警快报，加密监测频率，加强对地面及6号线区间沉降、水平变形动态的观察，并协助分析原因
2	橙色预警	$80\%U_{01} \leq U_1 < U_{01}$ 或 $80\%U_{02} \leq U_2 < U_{02}$	发送预警快报，根据预警状态特点完善预警方案，同时加强施工措施，加强观察与监测，并召集建设、设计、施工及监测单位进行会诊，对可能出现的各种情况作出判断和决策，启动备用方案
3	红色预警	$U_1 \geq U_{01}$ 或 $U_2 \geq U_{02}$ 或 U_2 出现急剧增长	发送预警快报，加密监测，启动会商机制和应急预案，并立即采取必要的补强或停止开挖等措施

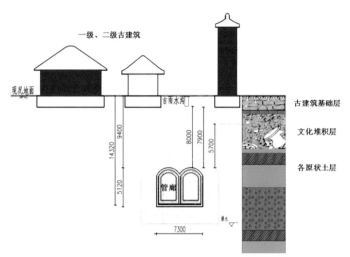

图12 故宫综合管廊埋地部分暗挖示意图

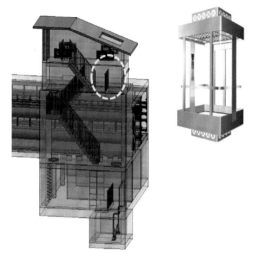

图13 消隐、透明的地面构筑物设计思路示意

实施方案是动态的，当进入实施阶段后，很可能遇到未知的历史遗存，如果根据情况进行考古发掘或者掩埋保护，原有的改造方案就必须随之调整。

基础设施系统实现韧性提升策略的含义是解决好几个辩证的关系。其一，管线既要集约紧凑布置，又要为将来的增容和技术改进预留余地，还要方便管线的检修和更换，综合管廊可以同时满足上述要求。其二，故宫将是屹立千年的古迹，以往各个时代新建的"现代化"基础设施的工作年限远远比不上古建筑本身，露明的管线数十年后就会陈旧破损。因此基础设施本身要坚固耐久，才能经受时间的考验，才能因为自身的坚固而使古建筑免遭次生影响。目前，钢筋混凝土的地下综合管廊的结构工作年限是100年，经过整修和维护还可能延长工作年限，而结构本身的坚固也承托着上方古建筑群的基础。其三，最有利于保护古建筑群的历史风貌的基础设施是地面上看不到的设施，但是基础设施管线不能埋下去不管，现代化的管线系统必须要有智能化的监控系统，再辅以人工巡检和维护，既要"看不见"，又要能监测，所以智能化的综合管廊是目前技术成熟可行的策略。

通过世界遗产——故宫基础设施系统改造的研究过程，可以得出一套古建筑研究改造和保护工作路线：首先明确文物保护是改造工程的根本目标，重视研究基础设施管线对古建筑群的影响，梳理文物保护相关法规，吸纳各国成功经验，结合功能目标，形成改造工程的整体思路和基本原则。第二步，深入调研基础设施现状，整理第一手资料，分析存在的问题，根据需求研究改造的功能目标。第三步，对各类设施管线整体布置，控制工程规模，根据文物保护的原则反复打磨前期方案，并且把建造技术和施工可行性作为在方案研究阶段的前提条件。在研究的过程中重视现场调研和现场复核。

北京故宫是中国古代官式建筑的最高典范、明清宫廷文化的特殊见证，是中国古代艺术的精品。故宫是独一无二的，因此对故宫基础设施系统改造付诸行动要慎而又慎。在对故宫基础设施系统改造的研究过程中，我们通过不断的总结和探索得到了一整套分析问题、解决问题的工作方法，希望可以为我国古建筑群的保护提供一些参考。

参考文献

[1] 中国共产党北京市委员会，北京市人民政府.北京城市总体规划（2016年—2035年）[M].北京：中国建筑工业出版社，2019.
[2] 西村幸夫，历史街区研究会.城市风景规划——欧美景观控制方法与实务[M].上海：张松，蔡敦达，译.上海科学技术出版社,2005.
[3] 白丽娟、王景福.北京故宫建筑基础[M]//单士元,于倬云.中国紫禁城学会论文集（第一辑）.北京：紫禁城出版社，1996：238-254.
[4] 城市综合管廊工程技术规范 [M].北京：中国计划出版社,2015.

"Following" Liang Sicheng to Trace the Thousand-year-old Temple and Start the First Journey of a New Field Investigation in 2023

"跟随"梁思成寻迹这座千年古刹，开启2023年田野新考察第一程

CAH编委会* （CAH Editorial Board）

在距离北京 104 千米的天津蓟州，有一座千年古刹——独乐寺。独乐寺重建于公元984 年，是我国现存木结构古建筑的经典之作。20 世纪 30 年代，日本建筑史学家关野贞和以梁思成为代表的中国学者相继造访这里，至此，"发现独乐寺"成为中国 20 世纪建筑文化遗产的标志性事件，正如梁思成曾赞誉独乐寺："上承唐代遗风，下启宋式营造，实研究我国（中国）建筑蜕变之重要资料，罕有之宝物也。"

2022 年正值梁思成先生 1932 年研究发现蓟州独乐寺 90 周年，中国文物学会 20 世纪建筑遗产委员会以敬畏之心、以田野新考察的方式重走梁思成之路，关注发现独乐寺 90周年"事件"。鉴于 2022 年新冠肺炎疫情的原因，考察活动一直未能如愿。2023 年 1 月10 日，在癸卯兔年到来前夕，建筑文化考察组一行从北京驱车造访蓟州。在不足八小时的访谈考察中，对 2022 年未竟事业进行了一次"补课"，并获得有关遗产保护与传承的

蓟州独乐寺，2023

观音阁主像头部

建筑文化考察组考察蓟州独乐寺合影

观音阁正面（中国营造学社摄，1932）

山门内部梁架（中国营造学社摄，1932）

蓟州独乐寺全景（中国营造学社摄，1932）

新收获。

中国文物学会20世纪建筑遗产委员会及《中国建筑文化遗产》编委会成员，在总编、副会长金磊带领下，先后与刘斌所长、仇会荣书记及蓟州文旅局蔡习军局长、"独乐"建筑文库负责人徐凤安等作学术交流，考察组殷力欣研究员、永昕群研究员等发表了感言。

对独乐寺的研讨已持续90载。1932年，梁思成先生首次以现代学术眼光作建筑考察，证明了我国在北宋前有木结构建筑遗存。就建筑历史研究方法而言，日本学者认为只有他们才具备现代学术眼光，而梁思成先生所作的《蓟县独乐寺观音阁山门考》一文打破了日本学者说中国人只用传统方法研究的偏见。正如杨永生总编辑的《建筑史解码人》一书中郭黛姮教授的介绍，"梁思成对寺院的历史、建筑布局、建筑外观、平面以及建筑的柱、梁、斗拱等研究后，还以现代结构力学的原理，验算了其梁枋的承载力……"。

从史实方面，郭黛姮教授还补充道："1931年5月日本关野贞与竹岛卓到过河北清东陵，路过蓟州时偶见独乐寺观音阁，他们将研究成果刊于1932年8月的《美术研究》上。"梁思成虽于1932年春考察独乐寺，但他的论文《蓟县独乐寺观音阁山门考》则于1932年6月发表，比日本学者早了两个月。据郭黛姮教授评价，"该报告发表说明了中国学者的研究实力，使中国人增强了民族自信心，也削弱了日本人的气焰。"值得说明的是：迄今尚有部分研究者不从史实出发，也缺乏必要的深入研究，认为梁思成的独乐寺研究成果是抄袭日本学者的，这是需予以澄清的。对此，《建筑评论》2014年总第七期曾专门发表清华大学建筑学院楼庆西教授的《〈梁思成与他的时代〉读后感》、金磊执笔的《建筑品评不能患上"失骨症"》等评论文章。

为何重走梁思成之路？田野新考察的学术价值何在？建筑文化考察组认为原因有三。其一，自梁思成先生发现独乐寺现存观音阁、山门这两座辽代建筑之后，保护与研究工作不断深入。1949年以来，北京文整会杜仙洲、祁英涛等古建筑专家就不断进行更细致、准确的测绘工作；

建筑文化考察组考察蓟州独乐寺合影2

梁思成绘制的独乐寺观音阁南立面图，1932

鲁班庙

孔庙

白塔

关帝庙

国家文物局陈明达先生、天津大学卢绳先生也先后加入独乐寺研究者的行列；近年来，独乐寺已成为天津大学建筑学院的古建筑测绘研究基地，丁垚等学者不断推出独乐寺艺术价值的研究成果。

其二，在 1984 年纪念独乐寺重建一千周年之际，陈明达先生即撰文称赞独乐寺两座辽代建筑："独乐寺两建筑，按现存古建筑年代排列、名居第七，但若论技术之精湛、艺术之品第，均应推为第一，可以说是现存古建筑中的上上品，最佳的范例。它涵蕴着许多古代建筑学的宝贵知识，有待我们去发掘阐明。"此后，以陈明达 1990 年完成的《独乐寺观音阁、山门的大木制度》一文为底本，2007 年由《建筑创作》杂志社组织专家，增编出版了《蓟县独乐寺》一书，此书可谓继梁思成《蓟县独乐寺观音阁山门考》之后最重要的研究成果。陈明达先生的这部专著，最引人入胜之处，在于其在接受西方现代方法的基础上，以回归本土建筑语言为特色，展示了中国古代建筑匠师设计建造一个建筑组群的完整过程。该书曾获中华优秀出版物图书提名奖。

其三，陈明达先生生前曾谈道研究中国古代建筑历史的学术方向："要有一个本民族的建筑学，一个与西方建筑学不同的建筑理论体系……经过半个世纪二三代人的努力，我们现在至少可以肯定一点：确实存在着一个与西方建筑学迥异其趣的中国建筑学体系。"在这个重新确立"中国建筑学体系"的学术探讨历程中，朱启钤、梁思成、刘敦桢、林徽因、陈明达等中国营造学社的前辈们作出了毕生的努力，在他们的研究生涯中，五台山佛光寺东大殿（唐代）、蓟州独乐寺观音阁（辽代）、义县奉国寺（辽代）、应县木塔（辽代）、正定隆兴寺（宋代）等，都是最重要的研究实证资料，对当今从事遗产保护和建筑历史研究的人员而言，仍需从前辈那里获得启示。

考察组先后重点参观独乐寺山门、观音阁之内外、上下结构及建筑装饰、雕塑及壁画等，蓟州白塔、鲁班庙、文庙、关帝庙等。大家共同回顾了梁思成先生当年的工作，他所作《蓟县观音寺白塔记》受到的重视程度较低。现在重读，觉得这是一篇赏析古代建筑与雕塑作品的佳作，值得后人再次身临其境地品味、欣赏；蓟州现存鲁班庙，虽其年代、规制等不能与独乐寺同日而语，但对鲁班的尊崇，反映了当地对工匠精神的重视，十分契合对中华传统文化"双创"理论主题的现代价值认知。一日的田野新考察，让我们深感如果考察提供了一扇窗，那倚窗凭栏，极目而望，收获的是中华文化的曲径通幽之芳华，更充满建筑遗产交汇今天的文博体验新思。

2024 年将迎来独乐寺重建纪念（公元 984—2024 年），希望此次考察也能成为开启独乐寺 1040 年庆典纪念学术研讨的前奏。

2023 Yunnan Architectural Heritage Expedition
2023年云南建筑遗产考察记

CAH编委会*（CAH Editorial Board）

"田野新考察"专栏是继《田野新考察报告》之后的新媒体传播平台。2006年夏秋之交，北京市建筑设计研究院《建筑创作》杂志社与中国文物研究所文物保护传统技术与工艺工作室联合组成了旨在保护、研究建筑历史文化遗产的一个非官方学术组织——"建筑文化考察组"。17年间，"建筑文化考察组"已组织了国内十多个省（市）的建筑文化考察80余次，迄今已出版《田野新考察报告》共7卷。

彩云二月，春光正好，北方寒冷枯黄，云南却在湛蓝天空的映衬下，处处是新绿的，仿佛在迎接建筑文化考察组的到来。2023年2月8日至13日，由中国文物学会20世纪建筑遗产委员会、《中国建筑文化遗产》编辑部等组成的建筑文化考察组一行九人从北京出发，矫兔腾跃赴云南开启为期6天的明媚春日"云南20世纪建筑遗产考察"。虽在过去17年间，"建筑文化考察组"已组织了国内十多个省（市）的建筑文化考察80余次，但此次大家的心情格外不同，这是2020年新冠肺炎疫情至今第一次畅快的"前行"。在紧凑的调研行程中，"建筑文化考察组"走访了26个建筑遗产项目，其中20世纪建筑遗产占到80%，基本覆盖了第二批至第六批云南省"中国20世纪建筑遗产项目"。

"东陆"有大学

"东大陆主人"这一称号，现在听来殊为陌生，也多少有些让人不知所云。然而在20世纪初叶的滇系军阀首领唐继尧（1883—1927年）眼中，这确是他手握重兵、雄踞云贵、领袖西南的真实写照。唐继尧，云南会泽人，子莫庚，号东陆。云南大学原名东陆大学，以唐继尧的号为校名，难掩他雄踞一方的雄心。

1913至1927年，自称"东大陆主人"的唐继尧以云南督军兼省长之姿执政云南。他兴办教育、筹办市政、发展实业，为云南的发展立下汗马功劳。而今日建筑文化考察组到访的云南大学东陆校区，是由他于1922年所创办的私立东陆大学逐步发展而成的。1934年其更名为省立云南大学，1938年又改为国立云南大学。唐继尧不仅在执政云南期间创办了学校，兴建了碧石铁路，也创建了空军和全国第二个机场（巫家坝机场）。如其故居正堂对联的评价："护国讨袁南天一柱，治滇兴教东陆独尊"。

随着第二次世界大战的爆发，外敌的入侵导致中国半壁江山陷入战火，北方的局势急转直下，致使越来越多来自北京、南京等地的学者纷纷向云南转移，逐渐形成了当时最负盛名的两块学术阵地。其一是西南联大，其二便是这座由东陆大学演变而成的云南大学。如今的云南大学东陆校区依旧保持着当年的格局，自校门而入首先看到的既非主楼，亦非甬道，而是一道阶梯，两侧树林掩映、光影斑驳。山坡两侧伫立着两座牌坊，上有"腾蛟""起凤"字样，似是出自王勃的《滕王阁序》，反面则书有"明经取士""为国求贤"，是为东陆大学创建时的初衷。

会泽院入口

"腾蛟"坊

至公堂

映秋院

云南贡院

建筑文化考察组在云南大学合影1

校园建筑

绕过主体建筑会泽院往内走，是始建于明弘治十二年（1499年）的云南贡院，含号舍和殿宇式建筑至公堂。至公堂建成于明弘治十二年，该建筑坐北朝南，面阔五间，为云南贡院建筑群的中心，是明清时期举办乡试的所在。建筑于清代多次改造重修，至今保留有贡院考棚等多处历史遗存。这座建筑不但在古代承载一省文教之重，到了当代亦是人文荟萃。1946年7月，李公朴先生殉难经过报告会曾在至公堂举行，闻一多先生也曾在这里发表了震古烁今的《最后一次的演讲》。

贡院门楼在学校大门东侧，仍然保留完整，往校区北面走是著名建筑学家林徽因先生设计的映秋院。在抗日战争爆发后，随着越来越多的学子来到云南大学，学生的住宿日益紧张，而女生的住宿更是大问题。于是云南省主席龙云的夫人顾映秋为云南大学捐资修建了这座女生宿舍楼，故此得名。在映秋院一侧为云南军政要员卢汉的夫人龙泽清捐资修建的女生食堂，取名为"泽清堂"。两座建筑共同围合成一个小小的院落，仿佛在战争年代为原来此地的学子们筑起了一道屏障，保护他们能够安心求学，不受外界干扰。如今的映秋院经过改造修建，已难见往日容颜。

文/图｜朱有恒
中国文物学会20世纪建筑遗产委员会办公室副主任
《中国建筑文化遗产》编辑部主任、设计总监

百年雕琢会泽院

云南大学东陆校区面临翠湖，高居五华山上。五华山系历代官府衙门所在地，给人以高等学府的敬畏之感。在云南大学建筑群中，最早建设的主体建筑当属会泽院。其采用唐继尧家乡地名，寓意"惠泽世代子孙"。从翠湖西路进入校门，登上九十五级台阶，寓意九五之尊。会泽院在视线上沿水平方向延展，仰视其建筑更突显其宏伟庄重，云南大学的校徽上所绘制的图案亦由此而来。建筑前的基座上刻有一行大字"会泽百家 至公天下"，为当今云南大学精神之所在。会泽院四根高耸的罗马柱撑起门厅，门、窗套及外墙均为西式，室内装修中西合璧，其铁门和楼梯护栏则为云南当地铁厂锻造而成，突显中国元素。

会泽院"纵七丈，横二十三丈四尺，凡二层"（1丈≈3.33米，1尺≈0.33米），于1924年完工，是昆明早期著名的大型西式建筑，由留学比利时的建筑师张邦翰主持设计。建筑为框架结构，其石造装饰古朴而不失华美，简约而凸显凝重，在有限的方寸之间给人以纵横有度、厚重典雅的感觉。据校方介绍，建筑立面上的弹孔保存至今，而建筑前厅位置曾遭炸弹侵袭，所幸落下的炸弹未曾爆炸。彼时，著名的数学家熊庆来、著名的文学家李广田在担任云南大学校长时都曾在此办公。如今的会泽院作为学校的教学

会泽楼入口处的铁饰花窗　　　　　　　　　　会泽院　　　　　　　　　会泽院老教室场景复原

建筑文化考察组在云南大学合影2

入口阶梯

会泽院室内　　　　　　　　　　　　　　　　　会泽院立面细节1

会泽院立面细节2

华山东路东苑别墅

华山东路昆明市天主教爱国会

大德寺双塔1

大德寺双塔2

建筑文化考察组在石龙坝水电站现场

石龙坝水电站1

石龙坝水电站2

石龙坝水电站3

石龙坝水电站4

石龙坝水电站5

楼、行政楼及展览馆使用，而熊庆来旧居亦作为历史建筑保留至今，其位于会泽院东北侧。熊庆来创立了熊氏无极函数理论，是华罗庚先生的导师。

从会泽院再往北走是由1954年所建的物理馆、化学馆、生物馆组成的理科三馆，其为西式砖混苏联建筑风格。从云南大学东陆校区建校初期洋为中用的民国风建筑，到传承了中国传统建筑的贡院，再到抗战期间西南联大迁至昆明增添的林徽因、梁思成的名家建筑作品，云南大学建筑群不失为一座中西合璧的建筑博物馆。

文/图 | 杜星月（西南林业大学园林学院助教）
杜小红（应急管理部南方航空护林总站）等

寻常巷陌不寻常

昆明当然是座名城、古城，但"名"在哪里？"古"在哪里？须格外留意一下，才可与其"名"其"古"对上号——若粗粗浏览，它恐怕与全国大多数正大兴土木的城市无大差异。虽逗留不足一小时，却足以让我体会这条全长不足400米的南北向寻常巷陌的不寻常。首先是误入街北端一隅之昆明市天主教爱国会。囿于空间局促，我的相机无法拍好全貌，只能以侧立面和局部鸟瞰草草记录；我也无暇仔细观摩，粗略判断其建造于20世纪40年代，西式结构加上云南传统民居之屋顶样式，全不似惯常所建西式教堂，也未被列入文物保护单位序列。重要的是，这座建筑记录了抗战期间天主教爱国会与全国人民共御外侮的义举。由此向南不远，临街一处法式小洋楼是旧日的东苑别墅。毋庸讳言，昆明这座古城在近代曾是法国的势力范围，遗留诸多法式建筑，也形成了当今的昆明地方建筑文化特色。原房主宋嘉晋先生系著名的爱国人士、民主人士。再向南步入一条东西向的小巷，即可近观元明时期古刹大德寺所仅存之双塔。大德寺双塔建于明成化十三年（1477年），形制却保留些许唐代遗风，可惜保护措施是砖体外表加砌一层水泥，略显简单粗糙。更值得深思的是，20世纪50年代，此寺院中轴线大殿的位置被加建了一座颇具规模的大屋顶建筑。客观地讲，这座民族形式新建筑设计得不错，装饰细节如清式斗拱及彩画等都算是很说得过去的佳作。不过，它如此近距离地与明代双塔共处一隅，却给建筑遗产保护人员出了一道难题。但无论如何，这区区400米长的街道，匆匆浏览即有三处文化遗存，至少记录着500余年的历史变迁，值得我们在今后作进一步的探究。

文/图 | 殷力欣
中国文物学会20世纪建筑遗产委员会专家委员
《中国建筑文化遗产》副总编辑

中国第一座水电站

1912年，在云南滇池螳螂川畔的大地上诞生了一座石龙坝水电站。它不仅有"中国第一座水电站"的美誉，更用近代文明之光照亮了边疆一隅的千家万户，亦标志着昆明近代企业的诞生。石龙坝水电站的建成史充满着爱国故事。1908年，法国以滇越铁路通车用电为由，要求在滇池出口的螳螂川上游建水电站。但此举遭到云南爱国人士们的反对，并决定以商界为主酝酿自办水电站。正是在这样的背景下，"中国第一座水电站"应运而生。从1910—1912建成的第一车间到1949—1958年建成的第四车间，石龙坝水电站历经清朝、民国、新中国成立初期、改革开放等多个时期，其中一套运行了111年的德国西门子舒克公司制造的水轮发电机组仍能运行发电，而且是世界上唯一的能运行并保存完好的古老机组。

除发电车间，令人难忘的还包括一块字迹清晰、于1914年刻立的《功建名垂》碑。樊厂长讲到，这块立碑呈现出最早的责任分工，石龙坝任何环节出问题，都可从碑中找到项目责任人，可谓最早的"终身责任制"，这为如今的建筑施工质量提出当代启示。

文/图 | 金维忻
中国文物学会20世纪遗产委员会策展总监
《中国建筑文化遗产》编辑部新媒体总监

云彩之上有未来

人们或许最熟悉的是"最忆是江南"，今天要"忆"的是刚刚造访的云南弥勒东风韵。感慨于在云南红土地意外长出的这片网红建筑艺术"聚落"，它充满着原生态艺术的倔强和炙热，不仅展现着艺术家们丰富的想象与创意，更不乏农垦文化根基的新中国建设印迹，是一个生动的中国式现代化"故事"，也展现出一个古老民族"日新月月新"，走向新希望的美丽"画卷"。

"云彩之上有未来，人生难得东风韵"是东风韵景区的标语，相信凡是造访此地的人士都会喜欢它。我真实感到东风韵是集农垦文化、自然山水、人文情趣于一体的特色文旅小镇，一个"韵"字可谓内涵无穷。"韵"的本意在于它是中国传统社会后期艺术审美的核心概念，"韵"味既有历史积淀，又有时代指向，60多载农垦及知青史也是当代史。人们常说，精神创造历史，就是说只有现在仍具有生命力的东西才会深入人心，遗产保护如此，文化旅游亦是如此。对于"东风韵"景区我从三个层面去审视。

从农垦文化上看：伟大的时代要百转千回地展现奔涌向

东风韵1

东风韵2

东风韵3

东风韵4

东风韵5

建筑文化考察组在东风韵摄影创作1

建筑文化考察组在东风韵摄影创作2

碧色寨车站

前之豪迈，"农垦"既是时代剪影，也是时代符号，其伟大精神已镌刻在中华人民共和国的伟大丰碑上。历史不会忘记65载的云南农垦战士，中华民族文化精神也有生生不息的农垦文化精神，东风韵景区正呼唤并致敬那些拓荒者们。从建筑艺术上看：它以砖为筒，以窗为镜，不仅有将声学、美学与力学集于一体的万花筒般的艺术庄园，更有一系列用本土红砖搭建成的艺术生命体，激发起观者五彩斑斓的想象力。从文化业态上看：作为礼赞拓荒、记忆艺术的摇篮，东风韵以原创艺术产业为核心，集中所有呈现的业态，致力打造"立足云南，面向世界"的中国唯一、世界一流的艺术小镇，在传承创新的基础上书写历史与当代的"大文章"。

东风韵景区在风格迥异、业态丰盈的当下，要提升国内外影响力，在新平台上产生"蝶变"，在呈现国际视野、强化品牌性并为本地建设"文化城市"方面进一步突破。任何文旅项目的成功都是在锤炼中衍生的，无论是有历史印痕的"东风韵"新景区建设，还是大批城市的"工业锈带"及历史文化名街的复兴与提质，都要破除镜框式壁垒，打破固有模式，以IP赋能的创新方式，做到文博价值与文旅发展的统一，用准用好创新性发展与创造的手段，在服务文化家园的惠民之举中创出新图景。

文/图 | 金磊
中国文物学会20世纪建筑遗产委员会副会长、秘书长
《中国建筑文化遗产》《建筑评论》"两刊"总编辑

"平行轨道"的对话

2023年2月10日、12日，建筑文化考察组分别调研了位于蒙自市和个旧市的全国重点文物保护单位——碧色寨车站及鸡街火车站。这是两座具有近代中国铁路发展里程碑意义的火车站，都承载着昔日的荣光，而在历经百年洗礼后，活化利用的现状境遇则完全不同。

1909年建成的碧色寨车站作为电影《芳华》的取景地，触发了当代人对"芳华年代"的向往，吸引着全国游客络绎不绝地到此"打卡"。碧色寨车站所在的"碧色寨滇越铁路小镇"的商业开发程度超出预期，进入园区首先乘坐电瓶车，一路盘山而上，游人需穿过一条风貌街道才能抵达碧色寨车站。而在我看来，风貌街道的打造缺乏当地特色，业态也略显单一，售卖的文创产品新意不足，倒是穿有《芳华》戏服的游客成为特色的人文风景。碧色寨作为滇越铁路线上的重要站点，所蕴含的建筑文化、爱国主义文化、铁路文化、马帮文化、商贸文化等都值得发掘与梳理。目前的活化路径虽仍有改进的空间，但经过合理的规划与保护，它与周边村民的生活融为一体，在历经百年沧桑后被赋予了新的生命与意义。

2月12日，当考察组驱车穿过嘈杂的市场、狭窄的街巷，在路人的指引下来到鸡街火车站前时，我困惑于眼前寂静空旷的景象。杂草丛生的铁道上堆满了废弃的铁轨，站台

碧色寨车站2

鸡街火车站1

鸡街火车站2

建筑文化考察组在鸡街火车站合影

上只有寥寥几位住在附近的居民带着孩子玩耍，安静的车站的站房、办公楼位于站台一侧，周边是派出所等办公用房。据悉，2021年10月鸡街火车站11个单体建筑的抢救性保护修缮工程完成，这当然体现了国家及地方对全国重点文物保护单位的爱护与尊重。但对于个碧石铁路有如此重大意义的车站，它不应该只作为当代人们生活的"背景"，它理应被建设得更加美丽，焕发生机。

2月17日，在池州市举行的"老池口历史文化街区保护与城市更新研讨会"上，中国文物学会会长单霁翔指出，文化遗产保护与利用的必由之路是"从保起来，到美起来，再到活起来"。碧色寨车站和鸡街火车站这两座建设背景相似、历史意义重大的优秀20世纪建筑遗产，如今走在两条完全不同的活化之路上，就像两道平行向前的铁轨，各自前行。也许未来某个时刻，它们终将交会，摩擦出属于"中国式文化遗产活化利用模式"的耀眼火花。

文 | 苗淼
中国文物学会20世纪建筑遗产委员会常务副秘书长、
办公室主任
《中国建筑文化遗产》副总编辑

世外桃源古村落

位于云南红河州的元阳梯田是哈尼族人世世代代留下的杰作。我一直听闻阿者科村是哈尼族蘑菇房保存最完整也是最有代表性的古村落，此次行程可谓考察中最大的收获之一。阿者科村是云南省红河哈尼族彝族自治州元阳县哈尼梯田世界文化遗产区 5 个申遗重点村落之一，在哈尼语义中，"阿者科"意为"茂盛的森林"。千年哈尼梯田环抱下的百年古村落悬踞在海拔千米的山麓上，村内 60 余栋"蘑菇房"保存完好。

走进阿者科村，错落有致的蘑菇房、被自然洗刷的青石板路，令人宛如置身世外桃源。哈尼民居（蘑菇房）一般为 2~3 层，平面形式有"一字型""曲尺型""三合院""四合院"等几种类型，底层饲养牲畜、存放农具，二楼用于生活起居，三楼为粮仓，屋面是典型的四坡式茅草顶，具有良好的保暖散热性能，室内冬暖夏凉，适应当地潮湿的气候环境及地形环境，是哈尼人适应自然环境的智慧再现，同时也是哈尼文化的重要载体。近几年，在昆明理工大学

阿者科蘑菇房2

阿者科村昆工乡村振兴教学基地

阿者科蘑菇房1

阿者科蘑菇房3

阿者科蘑菇房4

朱良文老师的指导下，年久失修的民居得到了修缮，整个村落不仅保持了传统风貌，环境基础设施还得以提升，村民生活环境也得到了优化改善。特别是，朱老师主持改造的网红民宿（一处蘑菇房民居）舒适且惬意，并成为昆工乡村振兴教学实践基地。这不失为一个集学术、文化旅游及商业运营于一体的活化案例。

文/图 | 李海霞
《中国建筑文化遗产》编委
北方工业大学高级工程师

桥上建有飞阁三座

双龙桥又名十七孔桥。提到十七孔桥，不禁令人想到颐和园内的十七孔桥。同样静卧在山水之间的建水十七孔桥与北京的十七孔桥同出一辙，建造年代也相近。但与颐和园的不同，建水十七孔桥于清朝分两次建成，乾隆年间先建了三孔，道光年间又建了十四孔与之相连，共十七个桥孔，故称十七孔桥。

建水十七孔桥犹如一艘楼船，设计精巧独特，楼中有楼、桥楼相映，蔚为大观。它是云南古桥梁中规模最大、艺术价值最高的一座多孔联拱桥，为建水的标志性建筑之一。桥上建有亭阁三座，层檐重叠，檐角交错。正如碑记中所称的，"桥上建有飞阁三座，中间一阁层累为二，

双龙桥1

双龙桥2

双龙桥3

双龙桥4

朱家花园1

朱家花园2

朱家花园3

朱家花园4

朱家花园5

高接云霄"。大阁位于桥的正中央，桥的两端各有一处亭阁。大阁是一座有三层檐的方形主阁，南端的双层八角攒尖顶桥亭，与大阁互相辉映，玲珑秀丽，造型美观，北端的阁楼因战火摧残，如今没了踪影。因此桥全称为"三阁十七孔大石拱桥"。

桥身是用500多块打凿平整的石块镶砌而成；两侧用条石垒成了桥的栏杆；宽敞平坦的桥面则由数万块大青石铺成。在数百年磨砺后，步行在光滑锃亮的青石板路上，触摸痕迹斑驳的桥栏，交错时空下的碰撞感令人记忆深刻。著名桥梁专家茅以升曾在《仪态万千的我国古代桥梁》专著中，把建水十七孔桥列入全国最著名的10余座古桥代表作之中。如今，建水十七孔桥已经成为当地市民日常休息、文化交流的重要活动地点，落日余晖下赏桥之美景，好不浪漫。

文/图 | 麦宇霖

朱家花园门雕有感

朱家花园是本次"云南20世纪建筑遗产考察"的最后一个项目。主体建筑呈"纵四横三"布局，为建水典型的传统民居。园内可谓亮点多多，最令我难忘的当属它的门雕艺术。园内房屋为三间连通，堂屋呈"三开六合"式，每一扇门都堪称精美的雕刻艺术品，题材多为人物故事或花鸟百态。关起门看整体，它酷似书画作品中的六扇屏，稳重端庄、典雅大气。贴近它观细节，人物开脸，眉眼刻画，更是刀刀到位，一棵小草、一片树叶都生动传神。如果说赏六扇屏书画需坐下来细品，在这里看门雕，会感到震撼。

门雕由镂空和浮雕两种技法创作而成，简洁且略显粗犷的木条按审美需求呈镂空效果布局并支撑着前面的浮雕。这一支撑在木工工艺中又巧妙地起到了坚固门体作用，同时延长了门体的使用寿命，而木条本身又是雕刻作品中的一部分，它的粗犷与浮雕中人物花鸟的细腻刻画形成对比。一扇门，它所展现出的不仅是古典主义美学气质，又展现出工艺美术之特性，既美观又实用，正所谓坚固不美观不好，美观不坚固不行。英国评论家约翰·拉斯金曾说"建筑师必定是伟大的雕塑家和画家"。这不禁令我想到朱家花园的"建筑师"——当地乡绅朱渭卿兄弟。他们的建筑、雕塑和绘画等方面的综合学养极高，能巧妙运用艺术来丰富建筑美学。近些年我先后拍摄过皇家园林、富甲大宅、特色民居等诸多题材和项目，涉及各类风格的屋房堂室、楼台亭榭。单独说门的艺术，它们还从未像朱家花园的门雕一样令我备感震撼。

文/图 | 万玉藻
《中国建筑文化遗产》特约摄影师

城乡建设规划之思

昆明中森华创建筑设计有限公司董事长麦一兵，云南省建筑工程设计院有限公司董事长、总建筑师杜小光，云南省设计院集团有限公司总建筑师罗文兵，云南汇景工程规划设计有限公司总规划师黄明，昆明理工大学建筑与城市规划学院工程师张雁鸽等与建筑文化考察组一行，共同参与并支持田野新考察的学术沙龙，麦一兵总、金磊副会长主持活动。

十多年前与云南省住建厅总规划师刘学等共同拟定《云南历史文化名城（镇村街）保护体系规划》（简称《云南名城规划》），并出版了专著。历史文化遗产是不可再生的珍贵资源，随着城乡现代化进程的加快，我国及我省的文化生态正发生着巨大变化，城乡遗产受到严重威胁，由于过度开发和不合理利用，许多重要遗产正在消亡及失传。正确处理新农村建设与传统聚落、乡土建筑乃至现当代遗产的保护之间的关系，无疑是传承优秀传统建筑文化之使命。

云南传统聚落是民族的历史文化最为重要的物质载体空间，承载着云南千百年的文化积淀，《云南名城规划》旨在全面梳理云南传统聚落起源、发展、完善的普遍规律和脉络轨迹，科学有序地指导云南历史文化遗产资源的保护工作，有效支撑云南民族文化强省的建设事业等。我以为规划设计中尤应恪守五大原则：①完整保护的多样性原则；②有代表性且全面的系统性原则；③体现实物见证价值依托的真实性原则；④彰显丰富多彩民族特征的特色性原则；⑤研究保护利用的可持续动态化原则等。

文/图 | 黄明
云南汇景工程规划设有限公司总规划师

寻觅与呈现

每每尽兴归来欣赏照片时，有发现、有感动、有疑惑、有失落，更多的是沉思。我被那些精美的建筑、古老的村落吸引，被它们数百年上千年风雨剥蚀的历史触动。我希望《寻觅与呈现——云南传统聚落探访影像记》（简称《寻觅与呈现》）能呈现给大家的照片有"故事"，是风景，是天、地、人的和谐，也是云南传统聚落的形式与变迁。作为一名从事建筑和景观专业的设计师和摄影师，我想在故土和家园变得面目全非前，用镜头为日渐模糊的记忆提供追寻的细节，让无从排解的乡愁有些许慰藉……

《寻觅与呈现》一书共有5个章节：从善万物之得时、感天地之和谐、滋养与生长、大壮与华彩、日常与淡泊再到凋零与遗忘。我曾写道， ……著名的历史建筑，由于得到良好的保护和及时抢修，能够幸运地逃离"病、死"的结局。由于种种原因，如缺乏保护意识、缺乏资金，人为粗暴的干预或人口外迁，云南无数优秀古镇、古建筑在岁月的侵蚀下日渐凋敝，日渐被人遗忘。旅行唤醒我对生活、自然以及对家乡的热爱；摄影承载我个人的记忆，也承载了历史的记忆……岁月在不断地侵蚀、篡改记忆，影像则让模糊、淡忘的记忆重新变得生动、鲜活。正如《寻觅与呈现》后记所述，数十年或百年之后，读者再翻开这本画册，在欣赏高原风光、纵横街衢、深巷院落、村落古寺之余时，能够额首称幸——人去楼依旧。

文/图 | 张雁鸽
昆明理工大学建筑与城规学院工程师、摄影家

建筑摄影贴士

光影塑造建筑，但在光线不能满足创作需要时，通过选准主体、注重构图、明确内涵等方法，同样可以拍出好照片。①选准主体，明确对象。如果拍摄主体无法表现主题思想，观影者也难理解其意图。②注重构图。摄影构图旨在突出呈现拍摄主体，用画面中的人、物、环境做陪衬，或后期强化、削弱画面某些图像也能突出拍摄主体。③明确内涵。呈现拍摄主体时，强化视觉效果，突出画面中特有的表现元素，运用所蕴含的具体或抽象意义，进而表达拍摄意图。

文/图 | 李沉
中国文物学会20世纪建筑遗产委员会副秘书长
《中国建筑文化遗产》副总编辑

学术沙龙现场

乡会桥

糯福教堂

茨中教堂

云南省石屏第一中学

云南省陆军讲武堂

建筑文化考察组合影

The Protection of Cultural Heritage in the Construction of Cultural Cities and Inheritance Seminar and the Seventh Batch of China's 20th Century Architectural Heritage Project Promotion and Announcement Activities

"文化城市建设中的文化遗产保护与传承研讨会暨第七批中国20世纪建筑遗产项目推介公布活动"纪略

CAH编委会（CAH Editorial Board）

"文化城市建设中的文化遗产保护与传承研讨会暨第七批中国 20 世纪建筑遗产项目推介公布活动"成功举行。

文化为基　拥抱遗产传承风潮

发展为先　共同开创文旅生机

2023 年 2 月 16 日，在有着悠久历史与一代巾帼英雄冼夫人的光荣之城，作为新中国 20 世纪工业遗产的"滨海绿城 好心茂名"，举办了"文化城市建设中的文化遗产保护与传承研讨会暨第七批中国 20 世纪建筑遗产项目推介公布活动"。活动由中国文物学会、中国建筑学会学术指导，茂名市人民政府、中国文物学会主办，茂名市文化广电旅游体育局、中国文物学会 20 世纪建筑遗产委员会、《中国建筑文化遗产》《建筑评论》编委会联合承办。在中国文物学会会长、故宫博物院学术委员会主任单霁翔，茂名市委副书记、市长王雄飞，全国工程勘察设计大师、中国建筑学会秘书长李存东，广东省文化和旅游厅党组成员、副厅长，广东省文物局局长龙家有，国家文物局机关党委原副书记、中国文物学会副会长兼秘书长黄元，中国文物学会副会长、福建省原文化厅副厅长、福建省文物局原局长郑国珍，中国文物学会副会长、复旦大学文物与博物馆学系教授高蒙河，中国文物学会传统建筑园林委员会主任委员、中国文化遗产研究院原总工程师、国家文物局专家组专家付清远，中国文物学会原副会长、中国文物学会传统建筑园林委员会副

金磊秘书长主持

黄元副会长宣读"第七批中国20世纪建筑遗产项目"推介项目

单霁翔会长作主旨演讲

李存东秘书长致辞

王雄飞市长致辞

单霁翔会长作主旨演讲

主任委员兼秘书长刘若梅，全国工程勘察设计大师、中建西北建筑设计研究院有限公司总建筑师赵元超，全国工程勘察设计大师、广东省建筑设计研究院副院长、总建筑师陈雄等百余位领导与专家的见证下，公布推介了100个"第七批中国20世纪建筑遗产"项目（第七批入选项目详见文末）。中国文物学会20世纪建筑遗产委员会副主任委员、秘书长，中国建筑学会建筑评论学术委员会副理事长金磊主持了发布活动。

自2016年至今，在中国文物学会、中国建筑学会的学术指导下，中国20世纪建筑遗产委员会的百余位业内建筑文博专家委员，共计向业界与社会推介了七批697个中国20世纪建筑遗产项目，它们不仅紧随《世界遗产名录》的方向，还丰富着中国建筑遗产保护的新类型；推介活动是以二十大报告中提出的"中国式现代化"建筑遗产传承与创新践行的生动实践。如此次推介项目之一的"广东茂名露天矿生态公园与'六百户'民居及建筑群"呈现以下几大特点。

（1）茂名以"露天矿生态公园"为基础的中国20世纪遗产（具有新中国工业遗产属性），无论从新中国初创时的"一五"建设，还是从当下的"十四五"规划来看，都蕴含传承与创新的精神气质与文化。

（2）茂名正从"功能城市"走向"文化城市"。如果说茂名石化的底色是艰苦奋斗的历史，茂名石化的辉煌离不开改革开放，那么茂名城市就是在"新中国第一石化城"的根基下创建出"文化城市"的建设新路的。

（3）茂名以整体性全面看待并捡拾城市遗产，如尚存的"茂名建市初期创建的20多个第一"，其中的"六百户"民居及建筑群都是茂名城市的珍贵记忆，它们已与"露天矿生态公园"一道被纳入"中国20世纪建筑遗产"传承系列，成为新时期茂名的综合型"亮丽"文化名片。

活动中，王雄飞市长、李存东秘书长分别致辞，黄元副会长宣读了以梁思成先生设计的墓园及纪念碑等、广东茂名露天矿生态公园与"六百户"民居及建筑群、国家植物园北园（含历史建筑）、四川美术学院历史建筑群、江湾体育场、北京大学成立一百周年纪念讲堂、西安钟楼饭店、岭南画派纪念馆、周恩来邓颖超纪念馆、河南大学历

第七批中国20世纪建筑遗产推介活动宣传页

"中国20世纪建筑遗产项目·文化系列"丛书

活动现场

史建筑、武汉"二七"纪念馆、天津大学冯骥才文学艺术研究院、云南艺术剧院、江西龙南解放街、深圳赛格广场、新疆大学历史建筑为代表的部分"第七批中国20世纪建筑遗产项目"推介项目。此后，陈雄大师、北京建筑设计研究院叶依谦执行总建筑师、同济大学张松教授、华南理工大学建筑学院彭长歆院长、赵元超大师、中国建筑设计研究院张祺总建筑师、香港华艺设计顾问有限公司陈日飙总经理等作为20世纪建筑遗产评介专家代表先后发言，列举了中国各城乡建筑传承创新的启示与经验。

金磊秘书长在主持中还特别提道，为向公众普惠20世纪建筑遗产的经典项目与知识，自2017年以来，中国文物学会20世纪建筑遗产委员会及《中国建筑文化遗产》《建筑评论》编委会一直致力于"中国20世纪建筑遗产项目·文化系列"的推介，除组织业界专家编撰《20世纪建筑遗产读本》外，还先后出版《悠远的祁红——文化池州的"茶"故事》《奏响瑰丽丝路的乐章——走进新疆人民剧场》《世界的当代建筑经典——深圳国贸大厦建设印记》《洞庭湖畔的建筑传奇——岳阳湖滨大学的前世今生》等系列图书，从而在建筑文化视角上使遗产的"活化利用"落到实处。

最令全场百名嘉宾与参会者感悟深刻的是中国文物学

与会领导嘉宾合影

会议现场

珠江新闻电视报道

会会长、故宫博物院学术委员会主任单霁翔的精彩演讲。他不仅从世界与中国、广东与茂名的不同侧面讲述了20世纪遗产保护的历程，还分析了它在中国式现代化进程中的现实意义与历史价值。他指出，茂名20世纪遗产之所以走好从"功能城市"向"文化城市"转变之路，以"露天矿生态公园"为核心做"中国20世纪建筑遗产"认定是非常重要的。一以贯之的生态技术与生态文化坚守是"双碳"目标落实的"样板"，依据目前生态环保低碳的文旅路径，再做拓展或更加深入，必会促进生态资源的文旅融合并使文旅做大做强。

金磊秘书长在主持中还倡言：20世纪建筑遗产传承创新不仅是学术工作，更是国家"十四五"规划目标中明确的城市更新与高品质建设的需要，做好20世纪遗产的"文旅"大文章，需要创新的"活化利用"研究与实践。中国文物学会20世纪建筑遗产委员会在各界支持下，正在持续开展服务遗产"活化利用"的形式多样的活动。

New Field Investigation in Yangzhou

田野新考察·扬州行

CAH编委会（CAH Editorial Board）

　　"田野新考察"专栏是继《田野新考察报告》之后的新媒体传播平台。2006年夏秋之交，北京市建筑设计研究院《建筑创作》杂志社与中国文物研究所文物保护传统技术与工艺工作室联合组成了旨在保护、研究建筑历史文化遗产的一个非官方学术组织——"建筑文化考察组"。17年间，"建筑文化考察组"已组织了国内10多个省（市）的建筑文化考察80余次，迄今已出版《田野新考察报告》共7卷。

　　和扬州城最相得益彰的时节，自然是"烟花三月"。三月的扬州无处不美，那既是意在山水间的超然，也有古城新变的精彩。2023年3月24日至27日，踏着春色，由中国文物学会20世纪建筑遗产委员会、《中国建筑文化遗产》编辑部等组成的建筑文化考察组一行六人从北京出发，乘着开往春天的火车开启扬州20世纪建筑遗产之旅。到访扬州，不仅为一城风华的千载流韵，更是对梁思成对遗产保护贡献的又一次致敬。建筑文化考察组先后考察了江苏省扬州中学、大明寺、汪氏小苑、朱自清故居、扬州中国大运河博物馆、高邮侵华日军投降处、江都水利枢纽工程等16处建筑与人文遗产。令大家感悟颇深的还是梁思成先生1963年设计的、1973年建成的鉴真纪念堂，以及梁思成的学生张锦秋院士新设计的扬州中国大运河博物馆。这古老与现代文明交织的扬州给我们留下的都是意外之意、味外之味、趣外之趣的美好记忆。那么跟随我们的文字，开启田野新考察·扬州行吧。

鉴真与梁思成

　　如今的扬州大明寺是蜀岗风景名胜区的泛指。此区域内的大明寺大雄宝殿、欧阳公祠、平山堂等古迹，与1973年落成的鉴真纪念堂（新建项目）、1993年竣工的栖灵塔（复建设计项目）等新中国初建时期的建筑作品融为一体，其之扬名天下，使得"烟花三月下扬州"时节游人如织——旅游观光热点名副其实。据梁思成先生《扬州鉴真大和尚纪念堂设计方案》（1963年8月）的文字说明记载，此地在20世纪60年代尚称法净寺（似因"大明"二字犯忌，清代改为此名），而没有因袭更为久远的南朝故名"大明寺"（唐代鉴真在东渡日本之前，是大明寺住持僧）。梁先生主持设计"扬州·唐鉴真大和尚纪念堂"（第一批中国20世纪建筑遗产项目），参与这项设计的建筑学家，还有莫宗江、徐伯安、郭黛姮等。继鉴真纪念堂之后，当地又按历史记载重建了栖灵塔、钟鼓楼，以及北端的鉴真图书馆等，恢复清代以前的"大明寺"故名，形成古今一体、未来可期的新时代气象。

　　今天的大明寺，仍以牌坊、山门至大雄宝殿为中轴，基本上展现的是清代建筑风格。其中大雄宝殿的现状，常被一些旅游手册介绍为"坐北朝南，大三开间，屋顶为三重檐歇山顶"，而实际上这里所谓的"大三开间""三重檐"的说法是欠妥的。在我国，除了祭天的北京天坛祈年殿外，即使紫禁城太和殿也是重檐，而非三重檐。通过对历史照片

大明寺大雄宝殿旧影

平山堂山门旧影

鉴真纪念堂外景

鉴真纪念堂鸟瞰

鉴真纪念堂回廊

建筑文化考察组在鉴真纪念堂合影

唐鉴真大和尚纪念碑

的辨析，认为很可能是清末民初在前廊（宋代称"副阶"）前又加了一重外廊，造成了"三重檐"的误会。大雄宝殿西侧自南向北依次是谷林堂、平山堂和欧阳祠，承载着北宋欧阳修等乡野"小隐"文人的情调故事，也与中路的佛寺建筑相互呼应，形成儒释道三位一体的文化氛围——这在其他地方尚不多见。此中西二路纵轴之建筑，自南向北排列，谷林堂与大雄宝殿平行偏南，平山堂更南退一步，而欧阳祠则布置在大雄宝殿偏北位置。这种经纬布局，既是受地形高低起伏的影响所致，也未尝不是欧阳修等所乐于见到的土木人工服从于自然造化的和谐共荣图景。

中轴建筑的东侧，今已无从考证梁先生作鉴真纪念堂设计时的原貌，大体上是根据此地带的地形起伏，选择在南北纬度之大雄宝殿偏北一隅，安排一进院落的纪念堂：南端为单檐庑殿顶、面阔三间的山门样式碑亭，北端为此庭院的主要建筑物——面阔五间、进深三间的单檐庑殿顶规制之纪念堂，碑亭与纪念堂之间以回廊相联系，形成一个四方形的完整庭院。纪念堂、碑亭的样式，基本上参照了日本奈良之唐招提寺金堂、国内之佛光寺东大殿、独乐寺山门等唐辽建筑特点，给人以醇厚的唐风建筑印象。梁先生在设计说明中提道：起初的纪念堂设计拟按奈良唐招提寺金堂规制（面阔七间进，深四间）的原大建造，后因蜀岗地形局限，改为小一号规制的五间三进。这一设计方案的改变，笔者甚至觉得带有某种创意的成分：鉴真大和尚固然伟大，但就佛寺建筑规制而言，似乎中心位置仍须是大雄宝殿。因此，我认为大雄宝殿主体结构的面阔七间，鉴真纪念堂的面阔五间更为恰当；而其相对独立的庭院与

扬州中国大运河博物馆鸟瞰

扬州中国大运河博物馆外景

扬州中国大运河博物馆室内1

扬州中国大运河博物馆室内2

扬州中国大运河博物馆室内3

扬州中国大运河博物馆序厅

建筑文化考察组在扬州中国大运河博物馆合影1

建筑文化考察组在扬州中国大运河博物馆合影2

馆内一号展厅"大运河——中国的世界文化遗产"1

馆内一号展厅"大运河——中国的世界文化遗产"2

馆内一号展厅"大运河——中国的世界文化遗产"3

江苏省扬州中学树人堂外景1

江苏省扬州中学树人堂外景2

江苏省扬州中学树人堂礼堂1

江苏省扬州中学树人堂礼堂2

单体建筑艺术风格之醇厚端庄，丝毫不影响人们以建筑形式所寄寓的缅怀之情的真切深厚。也缘于鉴真纪念堂完美的建筑艺术形式与适宜的占地面积，为大明寺区域内日后在纪念堂南侧、东侧空间的拓展，留有了足够的发展空间。因此，纪念堂于1973年落成之后，相继又有了藏经楼（1985年建成）、栖灵塔（1993年建成，通高70米）等复建工程项目。今登临栖灵塔，向东南鸟瞰瘦西湖诸古迹，向北隔岸遥望鉴真图书馆（2007年竣工），"发思古之幽情"与"寄希望于当下"，可说谓二者并行不悖云尔。

文 | 殷力欣

高塔揽胜赋大运

也许是出于对张锦秋院士风格的了解，也许是出自对梁思成先生及弟子张院士的崇敬，更由于16年前我曾以"大运河影录：风雅运河全国摄影大赛"秘书长的身份，在时任国家文物局局长单霁翔的支持下，为大运河"申遗"的名义组织过运河摄影比赛及运河大展，对运河那不息的文化史及流淌的文明充满向往。在大运河博物馆徐飞副馆长及中建西北院华夏院总建筑师徐嵘的陪同、讲述下，建筑文化考察组一行终于如愿以偿，近距离感受这座于2021年6月16日开馆的扬州中国大运河博物馆。这里见证了大运河历史与现代、建筑与环境、宏观与微观的完美融合。大运河博物馆以其建筑创作的标识性和可视性，不仅与扬州运河文化相协调，更为现代扬州赋予新的文化地标。张院士、徐嵘总在《建筑学报》（2022年3期）有专文，笔者从两方面略谈感受。

关于馆园选址。我早已从报道中了解到博物馆选址在"三湾"第一湾的情况，但只有登上高99.6米的大运塔，从空中俯瞰，才真切感受到其选址的精湛之思。最可贵的是它将大运河国家文化公园视域下的古代文峰塔、天中塔与大运河一同诉说，讲述了古代水工智慧遗存"三湾抵一坝"的故事。三湾是扬州古运河中段，现在处于扬州市总体规划的"瘦西湖、古城、古运河"文化轴上，此处航道有独特的历史人文景观及发展潜力，更是三湾优美的湿地公园，无疑它的实施体现了最优的"馆园"融合。恰如选址结论中所述："三塔映三湾，三桥连馆园。三湾胜迹在，智慧代代传。"

关于大运塔建筑。大运河博物馆的成功离不开馆、塔、河、园、桥"五位一体"浑然组成的画图胜景，妙在人工建筑与自然环境相融合。建筑形体与风格是内容的外衣，博物馆是具有保护、研究、展陈、交流及文化休闲功能的馆舍天地，99.6米高的大运塔，配合南北长216.15米的建筑横向体量，则富有纵向雕塑感与运河巨舟的意象景致。大运正方塔外观9层（内部实则4层），大挑檐呈唐风，此钢骨玻璃塔之尺度及秀丽的气质，令人遥想到西安的长安塔，无疑勾勒着张院士的融入古今的大运河文明之设计。

其实对大运河博物馆的展陈内容，业界对张院士展陈空间的设计好评如潮，让我感悟颇深。但张院士在各种场合下谦虚地说："每座大型公共建筑都要经过建设和使用两大阶段才能最终评定，建筑师负有终身责任。"这是本次考察组造访扬州中国大运河博物馆感受更深的地方之一。

文 | 金磊

十年树木 百年树人

每每造访考察，教育建筑特别是中小学校都备受考察组关注。走进树木葱郁、校舍栉比的江苏省扬州中学，我便被具有中西建筑风格的"树人堂"所吸引。该建筑现在为江苏省级文保单位，始建于20世纪30年代，今日看来不仅宏伟壮丽还立意高峻，它坐西面东，成"品"字形结构，楼高5层。历史上，树人堂包含三部分：大礼堂、科学馆和标准高度台。经过数次修缮后，今天树人堂的一层仍为大礼堂，其余各层作为校史陈列馆。

该校标志性建筑——树人堂，有个鲜为人知的建成故事。1927年，年仅28岁的周厚枢出任校长，他认为偌大的校园要有大礼堂及科学馆，于是便倡导"首重精神建设，亦重物质建设"的理念。当时学校每周一早都要举行纪念孙中山先生仪式，因无大会堂，师生们便分批举行，缺少隆重的仪式感。当年建造树人堂也颇不容易，不仅校方募集捐款，校长周厚枢等还带头捐出薪金，后来也争取到使用扬州城旧城墙砖1390方的准许。树人堂始建于1930年，1932年建成。耸立于校园的树人堂有"苏北第一高楼"之誉，从空中俯瞰，呈一架鹤式飞机造型，寓意莘莘学子将从扬州中学起飞，翱翔社会展宏图，有民族腾飞之意。

树人堂的校史陈列馆记录了百年扬中的育人史，这里走出了太多历史名人与院士。校友中除有国家领导人，还有科技文化英杰，仅以"两弹一星"元勋董纬禄、两院院士吴良镛为代表的两院院士就超过40位，无疑见证了树人堂桃李天下的荣光。那"品"字形外廓的持重映射着历史沧桑与教育崇高的理念，门厅两侧"慎思明辨，格物致知"之楹联，让人想到面对社会及未来的学子，要在此萌芽良知，要对万事万物求索认知，要夯实学业及功底，才可造福社会。以20世纪遗产保护的名义走进扬中树人堂，使我们真正认识到树人堂物质与精神的双遗产。

文 | 金磊

建筑文化考察组在江苏省扬州中学合影

江苏省扬州中学室内

朱自清旧居室内1

朱自清旧居室内2

建筑文化考察组在朱自清旧居前合影

朱自清与父亲在南京浦口火车站分别的站台

小盘谷1

小盘谷2

小盘谷3

小盘谷中堂外景

小盘谷中堂室内

汪氏小苑鸟瞰

"相见"恨晚的遗憾

现在的孩子在中小学时期就结识了以散文著名的文学家朱自清，而"60后"的学生们却没这么幸运。在20世纪70年代末备战高考的阅读参考教材中我初读朱自清散文，有一种"相见"恨晚的遗憾。那一篇篇脍炙人口的文章，素朴缜密、清隽沉郁，深深地印在我脑海里并心生喜欢。每逢走进"春"天，迈着"匆匆"的脚步，在与亲人道别的"背影"中，或徜徉在"荷塘月色"下，似乎与朱自清散文中的情感和文字似曾相识。之后屡屡在清华园、文学馆、荷塘边，与朱自清的塑像邂逅，他静静地守候在一弯湖边，清荷婀娜地陪伴着他，一张清秀的面庞，一副圆圆的眼镜，文人的儒雅和铮铮的傲骨令人敬仰。今年与建筑文化考察组造访扬州，又恰逢阳春三月，并走进朱自清旧居，真是幸之有幸矣。

朱自清旧居在扬州一条窄而不长的巷子里，位于扬州市广陵区安乐巷27号，这是一座晚清风格的"三合院"民居，青砖黛瓦，古色古香。轻轻地迈过两扇漆黑的大门，在一方小天井中，韩馆长向考察组娓娓道来朱自清的儿时故事。来到旧居后院的朱自清纪念展厅，这里展示了朱自清的遗物、文稿、书信及其作品。朱自清生长在家族重教之家，在父亲严苛的教育下，他饱读诗书，不负众望，从这里考上北大，成为我国著名的散文家、教育家和诗人。在教书育人的职业生涯和文学道路上，奠定了他在中国文学史上的历史地位，他成长为坚定不屈的爱国诗人、学者和民主战士。

参观完展厅，踱步在铺满石子石砖的小院中，质朴的老屋，几簇翠竹，一棵枇杷树，院内虽无池塘却有粉荷青莲簇拥着朱自清洁白的雕像。小院寂静、幽雅，这倒是应和了朱自清先生散文里洗尽铅华的绝美意境，传递出文人的寂静清雅，彰显出他用自己的真挚清幽创造的独特的艺术风格，为中国现代散文增添了清丽色彩，树立了白话美文洗练文笔的模范。这里才是他积淀成为一位文学家并产生了重大影响的文化沃土，更是他极富真情实感，以文笔清丽著称，注重遣词用句，文字通俗晓畅，浅显易明，给人一份淡雅和美感的"荷塘"。走出朱自清旧居，走出扬州古巷，在人们脑海里会有一个挥之不去的朱自清父亲的"背影"，而在我们心中朱自清的形象至臻丰满。

文｜李玮

以少胜多的匠心营造

位于扬州旧城区丁家湾大树巷内的"小盘谷"，是晚清名臣周馥的一处宅院的雅号，因韩愈《送李愿归盘古序》而得名。此宅院分东西两部分，西区为住宅，东区为庭园，因园林精美，与何园、个园等并称扬州园林经典。"小盘谷"三字中的"小"字，以其规模的"小巧"，免去了一些豪宅之大而无当，栖身寻常巷陌，表明主人虽官居一品而不失其亲民倾向。又因其占地面积小，居住者须煞费苦心筹划，以图不荒废每一寸土地而使用得当；营建者则意图使住宅部分功能齐备而不失从容不迫的格局；庭院部分之小，也促使在叠山理水中务求小中见大，小而不失优雅之气度，更须格外用心。

据文献记载，此宅院是两江总督周馥在光绪三十年（1904年）购徐氏旧园重修而成。虽难以分辨哪些是徐氏旧园子遗，哪些是周馥入住后的改建，但周馥肯以一方大员的显赫栖身在此"弹丸之地"，也足见他的独到眼光与高雅趣味。也正因"小盘谷"的"小巧"而分外小心经营，其小中见大、以少胜多的造园艺术水准就更加引人注目。其穿插在亭榭楼阁之间的叠山理水，曲径通幽处往往转瞬即豁然开朗，有限之平缓园圃，衬托假山之高峻……有限的空间里，因地制宜，随形造景，令已故园林学名家陈从周先生由衷赞叹："危峰耸翠，苍岩临流，水石交融，浑然一片，妙在运用'以少胜多'……为扬州诸园中的上选作品"。此外，周馥的第四代孙中，出现了周民良、周治良二位颇有成就的建筑师，似乎与其曾祖在"小盘谷"经营中所展示的审美趣味，有着难以言说的代代相传的文化基因。

文｜殷力欣

青砖灰瓦岁月长

在扬州东圈门历史街区地官第14号，矗立着一座"深藏不露"的富甲宅院。主人为汪竹铭，又以住宅为主，花园精巧玲珑，故称"汪氏小苑"。从外面看，小苑既无铜环朱门，又无狮把守，只是普通的青砖灰瓦，普通的墙院大门。而步入小苑后，则别有洞天。小苑有几大亮点，一是从正门进入，内庭正对大门的是依壁而砌的"福祠"，这是大户人家早晚及婚丧喜庆时烧香敬神的地方。沿着视线往上移，"福祠"檐顶两端各有一只鸱吻，有保家宅平安的美好寓意。

二是，西纵第一进有间"无水泛舟"的船厅。由于地势原因，小苑在一块三角形的花园用地构建了船形的休闲厅，由于扬州当时盐运靠船，取一帆风顺的寓意。船厅的主体部分——船头方厅，是女眷常绣花、抚琴、对弈、吟诗的场所。在无水的小花园中，波光粼粼的水纹由砖与鹅卵石相间铺砌，一条白矾石的台阶沿船身而砌，犹如玉带飘在船间。小园有"山"、有"树"、有"船"、有"水"，有无限生机，很是惬意。

汪氏小苑1　　　　　　　　　汪氏小苑2　　　　　　　　　汪氏小苑3

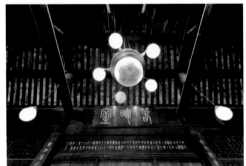

汪氏小苑春晖室1　　　　　　汪氏小苑春晖室2　　　　　　建筑文化考察组在汪氏小苑前合影

大运河邵伯闸1　　　　　　　大运河邵伯闸2　　　　　　　江都一站

江都一站室内　　　　　　　　江都三站　　　　　　　　　　江都四站

建筑文化考察组在高邮明清运河故道合影　　　　　　　　　　　高邮湖　　高邮明清运河故道

三是，小苑东纵建筑为汪家长子汪泰阶携同弟弟在民国初年翻建的，随处可见西洋味道，比如西式把手、推拉门、抽插式玻璃窗。其中春晖室的吊灯是汪家子弟在留洋时带回的，为德国匠人手工打造，另一盏被大英博物馆收藏。"春晖室"旁的两块毛主席语录板牌，见证了特殊年代的保护方法。

四是，福祠东侧通往后院的深幽火巷，它是家中前后院落往来的主要通道，也有消防设施。两面墙上摆布均匀的铁巴锔和屋脊上错落有致的封火墙，更凸显扬州古民居的特质。

文 / 图 | 金维忻

一江清水向北流

河流自高处流向低处本是自然规律，但作为人工河流的大运河，其流向却与自然形成的河流大相径庭。在历史上，大运河大约以洛阳为界，洛阳以北的永济渠水流自南至北，洛阳以南的通济渠水流自北至南。

今天的京杭大运河则有 4 个节点、5 段流向相反的河道。都是因运河与自然河流相交以及各自的地势差异带来的变化。在同一条河流上行舟，却要经历不同的顺流、逆流，感受殊为特别。而与京杭大运河基本同线路的南水北调东线工程，却要让河水逆流，一路向北，将南方多余的水输送到缺水的北方去。这一看似天方夜谭的宏伟构想经过几十年的论证，于 2002 年正式开始实施，直至 2022 年才完成全河通水。河水逆流而上，这是因为沿河布置 13 级泵站，庞大的涡轮将水位逐级抬高 40 米，使地势较低的长江水能够层层提升，越过地势较高的山东地区，从而抵达天津、北京。

作为南水北调东线工程第一级的江都水利枢纽工程，共设有泵站 4 座，分别于 1963 年、1964 年、1969 年、1977 年完工。邵伯船闸为南水北调东线的第一座控水船闸，

也是观赏邵伯湖湖光风景的绝佳之地。

文 / 图 | 朱有恒

水运要道的峥嵘岁月

尽道隋亡为此河，至今千里赖通波。
若无水殿龙舟事，共禹论功不较多。
——唐·皮日休《汴河怀古·其二》

自古以来，兴修水利都是劳师动众，靡费多支的宏大工程。但即便如此，历朝历代或因兵事、或为水患、或由经济，都在水利上倾注了巨大的心血。如春秋时期，吴王夫差为北伐齐国而开凿了邗沟；又如三国时期，曹操为经营领土而开凿了白沟……而这些星罗棋布于广阔大地上的沟沟壑壑，都为隋唐时期中国历史上首条绵延千里、南北贯通的大运河打下了基础。中国地势以西高东低为基本特征，黄河发源于巴颜喀拉山脉而注入渤海，长江发源于唐古拉山脉而注入东海，皆是东西向贯通的水路。自古以来，南北向的大范围物资运输、文化交流乃至兵戈战事，便难以借助到河流的便利。这种情形自公元 605 年起为之一变，隋炀帝征调民夫百万疏浚河道、开挖新渠，利用战国的鸿沟、汉代的汴渠，将之与邗沟、白沟以及诸多前朝历代打通的运河相连通，短短几年时间便修成了全长达 2 700 千米的隋唐大运河。

这条自南至北沟通了海河、黄河、淮河、长江、钱塘 5 大水系的大运河耗尽了隋朝所有的国力，艰巨的工程和严苛的工期导致了民夫的大量死亡，为其后此起彼伏的农民起义埋下了伏笔。隋炀帝的暴政为自己的王朝画下了句号，但大运河的使命才刚刚开始。200 多年后唐朝诗人皮日休的"千里赖通波"一句，至今仍能让人领略到大运河沿岸城市经济文化繁盛的样貌。所谓利在千秋的功业，大运河当之无愧。高邮明清运河故道前身为隋唐大运河的"最

侵华日军投降处旧址外景

侵华日军投降处旧址展陈

建筑文化考察组在侵华日军投降处旧址前合影

建筑文化考察组在侵华日军投降处雕塑前合影

抗战甬道

相隔咫尺的百年守望

简洁而实用的公用通道

素雅而壮观的8米高墙

遥想昔日辉煌的汪氏盐商住所

初段"——邗沟，也是京杭大运河由湖道改为河道的动态体现，是反映大运河河湖关系的"活化石"。

文/图 | 朱有恒

抗日战争落幕地

建筑文化考察组曾拜访过不少抗战纪念馆、纪念园区、烈士陵园，但这条 125 米长的抗战甬道却格外令人感怀。这是抗日战争胜利的最后一座城市，高邮战役也是全国范围内歼敌最多的县市之一。走在抗战甬道中，威武悲壮的抗日战争蜿蜒镌刻在锈红底色的抗日"裂痕"浮雕中，再现了从 1931 年"九一八"事变之后 14 年抗日战争的艰辛、沧桑与荣光。甬道的尽头记录了日军指挥官把一本本日军名册交到新四军指挥官手中，呈现了无条件投降的场景。

1945 年 12 月 26 日凌晨 4 时，离甬道不远处是侵华日军投降处旧址。迈进旧址肃穆的大门，伴随着"滴滴"的电报声，一面电报墙引人注目。其中一封粟裕将军的电报还原了高邮战役的来由。抬头望向墙上挂着新四军对日军最后一战的战斗部署的照片。1945 年 8 月 15 日，日本宣布投降，但盘踞在高邮古城内的日军仍在负隅顽抗。1945 年 12 月 19 日，华中野战军第七纵队等 15 个团，向高邮城拒不投降的日军发起进攻。

激战数日后，攻进日军城防司令部，此时日军败局已定，终于在 26 日凌晨，在原日军驻高邮指挥部礼堂（今旧址）举行了受降仪式，时任华野八纵政治部主任韩念龙，代表新四军接受侵华日军驻高邮最高司令官岩崎大佐的投降，这也是新四军接受日军投降规模最大的一次受降仪式。

侵华日军投降处旧址是一栋中西合璧式的建筑，它建于民国十九年，投降处曾是高邮的中山公园所在地。如今虽难以找寻中山公园的历史画面，但可从如今的建筑尺度推测昔日高邮的恢宏规模和繁荣程度。岁月蹉跎、战火洗礼曾让建筑几经变迁，但赓续的民族精神依旧流淌在国人心中。

文 / 图 | 金维忻

错峰考察扬州摄影贴士

笔者随建筑文化考察组一道到访扬州。作为建筑摄影师，让人最感棘手的是游人太多，举着照相机，半天按不下快门，一处经典的建筑之下，常常是几队游人原地围着讲解员听故事，他们何时移步完全取决于那段故事的长短。

来到何园，考察组很快又融入人群之中，我东拍一扇门，西拍一扇窗地随团前行。在二楼走廊的拐角处，无意间往北侧一瞥，那一幕让我眼前一亮，在游人如织的大宅中竟有这如此幽静美妙的一隅。不足两米宽的小道从我下方向前伸展，西侧浑水墙"挂白袍"一白落地，干排瓦墙头压顶两坡出沿，瓦当图案寓意着福寿吉祥，此墙为大宅内院落间的隔墙。东侧清水墙"带刀灰"磨砖对缝，这是两层房屋的后山墙，房檐下两平、两凸、三凹七步起线做装饰，

据说这是近代民居建造的最高等级。两扇大墙高约8米，一清一混，一灰一白，分别具有各自的美学气质，在这里相隔咫尺，已守望百年。墙外高出的绿叶粉花"探出头"对话着烟花三月的扬州，让人一时间仿佛置身于李白古诗的意境之中。远处平层通道和空中连廊内涌动的游人像是在提醒我，这里就是一所住宅，而我依然视其为出自大师之手的艺术佳作，给人无尽的美好和遐想。

考察团来到汪氏盐商住宅，"太好了，这里几乎没有游人"。延续着何园未尽的余兴和思路，我很快就找到了拍摄对象——高墙。不停地按动快门和调整画面，为把镜头降到最低，我半卧在墙角处完成了拍摄。起身后略作小憩并欣赏着眼前的建筑。这是一条长约70米的共用通道，从6个过街楼下西开的小门，可分别进出每一个院落，仰望高耸8米有余的大墙，墙顶6组马头墙按当年的观念礼数分三阶和四阶高高凸起，严谨素雅美丽壮观是我此刻的唯一感受。从通道东侧出小门，来到一处开阔的院落，在院落的中心位置上，由残墙断木交圈，墙内方砖铺地，柱墩按房屋间隔有序摆放，一看便知，这是当年的建筑遗址，它与西侧的高墙大宅形成了明显的视觉反差。建筑遗址博物馆的概念在脑海中闪现，虽说规模还不足以达到博物馆的级别，但可喜的是，保护建筑文化遗产的观念，已成为当今全社会的广泛共识。

文 / 图 | 万玉藻

"建筑师'好设计'营造暨叶依谦《设计实录》分享座谈会"召开

2023年10月14日，由北京市建筑设计研究院有限公司主办，《中国建筑文化遗产》《建筑评论》编辑部承办的建筑师"好设计"营造暨叶依谦《设计实录》分享座谈会召开。来自全国各地的20余位院士、大师齐聚北京市建筑设计研究院，分享建筑师叶依谦刚出版的《设计实录》一书。与会嘉宾包括叶依谦的恩师、院领导、为《设计实录》写序评的院士，以及他在创作道路上的合作者和有建树的各院总师及媒体朋友们。

在长达四小时的座谈中，与会者不仅评点、赞许了叶依谦走过的设计之路，还以《设计实录》为契机展开了话题研讨。这是一次跨代的建筑师们的学术交流，在业界近年来是鲜见的，传达出《设计实录》内外的作品与设计理念。有专家指出，《设计实录》成为当代中国建筑创作的重要记录。清华大学建筑设计研究院首席总建筑师庄惟敏

院士概括指出，今天会议非常成功且有意义，不仅仅是对一位建筑师作品的分析和评价，更重要的是叶依谦已成为一个榜样。这次研讨会探讨了长期以来被忽视的问题，即今天的职业建筑师应如何培养与造就。叶依谦的职业生涯确具有示范意义。

（文图/CAH编委会）

10月14日，建筑师"好设计"营造暨叶依谦《设计实录》分享座谈会嘉宾合影

A Guide to 20th Century Architectural Heritage Book Sharing Session

《20世纪建筑遗产导读》新书分享会

中国文物学会20世纪建筑遗产委员会（Committee of Twentieth-century Architectural Heritage of Chinese Society of Cultural Relics）

《20世纪建筑遗产导读》封面

2023 年 5 月 4 日，中国文物学会 20 世纪建筑遗产委员会携手五洲传播出版传媒有限公司，在 PAGEONE 北京坊店共同举办《20 世纪建筑遗产导读》新书分享会。分享会现场，中国文物学会会长单霁翔、中宣部原副秘书长郭义强、中国建筑学会理事长修龙、中国工程院院士马国馨、中国文物学会常务理事路红、五洲传播出版传媒有限公司副总经理关宏、清华大学建筑学院副教授刘伯英、北方工业大学建筑与艺术学院副教授胡燕、《中国建筑文化遗产》副主编殷力欣、中国文化遗产研究院研究员永昕群、北京建筑大学教授陈雳等出席。本次分享会由中国文物学会 20 世纪建筑遗产委员会副会长、秘书长金磊主持。

主持人 金磊（中国文物学会 20 世纪建筑遗产委员会副会长、秘书长）：

《20 世纪建筑遗产导读》一书集中解答了两个问题：一是 20 世纪建筑遗产何以是面向世界的遗产新类型，二是 20 世纪建筑遗产有何丰富的遗产价值与内容。它回答了如何在遗产认知中密切关注 20 世纪的事件与人，如何坚持国际视野且借鉴世界遗产保护的先进经验，如何在 20 世纪遗产的历史文化长河中乃至科技进步价值阶梯上不断提升。《20 世纪建筑遗产导读》一书的重点内容至少有三项：一是面向中国同行与公众介绍《世界遗产名录》中的 20 世纪遗产项目；二是对比与世界同框的中国 20 世纪设计特色与背景，向国内外介绍中国建筑师与工程师的风采；三是不仅为中国补全遗产类型而努力，还在国际建筑遗产平台上赢得话语权。也许我可以代表《20 世纪建筑遗产导读》一书的所有作者和出版社真诚地表白：《20 世纪建筑遗产导读》是一次扎实的现代建筑中国的文化建设实践，展现了有"故事"的建筑主题，它通过"事件、作品与人"组成了 20 世纪的科技文化记忆体，它传承百年星火，谱写世纪华章。《20 世纪建筑遗产导读》在见证百年中国建筑经典作品与建筑大师时，会吸引更多 20 世纪建筑遗产的研究者、参与者、支持者的目光。既然《20 世纪建筑遗产导读》定位在一本反映 20 世纪遗产发展的全景式著作，它就可拓展行业继续教育、国民建筑文化教育乃至管理者教育的深度及广度，也必将以建筑文博的精彩带动文化旅游。让我们共同发现、拥抱并走进《20 世纪建筑遗产导读》开启的大千世界！

致辞嘉宾 关宏（五洲传播出版传媒有限公司副总经理）：

歌德、雨果和贝多芬都曾把建筑称作"凝固的音乐"，而建筑遗产是人类文化遗产中的重要组成部分，是不可移动文化遗产的重要组成部分。20 世纪经典建筑是对 20 世纪百年历史风云的记录，也是不同时代人们对生活与美的理解与呈现，更是使用者对这些建筑最有发言权的阐释。这本《20 世纪建筑遗产导读》是中国文物学会 20 世纪建筑遗产委员会历时 5 年，组织了 37 位建筑文博界设计大师及总师级专家学者编撰的建筑文博类图书，不仅展示了与世界同框的中国 20 世纪经典建筑项目的特色、历史与文化背景，也介绍了中国建筑师的创作人生。愿新书分享会能为大家提供有关建筑遗产保护的新思路，也希望包括

金磊主持《20世纪建筑遗产导读》新书分享会

《20世纪建筑遗产导读》新书分享会现场

20世纪建筑遗产在内的文化遗产保护,能进一步得到全社会的重视,从而提升中华文化的自强与自信。

致辞嘉宾 郭义强(中宣部原副秘书长、中国图书评论学会会长):

我代表中国图书评论学会对《20世纪建筑遗产导读》的出版表示祝贺,对主编单位和五洲传播出版传媒有限公司的辛勤付出表达感谢。我对建筑有偏好,认为建筑与图书有很多相似之处,比如建筑和图书都需要文质兼美,所以我非常赞同对20世纪建筑遗产的保护。沿街的百年建筑令我肃然起敬,所以分析20世纪建筑遗产,出一本《导读》很必要。《20世纪建筑遗产导读》在努力求索中国20世纪建筑的文化担当。如果人们熟悉的中华传统古建筑是本厚重大书,那么《导读》则告知中外建筑界,中国现当代建筑也是一部自立于世界文化之林的巨著。

致辞嘉宾 修龙(中国建筑学会理事长):

大家刚刚沉浸在数日前的世界读书日"书香中国"的充盈氛围中,今天建筑文博界与出版传媒界再次欢聚一堂,以20世纪经典建筑与遗产传承的名义,通过《20世纪建筑遗产导读》一书的出版,探索中国式现代化城市建设高质量发展的文化价值之路。中国文物学会20世纪建筑遗产委员会与相关单位专家历时数载,策划编制本书。这是一本观念新、内涵广且具有联合国教科文组织《世界遗产名录》视野的建筑文博图书,其可读、可讲授的知识传播水准都很高。回想中国建筑学会与中国文物学会自2016年至今,已联合支持推介了七批共计697项中国20世纪建筑遗产项目,并始终注重理论建设,除先后推出《中国20世纪建筑遗产名录》(第一卷)(第二卷)、《中国20世纪建筑遗产大典(北京卷)》外,还有"中国20世纪建筑遗产项目·文化系列"诸分册,它们既是优秀建筑遗产理念与个案的展示,更以"故事思维"讲述了建筑创作背后的人和事,给予业界与公众的不仅是建筑师的心智,还有不少丰富的难以磨灭的记忆。希望《20世纪建筑遗产导读》不仅在空间维度上是城市建筑之美的佳作,更从普惠意义上成为读懂并认知20世纪与当代建筑遗产、令业界内外都喜爱的"好教材"。

上半场:解读·对谈环节
20世纪建筑遗产何以是新类型

对谈嘉宾 马国馨(中国工程院院士、全国工程勘察设计大师、中国文物学会20世纪建筑遗产委员会会长):

对近现代百年建筑,人们抱有复杂心情,这段时期的建筑在纷乱的政治、经济、文化历史条件下应运而生,但独具特点,是具有多重意义的复合性遗产。比如说,北京坊这块地从清末民初,就历经了城市文化、建筑使用等方面的变化。海外也有例子,日本建筑师丹下健三与赤坂王子大饭店,美国建筑师弗兰克·劳埃德·赖特与日本帝国饭店都经历了因业主更换思路带来的"纠缠"。虽然经历关东大地震的日本帝国饭店拯救了成千上万的百姓,深得市民爱戴,但业主执意后的折中方案,则是把帝国饭店中央玄关进行测绘,并挪到位于日本爱知县犬山市的博物馆明治村保留下来。这里收藏了类似的公共建筑、住宅、名人故居60多座。《20世纪建筑遗产导读》的出版实际上是学术兼普及,通过知识普惠,提升全民对建筑遗产保护的认知,以及探究了保护时如何使用,如何使其焕发新生。

对谈嘉宾 单霁翔(中国文物学会会长、故宫博物院学术委员会主任、中国文物学会20世纪建筑遗产委员会会长):

马国馨院士在20世纪建筑遗产方面是先驱,他最早提出20世纪遗产的保护思路并列出了名单。当时提出20世纪遗产保护,是因为2005年国务院领导了第三次全国文物普查。这次文物普查纳入了过去保护实践中没被重视的遗产,并召开了学术峰会,下达了指导性文件,比如:2006年工业遗产论坛,2007年乡土建筑,2008年20世纪遗产,2009

年文化景观,2010 年文化线路,2011 年运河遗产。2012 年我到故宫工作,6 年间就把遗产的概念扩大了。于是我提出,从文物保护走向文化遗产保护,就是想告诉大家文物保护和文化遗产保护并不是相同的概念,有很大区别。可以说,20 世纪对我们太慷慨了,给我们留下了太多建筑遗产,5 000 年的建筑遗产总和都没有 20 世纪遗产留下的多。可放眼一看,20 世纪建筑遗产又消失得太快了。著名的例子很多,比如济南老火车站(津浦铁路济南站),它是 19 世纪末 20 世纪初德国建筑师赫尔曼菲舍尔设计的一座典型的德式车站建筑。可惜的是,因为它与新火车站不协调,人们便将其拆毁。但济南老火车站是当时亚洲最大的火车站,那是重要的历史建筑。该项目的建筑师赫尔曼菲舍尔去世前,嘱咐儿子,每年要派人到这儿来修这个钟,因为老百姓要看时间。结果当他儿子派工程技师来修时,车站没有了。我曾工作过的生产集成电路的工厂为"两弹一星"作出过很大贡献,但也难逃浩劫。

对谈嘉宾(线上)周岚(江苏省政协副主席、江苏省住建厅厅长):

感谢中国文物学会 20 世纪建筑遗产委员会邀请江苏省建设厅参与编撰《20 世纪建筑遗产导读》,它推动了对江苏 20 世纪建筑遗产的进一步梳理,也让我们对 20 世纪建筑遗产的价值,对江苏 20 世纪建筑遗产的丰富性和代表性有了更深刻的认识。这篇《江苏 20 世纪建筑遗产的保护与传承》是由我和建设厅同事崔曙平、何伶俊等一起完成的。

2014 年习近平总书记在江苏考察时说,江苏自古人杰地灵、钟灵毓秀,是鱼米之乡、富庶之地。由于地处中国的江海交汇之地,近代的江苏率先受到了西方文明的冲击。从 1842 年中国近代史上的第一个不平等条约——《南京条约》在南京下关江面的兵舰上签订,到艰苦卓绝的抗日战争、解放战争等,诸多历史事件都跟江苏密切相关。新中国成立以后,特别是改革开放以来,江苏的经济社会发展和城乡建设一直保持领先地位。江苏是中国近现代新型建筑活动最活跃的地区之一。根据东南大学陈薇教授 2021 年的研究,江苏有 53 座近代建筑是国家级重点文物保护单位,位列开风气之先的沿江沿海各省市第一。从行业来讲,近代是由传统匠人营造方式向近现代职业建筑师变革的关键时段。江苏是中国近代第一批职业建筑师和承包商的诞生地,据不完全统计,中国近代 254 名建筑师中,江苏籍的大概占到 1/3。中国建筑四杰——梁思成、杨廷宝、童寯、刘敦桢都在江苏留下了经典作品,特别是后三位长期在江苏从事创作研究和教学。我们按历史阶段,对清末近代化的建筑、民国代表性建筑、抗日战争和革命战争时期的革命建筑技艺,还有新中国成立后的建筑实践,进行了梳理。2023 年

3 月,中国国民党前主席马英九大陆之行首访南京。他在南京先后参访了中山陵、中国近代史博物馆、侵华日军南京大屠杀遇难同胞纪念馆等多处 20 世纪建筑遗产。参访过程中,马英九感慨,"没想到南京民国时期的建筑保护得这么好",感到"很震撼"。随行的淡江大学学生冯灏在接受采访时说:这趟到大陆印象深刻的是参访侵华日军南京大屠杀遇难同胞纪念馆和中山陵,"让我对于我们过去的历史有一些非常深刻的感触……对于历史情怀跟我们两岸关系之间的认识,都更上一层楼"。他的讲话表明,20 世纪建筑遗产已成为联系中华民族同胞情感的纽带。

对谈嘉宾 路红(中国文物学会常务理事、天津市历史风貌建筑保护专家委员会主任):

我是在基层的实践者,通过实践故事,与大家共享 20 世纪建筑遗产。俄罗斯著名剧作家尼古拉·果戈理曾说:"当歌曲和传说都缄默时,只有建筑在说话。"诗歌伴随人类发展,但建筑比它们更长久,这说明了建筑遗产的珍贵性。但人们往往对 20 世纪、自己身边的建筑忽视了,而天津恰恰是一座在中国近现代化进程中非常有代表性的城市,它集中了一批 20 世纪的建筑遗产。

天津是世界上唯一曾有 9 个国家同时在此设立租界的城市,这是中国历史上最屈辱的一幕。第二次鸦片战争后,天津被迫成为租借地,但也催生了中西方文化在天津的碰撞。进入 20 世纪,天津因缘际会,得到了长足发展,留下了一大批颇有风格的近现代建筑遗产。因此,2005 年在有识人士、政府等的共同努力下,天津市颁布了《天津市历史风貌建筑保护条例》,保护了 800 多幢这样的建筑,其中 80% 都是 20 世纪建造的,包括我们熟知的溥仪旧居,以及民国时期 9 位一号人物在天津的住所。可以设想,若没有建筑物的遗存,这些历史难以诉说。在几十年建筑保护的过程中,我分享个小故事——静园的故事,溥仪在这里居住了三年时间。溥仪一生有几个大的居住场所,天津有两个。如果居住地没保留下来,就很难见证唯一一位从皇帝到公民的人物的人生历程。当年去"收拾"建筑时,这里住了 40 多户百姓,已经非常破败不堪。在条例实施后,在腾迁保护利用后,这是当时第一个保护利用整修的成功案例。百姓非常支持,这里有位住户完整保留了当时溥仪的餐厅壁橱、木制品,后来他成为静园的义务讲解员。静园这座西式建筑里建了斗拱,表明溥仪在装修时,有他自己的一些想法。如今,这里已成为爱国主义教育基地,同时也是除北京、沈阳外,溥仪研究会举办年会的地方。在对建筑风格了解后,百姓是从人和事上了解建筑遗产,这样的建筑遗产文化才能真正活起来,进而唤起全体民众的保护意识,把建筑遗产保护得更好。

下半场:解读·对谈环节
20 世纪建筑遗产主题内容解读

对谈嘉宾 刘伯英(清华大学建筑学院副教授、中国文物学会工业遗产委员会主任委员):

单霁翔会长至少对遗产保护概念进行了四大类的拓展:20 世纪遗产、工业遗产、线性遗产、文化景观。因此,20 世纪遗产、工业遗产在我国都是崭新的遗产类型。下面我从 20 世纪遗产、工业遗产的关系出发,谈谈我对 20 世纪遗产的体会,以及本书将产生的特殊价值。中国文物学会 20 世纪建筑遗产委员会成立 8 年了,公布了 7 批推介名录,这方面的工作非常显著,且每次公布都在不同省市进行推介与路演,这本身就是对 20 世纪遗产价值所做的推广,引起了城市与社会的广泛关注。

本书的出版是中国文物学会 20 世纪建筑遗产委员会的新丰碑,是对过去工作的总结与理性提升。其中"导读"两字很有意义,循序渐进地告诉人们如何了解 20 世纪遗产,20 世纪遗产有哪些类型,如何从法规、现实案例进行把握。特别重要的是,本书不是由一位专家撰写的,而是 37 位不同领域的专家学者的研究成果。本书实际是金磊主编经过精心考量的"命题作文",从理论框架、海内外视野、再到各章节的遗产类型等。就工业遗产来说,20 世纪遗产是复杂的,它与近代史、革命史、建筑史、城市史、经济发展史息息相关,也是社会发展史的重要见证。从经济发展角度来看,20 世纪遗产与工业遗产密切相关,据我统计,前 6 批 597 个中国 20 世纪建筑遗产名录中,共有 107 处工业遗产,占到近 18%。这一比例远高于工业遗产在全国重点文物保护单位中的比例,也高于在世界遗产中工业遗产的比例。足见,20 世纪是我国工业化、城市化建设蓬勃发展的世纪,也是这些具有纪念碑意义的工业建构筑物最丰富的时间段。20 世纪遗产中的工业遗产不仅仅是厂房,还与工业遗产相关,比如说工人社区如上海的曹杨新村,还有工人俱乐部、工人疗养院、总工会及总工会办公场所。这些与工业遗产的社会价值、情感价值紧密相关,与工人社会生活紧密相关的设施,都被纳入 20 世纪遗产的研究范围内,或者说在名录范围内。以前有个提法,叫"工业学大庆",铁人王进喜是工业战线的一面旗帜,所以 20 世纪遗产有大庆油田工业建筑群,这在 20 世纪工业战线上是具有里程碑意义的。在目前研究的 20 世纪遗产和工业遗产中,还需要更加关注改革开放后的新工业遗产项目等。

对谈嘉宾 殷力欣(《中国建筑文化遗产》副主编):

接到《20 世纪建筑遗产导读》约稿后,我深感对于多年深耕该领域的人来说,本书不仅引导读者,更激发作者的再

研究和再探讨。在撰写《漫谈 20 世纪中国园林的文化走向》时,我发现了此前没关注的一个问题——从皇家私人园林到公共园林的转变。随着时代的变化,上海古猗园经过了从纯粹私家空间到公共空间的转变,其中也映射出时代变化下的造园手法和审美趣味。从历史沿革上,它作为明代古老园林至今,呈现出百年的变迁史。我本身是学艺术史、美术史的,入行建筑时,我感到建筑是工程和艺术的结合。在研究 20 世纪遗产时,我备感它是重要的社会文化载体。中国 20 世纪建筑遗产是中华五千年延续的结晶,东西方文化相互碰撞、融合,进入催生新内容的过程。从事 20 世纪遗产工作,我一直抱有两个心态:一是抚今追昔,二是展望未来,特别要以传承创新思想,考虑未来中国建筑走向何处。

对谈嘉宾(线上) 张松(同济大学建筑与城市规划学院教授、住建部历史文化保护与传承专委会委员):

我负责本书的《国际宪章与 20 世纪城市建筑遗产》一讲,本讲介绍了欧洲关于 20 世纪遗产的相关文件与宪章。按世界范围划分,欧洲建筑遗产保护、文化遗产保护走在了世界前列。欧洲在 20 世纪 50 年代就形成了《欧洲文化公约》,大家目前关注的建筑遗产保护的国际宣言要回顾、追溯到《欧洲文化公约》,欧洲也影响着 ICOMOS(注:国际古迹遗址理事会的英文简称)和国际保护运动。中国也正参加世界遗产保护及相关国际活动。目前谈到遗产的保护年限,从 2008 年中国文化遗产保护无锡论坛就讨论过这个话题,再到国家文物局同年发布《关于加强 20 世纪建筑遗产保护工作的通知》以及上海保护条例 2002 年出台,规定 30 年以上的建筑就要保护,但有的地方却淡化了年限规定。要深思的是,改革开放后,年代虽不久远的身边的好遗产,官方的代表性作品也遭受破坏。大家熟知的勒·柯布西耶、弗兰克·劳埃德·赖特以及西方建筑大师设计的建筑,还有巴西首都巴西利亚,都列入《世界遗产名录》了。但中国近现代建筑,甚至还没进入到《世界遗产名录》预备名录中。期望 20 世纪建筑遗产委员会可以加强对中国院士、大师项目价值、创新性及思想性等方面的研究,为"申遗"预备做储备。还要加强两点认识,项目的整体价值大于个体价值,尤其要加强整体性保护。

对谈嘉宾(线上) 彭长歆(华南理工大学建筑学院院长):

《20 世纪建筑遗产导读》收录了我国 20 世纪最具代表性的建筑遗产,具有强烈的时代性。在 20 世纪百年中,中国从封建帝制走向共和,更从旧中国走向新中国,走向新时代。所以,20 世纪百年是中国现代化历程中最重要的时期,这一期间留下的建筑遗产,见证了中国政治、经济、文化、社

会的巨大变革,成为中国人共同记忆的载体。广东在20世纪建筑遗产中占有重要分量。这与广东作为中国近代解放运动发源地和民主革命策源地、侨乡文化与商贸文化繁荣地,以及中国社会现代化发展和改革开放前沿地的地理与历史角色密不可分。我们身边的很多建筑就是20世纪建筑遗产。作为第三批中国20世纪建筑遗产,华南理工大学建筑红楼是原国立中山大学校园中最重要的建筑之一,也是我学习、工作过的地方,既见证了中国近代高等教育的发展历程,也见证了许多院士、大师、著名建筑师、建筑学者的培育和成长经历。

我负责撰写《华洋并存与新旧交织的广东20世纪遗产》。经统计,在广东入选的中国20世纪建筑遗产中,新中国时期的项目超过6成,其中以改革开放后为主,这也反映出广东在国家改革开放中作出的历史贡献。就建筑类型而言,广东20世纪建筑遗产包括了文教、旅游、商业博览、纪念、行政、办公、居住、工业等15种类型,全面反映了20世纪广东建设的多元与多样,尤其是有四类建筑遗产:纪念建筑如第一批的广州市中山纪念堂、黄花岗七十二烈士墓园;文教建筑包括第三批的原国立中山大学－华南工学院建筑群、第五批的暨南大学早期建筑;宾馆建筑包括第一批的白天鹅宾馆、第二批的广州白云宾馆等;商业建筑包括第三批的广州爱群大厦和深圳国际贸易中心等。从建筑风格来讲,广东20世纪建筑遗产见证了中国百年建筑风格的演变。从新古典主义的粤海关大楼,到中国固有式的中山纪念堂、中山图书馆,以及新中国成立后的现代主义建筑实践,尤其是现代岭南建筑,如白天鹅宾馆和白云宾馆等,这些形成了20世纪建筑遗产的地方性。总体而言,广东20世纪建筑遗产体现出很高的历史价值、艺术价值与科学技术价值,这些建筑至今仍被很好地使用,在传递其遗产价值的同时,发挥了遗产教育的功能。中国幅员辽阔,各省区市均有其代表性的20世纪建筑遗产,呈现出各自的地域特色,这正是我们识别它、领悟它,并产生一系列保护行动的知识载体。

对谈嘉宾 胡燕(北方工业大学建筑与艺术学院副教授):

非常高兴跟大家分享我参与本书写作的过程,在本书中我负责撰写《20世纪铁路遗产》。关于铁路遗产,目前所处的PAGEONE北京坊店的窗外就是前门。前门火车站原是正阳门东火车站,现在是中国铁道博物馆正阳门展馆。现在看到的这座博物馆建筑,实际是在20世纪初建造的,并经过了一番改造。这不禁令我们回想起詹天佑的故事,京张铁路的故事,它其实是国家民族自信的案例。京张铁路是中国第一条独自设计建造并运营的铁路,是我们身边的遗产。20世纪建筑遗产与明清中轴线相比,它其实更亲近,是

看得见摸得着的遗产,是有它的设计者或后人们可讲述故事的遗产,特别是遗产背后可探寻、可讲述的人与事。虽然高铁取代了部分火车,但沿着铁轨枕木走一走,是乡愁也是情怀,能追忆起铁轨背后的故事。《20世纪建筑遗产导读》是学术研究和大众科普两者兼而有之的"教科书"。对相关专业学生或学者来说,本书是一个线索,因为文章中列出了很多可研究的线索,从表格中、从地名中去寻求其背后的故事。对公众来说,这是本很好的导览手册,可携带它参观旅游,可以面向大中小学生作为实践教育参观的索引目录,本书很值得大家去研习研读。

对谈嘉宾 永昕群(中国文化遗产研究院研究员、国家一级注册结构工程师):

从书店看向窗外,除了刚才胡燕老师提及的京奉铁路总站,这里还有一个大建筑——正阳门箭楼,也具备20世纪遗产特征。1915年,朱启钤聘请德国建筑师罗克格改建正阳门箭楼,添加了水泥平坐护栏和箭窗的弧形遮檐,城台拆除后断面的绶带图案花饰也是那时留下来的。可以说20世纪建筑遗产也分布在北京中轴线及其左右。回顾20世纪可见,结构工程的进步对20世纪建筑遗产而言非常重要,没有结构作为载体,托举不起20世纪建筑遗产。建于1904年的芝加哥卡森百货公司大楼由芝加哥学派沙利文主持设计,是典型的框架结构建筑,非常现代。而同一时期北京先进的建筑是1906年的清陆军部和海军部旧址(又称段祺瑞执政府旧址),它为砖混结构,由砖墙承重,密排楞木楼板,大厅跨度10.9米的楼板下设小型木桁架,并采用张弦式圆钢增强抗弯能力。两者的形象和结构技术阶段相差甚远。从1906年到现在,当今中国建筑技术已走到世界前列,不管是形式,还是结构,抑或是营造技术各方面。

我深感20世纪中国建筑结构方面,经历了如下几个阶段。第一是断裂、移植和弥合的阶段。在这个阶段,以样式雷和各大木厂为代表的传统营造方式急速没落,西方建造技术涌入,营造传统急剧断裂。朱启钤先生创办了中国营造学社,整理传统营造技艺,承前启后,给中国的现代建筑设计指出道路。前面提到的清陆军部和海军部旧址建筑就是移植了欧洲的砖混结构,适合了当时社会的变革需求。1915年中山公园新建的来今雨轩,其外表是传统的歇山顶建筑,但实则内部明间采用西式三角桁架,次间采用中式抬梁式屋架,体现了一种弥合的姿态。还有就是现北京大学俄文楼,原是燕京大学女校的主要教学办公建筑,它的结构处理很有特色,除端部为整榀桁架外,屋顶结构沿纵轴中线两侧布置钢筋混凝土梁柱,再于两侧搭接半榀木桁架,类似中国木结构古建筑的抬梁式屋架。第二是追踪与同步阶段。1933年建成的上海工部局宰牲场,采用现浇钢筋混凝土结

构，因工艺要求连续的楼层联络而凸显出混凝土的可塑性。还有1934年邬达克设计的四行储蓄会大厦（国际饭店）落成，高达83.8米。为解决上海软土地基的沉陷问题，四行储蓄会大厦打下了400根33米长的木桩并采用钢筋混凝土筏基。1937年建成的中国银行大厦（钢框架结构，17层，76米）最初方案为34层，超过100米。可见，在20世纪30年代的上海建筑已经跟上了现代结构的发展步伐，并基本达到同步水平。第三是开新阶段。1949年以后，中国逐渐形成完整的建筑结构设计施工体系，从材料、设计、规范上来讲都是这样。广东就是一个代表，1968年建成的高88米（27层）的广州宾馆是20世纪60年代我国最高的建筑，超过了上海国际饭店。1977年建成的广州白云宾馆超过100米，成为20世纪70年代我国最高的建筑。1985年，深圳国贸大厦采用"筒中筒"结构体系及"滑模施工"，创造了"三天一层楼"的"深圳速度"，极大地鼓舞振奋了改革开放初期的人心。以上对百余年来我国建筑结构技术发展的简略梳理，可见到20世纪中国建筑的巨大变化与进步。

对谈嘉宾 陈雳（北京建筑大学教授）

2011年ICOMOS的20世纪遗产国际科学委员会通过了《关于20世纪建筑遗产保护办法的马德里文件》，明确了20世纪建筑遗产同古代建筑遗产具有同等重要的价值。在世界建筑史上，西方建筑体系一直被认为是主流建筑发展的一个重要线索，从19世纪末的折中主义开始，经过新艺术运动，不可逆转地进入到现代主义建筑的阶段，直至20世纪末出现的后现代主义及各种建筑思潮，一直体现着现代主义的发展和延续。新风格、新技术与新功能成为20世纪建筑的标志特征。在《马德里文件》中有这样的评价：对20世纪建筑遗产的"理解、定义、阐释与管理都对下一代至关重要"。西方出现了勒·柯布西耶、路德维希·密斯·凡德

罗等多位重量级的现代主义建筑大师，他们的经典作品很多已经成为世界文化遗产。世界建筑潮流同时不可避免地影响到我国近代以来建筑的发展进程，它们与中国传统文化碰撞与交融，形成了具有中国特色的建筑风格。近些年来，在我国，对20世纪建筑遗产的保护和发展主要体现在如下三方面。

一是单会长提出从"文物保护到文化遗产保护"的观点，从而拓展了专业视野，改变了只关注文物保护的工作传统，同时明确了20世纪建筑遗产的重要历史地位。在我国，近代以来西方文化的输入带来了新的建筑形式，中国传统建筑文化的复兴及中西文化的融合产生了大量的建筑作品，此外还包括20世纪50年代以来受到苏联"社会主义现实主义"影响的作品，以及改革开放以来新的建筑思想发展下的新作品，它们都涵盖在20世纪建筑遗产之中。二是中国文物学会20世纪建筑遗产委员会的建立及其为推动遗产的研究和保护作出的贡献。在委员会的引领带动下，20世纪建筑遗产的工作全面系统地展开，这同样是载入我国城市发展历史的一件大事。三是面临的主要问题。首先是虽然经过多年的发展，但对其价值的认识还不够，保护的意识仍然需要加强。其次是缺乏合理利用的科学界定，从而在保护利用中没有更加坚定的决心和完整有效的手段。对20世纪建筑遗产的活化利用，是文化遗产保护的一项基本要求，是其未来发展的必然趋势。20世纪遗产，时代并不久远，其结构、功能、空间、形式与当代对于建筑的使用需求非常贴近，有些仍然在发挥着重要作用，具有很大的活化空间。当前活化利用的工作要有明确的方向，在国家各项法规的框架内，应坚持保护原则，倡导创新性的更新。应创建更好的条件，搭建适宜的平台，同时兼容现代的科技手段，发挥最大的潜能等。

A Seminar on the Protection and Urban Renewal of the Lao Chikou Historical and Cultural District in Chizhou Was Held

池州市老池口历史文化街区保护与城市更新研讨会举行

CAH编委会（CAH Editorial Board）

　　2023 年 2 月 17 日,应池州市委、市政府邀请,中国文物学会 20 世纪建筑遗产委员会专家团队,赴池州参加"老池口历史文化街区保护和城市更新研讨会"。原故宫博物院院长、中国文物学会会长、故宫学术委员会主任单霁翔,池州市委副书记、市长朱浩东,中国文物学会 20 世纪建筑遗产委员会副会长、秘书长金磊,安徽省住建厅一级巡视员高冰松,同济大学建筑与城市规划学院教授张松,北京市建筑设计研究院有限公司执行总建筑师叶依谦等专家学者参会,共同为池州市历史文化遗产保护和城市更新工作出谋划策,针对池州市老池口历史文化街区保护与活态利用命题发表建言。会议由池州市副市长胡军保、金磊副会长联合主持。会前,与会专家实地考察了润思祁红贵池老茶厂、城市规划展览馆、"小三线"博物馆等老池口片区代表性项目。

　　朱浩东在致辞中对专家组一行来池表示欢迎。他说,池州是一座历史悠久、人文荟萃的文化名城,拥有丰厚的历史文化遗产。老池口街区有着深厚的历史底蕴和文化内涵,迫切需要汇集高人,以现代化理念、高质量标准、市场化机制,切实把历史文化资源保护好、传承好、利用好。希望各位专家、企业家多指导、多提宝贵意见,我们将认真梳理、充分吸纳,发挥政府、市场、文化各自的作用,一步一个脚印抓好落实,努力把老池口历史文化街区打造成池州历史文化的传承基地、市民共建共治共享的美丽街区以及城市文旅产业发展的活力源泉。

　　会上,单霁翔会长受聘成为"池州市文旅发展首席顾问"。池州市自然资源和规划局副局长王永红、安徽国润茶业有限公司董事长殷天霁分别介绍了老池口历史文化街区历史传承及规划管控情况、贵池老茶厂历史文化活态传承及对外经贸活动。

　　进入专家研讨环节后,高冰松研究员在发言中表示,就老池口历史街区的背景而言,它所面向的不仅仅是池州本土,更是一条"文化线路"的打造,将给周边地区带来更多的生机;尤其应借鉴"山城融合"的成功经验,九华山就在尝试这样的路径,对于老池口地区的城市更新成功,他抱有很大信心;在具体操作中,前期应认真做好规划,建议先启动示范片区,小范围推动,在探测市场及民众反应后继续推进,不能一次性大规模地完成,谋定而后动最为稳妥。张松教授认为,对于老池口地区的城市更新应注重活态传承或称生态性保护,池州在这方面是具备有利条件的,将来可作为旅游体验的重要组成部分。此外,城市更新高质量的发展,最核心的是保护成果要与居民共享,在改善周边居民生活的同时,应找到吸引流量的"点",把这里作为城市文化名片去打造,推动整个社会经济的发展。叶依谦总建筑师认为,城市化进程的发展中面临着遗产保护与城市更新的矛盾,但也涌现出很多成功的案例,如首钢老厂区的更新改造,借助冬奥会的热点,打造了北京的新文旅景区,同时业态不断升级。对于老池口街区的城市更新,建议应扩大研究的范围,细化整体规划,包括对功能配置、交通、市政等要素做整体梳理,要具备前瞻性,以街区为"点",扩展到整个街区。

单霁翔会长受聘成为"池州市文旅发展首席顾问"

池州老池口历史文化街区保护与城市更新研讨会专家领导合影

研讨会现场

专家们在国润祁红老厂房考察

　　金磊副会长在发言中提出,对祁红厂的 20 世纪遗产,20 世纪建筑遗产委员会与润思祁红厂一直在讲述 20 世纪遗产活化利用的"故事"。2022 年 12 月下旬,文旅部发布《关于确定北京市 751 园区等 53 家单位为国家工业旅游示范基地的公告》。以工业遗产为依托的工业游厚重而深刻,它融合了怀旧、文创与时尚诸要素,使游人与市民在尘封的工业记忆与城市文明中游走和休憩,可以给人以独特的感受,通过可以活化的工业遗产,为城市文化精神赋能。老池口街区 2021 年入选安徽省历史文化街区,其中有以祁红厂为代表的新中国初创期老工厂建筑群,该厂于 2017 年入选第二批中国 20 世纪建筑遗产,2019 年入选第三批国家工业遗产,它是地方人民集体记忆的载体,是时代的历史记忆。活化 20 世纪工业遗产,为城市精神赋能,除协同推进降碳、减污、扩绿、增长外,以统筹发展与生态环境保护关系为底线,对看似已"无用"的工业遗址,最有可能使之恢复为城市精神赋能的"艺文生活聚能场"。我建议除了要立项开展以滨河廊道"活化利用"为主题的可行性规划设计研究外,还有必要扩展视野,研究文化池州复兴的政策并达成共识,形成"文化 + 旅游 + 会展"的模式。

　　单霁翔会长在发言中指出,池州历史悠久,文化底蕴深厚,是一座有故事的城市。要深入挖掘文物资源特色,精准对接市民群众特别是年轻人的文化需求,与时俱进,完善

"蓝图"。他倡言,"文化池州"建设是一个系统工程,应抓住池州文化影响力尚不如九华山旅游区的现状,按照轻重缓急,创造有影响力且极有可能成长为品牌的城市事件去开展工作。他希望利用贵池润思祁红厂这个省历史文化街区的"催化剂"或"引爆点",在全国乃至世界上做响做大做实"世界三大高香茶国际博览会"这个品牌。在获得足够影响力后,就可持续吸纳海内外的关注、投资、项目乃至发展文旅及文化产业。举办池州"国际茶博会"是一次中国式现代化的文化实践,它说明池州市委市政府不仅有崇高的文化志向,还正以独特的文化保障,对池州文化做丰富的滋养。时代在改变、城市在发展,文化新业态会激活老"地标",当代时尚会更好地进入传统空间,池州有理由"活"起来、"火"起来。

　　据悉,池州市老池口历史文化街区保护与城市更新研讨会后,池州市人民政府即与中国文物学会 20 世纪建筑遗产委员会沟通,就举办"首届中国池州世界三大高香茶暨茶文化产业国际博览会"事宜展开磋商。2023 年 4 月,受池州市委市政府委托,20 世纪建筑遗产委员会组织专家团队调研、编写了《首届"中国池州世界三大高香茶暨茶文化产业国际博览会"(暂定名)项目价值与路径策划报告》,并于 2023 年 5 月 25 日完成结题报告,正式提交池州市委市政府。

Towards Ten Years, Witness Together The 8th Batch of China's 20th Century Architectural Heritage Projects Were Promoted

走向十年·共同见证
第八批中国20 世纪建筑遗产项目推介

CAH编委会（CAH Editorial Board）

　　2023 年 9 月 16 日，"第八批中国 20 世纪建筑遗产项目推介暨现当代建筑遗产与城市更新研讨会" 在 "第二批中国 20 世纪建筑遗产推介项目" 四川大学早期建筑群的望江校区举行。活动在中国文物学会、中国建筑学会的指导下，由四川大学、四川省建筑设计研究院有限公司、中国文物学会 20 世纪建筑遗产委员会主办。在全国建筑、文博专家的共同见证下，共推介了 101 个第八批中国 20 世纪建筑遗产推介项目。截至 2023 年 9 月，中国文物学会 20 世纪建筑遗产委员会共计向业界与社会推介了八批 798 个项目。

　　《文汇报》《中国文物报》、中国日报网、《中国青年报》、澎湃新闻、《中国文化报》《北京青年报》《南方都市报》《香港文汇报》、成都广播电视台、《重庆日报》《今晚报》、上游新闻、搜狐新闻、网易新闻艺术频道、雅昌艺术等 40 余家权威媒体进行了深入报道。推介活动由中国文物学会 20 世纪建筑遗产委员会副主任委员、秘书长金磊主持。

第八批推介大会合影

金磊

中国文物学会 20 世纪建筑遗产委员会副主任委员、秘书长

在新中国成立 74 周年前夕，2023 年初秋，来自全国各地的建筑学人及文博专家齐聚有着学术厚土及革命文脉的第二批中国 20 世纪建筑遗产项目四川大学早期建筑，领略古蜀文明发祥地、金沙遗址及世界级文明三星堆的中华民族瑰宝。本次推介活动在展现川渝经济圈新贡献的同时，也书写着成都在世界文化名城赓续的身影，它以 20 世纪建筑遗产的名义来回答何为中华民族的现代文明。

金磊

王毅

四川省文化和旅游厅副厅长、省文物局局长

20 世纪建筑遗产是中国社会剧变的实物见证和重要载体，是百年中国建筑的智慧结晶与文化写照，充分展示了中华民族现代文明的成果。四川历史文化厚重，文化遗产璀璨，20 世纪建筑遗产星罗棋布。四川大学早期建筑群（第二批）、大邑刘氏庄园（第二批）、三星堆博物馆老馆（第五批）、中国营造学社旧址（第一批）等项目更是以其突出的价值被推介为中国 20 世纪建筑遗产。四川始终高度重视 20 世纪建筑遗产的保护传承。一批重要建筑遗产被核定公布为省级以上文物保护单位，一批重要建

王毅

筑遗产维修保护、展示利用项目相继实施，全省 20 世纪建筑遗产价值研究、传播促进了经济社会发展，满足了人民美好生活需要。

修龙

中国建筑学会理事长

2017 年，四川大学早期建筑群被推介为第二批中国 20 世纪建筑遗产，它见证了中国 20 世纪高等教育建筑遗产的价值和四川大学深厚的学术底蕴。第八批中国 20 世纪建筑遗产项目推介暨现当代建筑遗产与城市更新研讨会，不仅将推动建筑文博业进一步认知、研究与传播中国 20 世纪建筑遗产，还从侧面带给业界与公众崭新的中国建筑文化自信的感受。

从 2016 年第一批中国 20 世纪建筑遗产项目在故宫博物院宝蕴楼问世以来，时光已走过八个春秋。如今由中国文物学会、中国建筑学会联合推介的第八批中国 20 世纪建筑遗产项目，更体现了两家学会携手奋进、跨界合作的丰硕成果。它

修龙

不仅持续填补着国家文保单位在 20 世纪建筑遗产类型上的空白，更给从事现当代建筑创作的建筑师们以设计新启示。

2023 年 4 月，中国文物学会 20 世纪建筑遗产委员会组织编撰出版的《20 世纪建筑遗产导读》，其价值不仅是分门别类解读了 20 世纪遗产各个分支知识，还揭示了 20 世纪建筑遗产要成为一个独立遗产的国际视野。中国已获得 2029 年在北京召开第 30 届世界建筑师大会的主办权，它连同 1999 年世界建筑师大会将一同载入世界建筑的史册中，让中国建筑界有更多的话语权。

马国馨

中国工程院院士、全国工程勘察设计大师

中国文物学会 20 世纪建筑遗产委员会会长

自中国文物学会 20 世纪建筑遗产委员会于从 2014 年成立以来，至今推介了八批中国 20 世纪建筑遗产项目，具有重要意义。建筑遗产是不可移动的遗产的重要部分。20 世纪遗产蕴含了近现代中国大变局中的各种事件，是一种多元、综合的建筑遗产。

这次推介活动在四川大学举行特别有价值。川大历史悠久，有老校区、新校区，有丰富的建筑遗产。现代建筑遗产一个非常重要的特点，就是既要保护还要使用，保护为主，兼顾可持续发展。这就提出了更高的要求，这也是建筑、文博、遗产界，包括所有遗产的使用方，都面临的问题。通过

马国馨院士为大会作视频致辞

推介活动，期望大家对现代遗产的认识更进一步，在活化利用方面有更多的探索与作为。

侯太平

四川大学党委常委、副校长

作为本次推介活动主办单位之一的四川大学，是国内办学历史最悠久、学科门类最齐全、办学规模最大的大学之一。始于 1896 年创办的四川中西学堂，校园承载着丰富的建筑遗产。四川大学早期建筑群被推介为第二批中国 20 世纪建筑遗产项目。建校 127 年来，四川大学肩负"集思想之大成、育国家之栋梁、开学术之先河、促科技之进步、引社会之方向"的使命与责任。正如这次会议的主题"传承与更新"，四川大学在奋力建设中国特色世界一流大学的征程上再谱中国现代大学继承与创造并进、光荣与梦想交织的辉煌篇章。

侯太平

李纯

四川省建筑设计研究院有限公司董事长、总经理

四川省土木建筑学会理事长

自 2016 年至 2023 年 2 月,在中国文物学会和中国建筑学会的指导下,中国文物学会 20 世纪建筑遗产委员会已推介了七批 697 个中国 20 世纪建筑遗产项目,其中四川省 11 项被推介,西南 5 省共 60 项被推介。2023 年适逢川省院成立 70 周年,秉承着专家立企、技术报国的精神传统,以院庆为契机,与各大学术机构开展学术活动,省院旨在以学术科研为核心动力,探索建筑遗产创造性

李纯

转化和创新性发展的地域样本和时代路径。站在川大校园看到明德楼、华西大门等一系列极具时代印记的省院作品很感慨。本次活动的联合主办是深化校企合作的好契机,愿与各位院士、大师、学者共同分享建筑遗产活化利用的实践成果,展望未来城市更新的发展机遇。

熊风

四川省住房和城乡建设厅总工程师

历史建筑传承与发展,是住建厅很重要的一个职能。受田文厅长的委托,简要把住房城乡建设厅对近现代建筑与城市更新的想法与嘉宾分享。我国在城市规划和建设过程中重视历史文化保护,突出文化、地方特色,注重人居环境的改善,采用微改造的绣花功夫。

熊风

在城市更新行动中,省住建厅从三方面开展工作:第一,注重保护,开展城乡历史文化资源普查、评估、申报和认定,构建历史文化名城、名镇、名村(传统村落)等组成的多层次历史文化保护体系;第二,注重延续,从城市角度发现城市本身的不足,补短板、强弱项;第三,注重利用,坚持以用促保,在城市更新中探索历史文化遗产保护利用与经济社会协调发展的模式。

主题发布

黄元

中国文物学会常务副会长、秘书长

受中国文物学会、中国建筑学会的委托,宣读第八批中国 20 世纪建筑遗产项目推介名单。第八批中国 20 世纪建筑遗产的推介工作分初评及终评两阶段。终评是在公证处全程监督下完成的。本次推介的项目特点:关注新中国建设成就,关注革命遗址,关注城市更新项目及工业遗产活化

利用,也关注重大历史事件及名人旧居,境外著名建筑师的中国作品及教育建筑等如下:

中国建筑西南设计院有限公司旧办公楼、云南省石屏第一中学、汪氏小苑、江厦潮汐试验电站、第一届西湖博览会工业馆旧址、北京发展大厦、瑞金宾馆、朱启钤旧居(东四八条 111 号及赵堂子胡同 3 号)、

黄元

长安大华纺织厂原址(现大华·1935)、中央美术学院美术馆、建川博物馆聚落、人民礼堂、天津第一机床厂、上海复旦大学邯郸路校区历史建筑建筑群、金陵饭店(一期),共计 101 个推介项目,这些项目分布在全国 24 个省区市。

孟建民

中国工程院院士、全国工程勘察设计大师

深圳市建筑设计研究总院总建筑师

自 2014 年 4 月迄今,中国文物学会 20 世纪建筑遗产委员会卓有成效地开展了一系列对行业发展有贡献的工作:先后依据《中国 20 世纪建筑遗产认定标准(2014 年 8 月版·2021 年 8 月修订)》,推介了涉及全国 31 个省区市八批 798 项中国 20 世纪建筑遗产,其中排名前十名的地区是:北京、广东、江苏、上海、湖北、天津、重庆、陕

孟建民

西、浙江、河南。持续的中国 20 世纪建筑遗产研究与推介的价值与意义,不仅在于文博界,也服务于建筑界,旨在与《世界遗产名录》接轨,用国际建筑界的视野全面审视建筑界。其主要内容是:总结中国 20 世纪建筑遗产项目的风格特点、地域分布、类型与创作时间规律,分析中国 20 世纪建筑遗产特有的事件学特征,归纳与 20 世纪建筑遗产项目相关的建筑师、工程师的设计理念与事迹,比较中外同时期同类设计大师的创作水平与理念方法,等等。

罗隽所长、李纯董事长、金磊秘书长共同解读了《现当代建筑遗产传承与城市更新·成都倡议》要点。倡言一:要在业界及全社会进一步提升对 20 世纪建筑遗产国际视野及核心价值的广泛认知;倡言二:各级政府及管理部门要加大对 20 世纪建筑遗产的政策支持力度;倡言三:20 世纪遗产需依法保护,呼吁国家《城市建筑遗产保护法》的编制;倡言四:20 世纪遗产项目是"好建筑·好设计"的代表作,要全方位为 20 世纪建筑遗产留存记忆;倡言五:20 世纪遗产尤其要在全社会用多种方式进行普惠传播。

刘景樑

全国工程勘察设计大师

天津市建筑设计研究院有限公司名誉院长

第八批中国 20 世纪建筑遗产推介项目中的天津第一机床厂，始建于 1951 年，是苏联援建的 156 项工程之一，是中国从事专业齿轮加工机床研发制造的主要基地，是中国独家生产"弧齿锥齿轮"系列成套加工机床的骨干企业。它也是国内行业"十八罗汉"中，完整保留老厂区工业遗存的三家之一。为保留建筑安全等级，尽可能保护工业遗产，我们开展了产业升级与空间载体更新的三项行动对策。一是总体规划，通过"一轴两带三芯四板块"的空间格局，打造"一机床数字经济产业园"；二是结合资源调查及安全等级评定，厂内建筑提升改造整体分为四类，即原貌保护类、保留改造类、再利用改造类和可拆除类；三是将创新的城市公共艺术引入城更建设，打造园区公共艺术系统《文化命题》。

刘景樑

刘晓钟

北京市建筑设计研究院有限公司总建筑师

北京恩济里住宅小区（第七批）是 1989 年设计，1994 年完工，是国家第二批示范小区，获得五个"一等奖"、综合金奖。该项目规模 14 万平方米，1.4 的容积率。当时设计费是 2.64 元/平方米，设计获得了金奖，设计费翻倍。那时正值商品房、城乡住房建设体系改革时期，北京建设标准是 56 平方米。在项目设计实践中，团队规

刘晓钟

划了全面的无障碍体系，包括 4 套无障碍住宅。在住宅区车辆停放指标的年代，团队为每个组团安排了汽车停车位，环境、管网、样板间设计均由建筑师亲自完成，小区的管网图都是建筑师一笔笔画出来的。该项目领衔人是北京建院的白德懋总建筑师，该项目在 1994 年斩获金牌后，北京市刊发了文件，号召学习北京恩济里住宅小区的建设经验，在行业中产生了积极影响。

柳肃

湖南大学建筑学院教授

中国科学技术史学会建筑史专业委员会主任委员

在第八批中国 20 世纪建筑遗产项目中，湖南省项目所占比重较多，占总数 101 项中的 8 项。8 个湖南省项目分别代表三个时代。20 世纪二三十年代的公共建筑

柳肃

和名人故居，如长沙中山亭、国货陈列馆旧址、树德山庄（树德山庄是爱国将领唐生智的故居）。它们代表了 20 世纪二三十年代湖南内地中部地区接受外来文化影响下建造的建筑。第二类是新中国成立初期，受苏联影响较大，项目包括中苏友好馆旧址、湖南省粮食局办公楼、湖南师范大学早期建筑。第三类是革命建设年代，20 世纪六七十年代，农业、工业、交通设施的建设，代表项目是韶山灌区建筑遗存、橘子洲大桥。橘子洲大桥建设于 50 年前，至今仍是长沙市最重要的交通设施之一。这三个时代恰好代表了湖南作为中部省份 20 世纪建筑中的代表性时间段。长沙是座美丽的城市，从 20 世纪二三十年代留下的照片看，城市建筑很美，还有很多的园林，不亚于某些江浙名城。

可惜的是，其在日本侵华战争中损毁极其严重，先是 1938 年著名的"长沙大火"，接着是四次长沙会战，中日军队在长沙城来回拉锯，长沙基本上全城被毁。长沙也因此成为第二次世界大战中全世界被毁最严重的四座城市之一。因此今天长沙的建筑遗产主要分为两类：一类是战前的少量遗存；另一类则是战后建设年代的建筑。因为长沙的历史遗存不多，所以我们对保护 20 世纪建筑遗产负有很大责任，任重且道远。

崔彤

全国工程勘察设计大师

中国中建设计院首席总建筑师

中国科学院图书馆被推介为第七批中国 20 世纪建筑遗产项目，同时该项目获得国家优秀工程勘察设计金奖，被编入美国的教科书中，也荣幸参加了威尼斯双年展。中国科学院图书馆是科学院创新工程的首期项目，也得到了各界的关怀支持。我有几点体会。第一，关于空间的创新。"光的空间"实际是围绕内院的院子、房子、园

崔彤

子所形成的光庭，首次将中国传统的文化意象放在其中，把它作为中国的院子，把光植入，阳光、空气、水作为小的宇宙，呈现出一个能量单元，将其作为一个书院。第二，这个建筑本身具有中国传统的构型，其形态本身是将形式语言和建构语言有机地融合，最后将其从图书馆变成博物馆及文化中心，从而服务整个社区和环境。

钱方

全国工程勘察设计大师

中国建筑西南设计研究院有限公司总建筑师

中国建筑西南设计研究院是全国最早成立的一批设计院，1950 年 5 月在重庆成立。中国建筑西南设计研究院有限公司旧办公楼（第八批）是中国第一批全国工程勘察设

罗隽会长做主旨演讲

解读《现当代建筑遗产传承与城市更新·成都倡议》

"现当代建筑遗产与城市更新研讨会"学术沙龙

"西南建筑遗产保护发展现状分析评估"座谈会嘉宾合影

钱方

计大师徐尚志作为设计总负责的作品。西南院的老办公楼伴随着西南院的发展，从1956年的建造到1996年的加固、加空调，直到2016年的更换功能改造。它有前辈设计者审美的内涵体现，是值得细品的20世纪50年代建筑；有当时施工工匠精神粗工细作的呈现，彩色水刷石浮雕图案装饰等；有20世纪60年代前辈建筑师绘制的各类人物画像；更有符合使用功能的结构设计，经历了汶川"5·12"地震巍然不倒（4层局部5层的建筑，纵墙承重砖混结构，1、2层370墙，3、4层240墙）。文化是人类文明的动态演化过程，在西南院办公楼的具体建筑上，文化过程润物有声，它是建筑文化及城市文脉的历史性标本。

演讲环节
主题演讲

庄惟敏

中国工程院院士

清华大学建筑设计研究院总建筑师

庄惟敏

作为国家文化宝藏的永久典藏、文化赓续和文化礼仪的重要场所,国家版本馆中央总馆和西安、杭州、广州分馆,以中华传统基因为本底,以科学的设计理念,融合山水环境的自然观,彰显国家精神、文化积淀和历史文脉,是一次建筑创新的伟大实践。中国国家版本馆选址于北京市昌平区的一处废弃采石场用地,距离北京市中心约 50 千米。通过国家版本馆的建设,对废弃的采石场进行了生态修复,实现了人文与自然的双重效益。

中国国家版本馆总建筑面积 99 500 平方米,分为交流区、展藏区、保藏区、洞藏区、研究及业务用房等六大功能区。主要功能包括版本保藏、展示陈列、学术研究、文化交流、公共服务等。中国国家版本馆中央总馆采用中国传统的院落式布局,沿轴线依山就势,分级布置主体建筑,体现坐北朝南、中轴对称、礼乐交融的特点,注重中国传统建筑文化中的层次美学。建筑主体为三进院落,呈现从公共向私密的渐变,形成富有层次的空间序列。采用中国园林中经典的借景手法,通过东西两侧建筑体量的控制,将山景引入建筑空间中,步移景异。国家版本馆已构建"一总三分"的版本保藏传承体系,即一个中央总馆、三个地方分馆,共同承担中华文化基因种子库和版本资源异地灾备中心的重任。

主旨演讲

单霁翔

中国文物学会会长

故宫博物院学术委员会主任

单霁翔

中国文物学会和中国建筑学会支持的中国 20 世纪建筑遗产项目推介,其本意是给中国建筑师树碑立传。20 世纪建筑遗产对中国城市的发展具有重要价值,这些建筑物和城市景观不仅增加了城市的历史深度,还为城市提供了独特的文化和美学元素。此外,它们也可以作为城市规划和可持续发展的参考,为城市未来的发展提供宝贵的经验。过去我国对 20 世纪建筑遗产做了一些保护,但多是革命文物、红色文物和纪念性建筑,比如北京大学红楼、人民英雄纪念碑、毛主席纪念堂等,还有九泉卫星发射中心、江南造船厂等都是重要的项目。20 世纪的发展是最快的,中国发生了人类社会前所未有的城市化加速进程。30 多年前,北京有建国饭店,广州有白天鹅宾馆,南京有金陵饭店(一期),它们当时是鹤立鸡群的。

但是 30 年后,它们周围高楼林立了。如何保护这些优秀的设计,确实是我们面对的非常重要的课题。近些年,中国建筑师作品成熟了,设计实践更多了,设计作品更丰富了,我们应更珍惜中国建筑师百年来的建筑设计成果。梁思成先生设计的鉴真纪念堂,吴良镛先生设计的北京菊儿胡同新四合院,都是优秀的中国建筑。在中国诸多城市,都存在着成功的 20 世纪建筑遗产保护案例。例如,成都、上海、南京、北京、武汉、天津、广州、澳门以及香港等地都采取了有效的措施来保护这些珍贵的建筑。特别是香港的"伙伴计划",使得这些建筑得以重新利用,为城市注入新的生命力。当涉及当代建筑遗产保护时,我们不应该设限。这种新的遗产保护理念应该具有"世界视野•中国眼光",即全球的视野与中国的独特文化和历史背景相结合,保护和传承 20 世纪建筑遗产。

另:9 月 16 日下午"第八批中国 20 世纪建筑遗产项目推介暨现当代建筑遗产与城市更新研讨会",分两个平行论坛分别举办,其一是由四川大学城镇化战略与建筑研究所所长罗隽主持的"现当代建筑遗产与城市更新研讨会";其二是在四川省建筑设计研究院有限公司举办的"西南建筑遗产保护发展现状分析评估座谈会"。

Integrity, Innovation, Inheritance and Development

—The first ancient architecture and garden protection of Zhejiang Landscape Architecture Society Seminar was successfully held

守正创新 传承发展
——浙江省风景园林学会首届古建·园林保护与发展研讨会顺利召开

徐剑*（Xu Jian）

2023年10月27—28日，浙江省风景园林学会首届古建·园林保护与发展研讨会在金华顺利召开。来自全省各市园林绿化主管部门、风景园林学（协）会、古建单位、园林行业规划设计和施工建设会员单位共计130余人参加了本次研讨会。

浙江省住房和城乡建设厅原二级巡视员管建平、浙江省风景园林学会理事长施德法、金华市建设局副局长梅文斌出席了本次研讨会。会议由省学会秘书长徐剑主持。

管建平在致辞中就古建园林的保护和发展指出：一是要坚持文化自信，中华文明源远流长，浙江作为中国式现代化的先行者，风景园林行业必须树立并坚定文化自信、历史自信的底气，古为今用、推陈出新；二是要坚持守正创新，守住正道、原则和规律，创新思维、境界和业绩，抓住当前国潮复兴的机遇，引发中国式园林的振兴；三是要坚持工匠精神，无论是古建还是园林，都要在行业中树立爱岗敬业的职业操守、精益求精的品质信誉、追求卓越的创新动力。

* 浙江省风景园林学会秘书长。

图1 浙江省首届古建·园林保护与发展研讨会在金华召开

图2 浙江省住建厅原二级巡视员管建平致辞

图3 浙江省风景园林学会理事长施德法

图4 金华市建设局副局长梅文斌

图5 浙江省风景园林学会秘书长徐剑

图6 中国建筑学会建筑评论学术委员会副理事长金磊授课　图7《中国建筑文化遗产》副主编殷力欣授课　图8 浙江省古建筑设计研究院院长卢远征授课　图9 浙江佳境规划建筑设计研究院城市建筑设计研究员郑昱伦授课　图10 上海市园林设计研究总院有限公司设计顾问张春伟授课　图11 衢州市政园林股份有限公司总经理龚时辉授课　图12 浙江省风景园林学会理事长施德法授课

梅文斌对参会者来到历史文化名城金华表示热烈欢迎。他介绍了金华近年来对智者寺、万佛塔等古建项目的复建工作，并表示此次研讨会的顺利举办对当地的古建园林工作具有重要意义。

本次研讨会特别邀请了七位报告嘉宾作专题演讲。

报告嘉宾：金磊，北京市人民政府专家顾问，中国文物学会20世纪建筑遗产委员会副会长、秘书长，中国建筑学会建筑评论学术委员会副理事长，《中国建筑文化遗产》《建筑评论》"两刊"总编辑，北京市建筑设计研究院有限公司高级工程师（教授级）。

授课题目：《漫谈浙江的20世纪建筑遗产》

内容摘要：引用童寯（1900—1983）先生"为什么我们不能用秦砖汉瓦产生中华民族自己的风格？有的西方建筑家能引用老庄哲学、宋画理论打开设计思路，我们能不能利用固有传统文化充实自己的建筑哲学？"开讲，呼吁要不断寻觅中国建筑文化之根；中国建筑大家是有多重视野和世界眼光的，很早就结合弗兰西斯·培根的"文明人类，先建美宅，稍迟营园，园艺较建筑更胜一筹"一语，将园林视为人类与自然间普遍存在的一种深层对话，是地域文明的最早呈现，而建筑是风景园林的独有存在，景观与建筑、城市间形成一种共有的语境。

报告嘉宾：殷力欣，研究员，中国文物学会20世纪建筑遗产委员会专家委员，《中国建筑文化遗产》副主编。

授课题目：《一方风景，一方民风——漫步浙江建筑遗产》

内容摘要：通过探访杭州、宁波、台州、衢州等地诸多古建筑，肯定了浙江在遗址开发方面注重地域文化和人文思想，以及因时更新的精神；并就衢州南孔庙原藏"楷木圣象"的归属、宁波佛采尔海防工事的历史遗迹叠加、杭州88师纪念坊的环境治理等具体问题提出了他个人的观点和建议。他提醒从业者在对待历史文化遗址上要注意保护，在"修旧如旧"还是"修旧如新"方面要有坚持和思考，尤其要思考如何将中国传统建筑园林的设计手法与文化理念应用于当代的建设项目。

报告嘉宾：卢远征，浙江省古建筑设计研究院院长，国家文物局文保工程专家库专家，中国古迹遗址保护协会常务理事。

授课题目：《遗址公园建设的探索》

内容摘要：遗址公园将遗址保护利用融入所在区域经济社会发展，兼顾了文物安全与人民群众日益增长的公共文化服务需求，为当地经济社会发展提供了文化内核。以保护为前提，以文献和考古为基础，深化遗址价值研究，探索考古遗址与历史环境表达相结合，运用多元化、全方位、成体系的价值阐释与展示方法，充分发挥在区域发展中的文化内驱力。遗址公园建设中应直面土、砖、石、木等各类材料在南方潮湿地区的保护问题，形成有针对性的技术措施，采用本体展示、景观标识、数字场景、空间营造等多种方式阐释遗址核心价值。

报告嘉宾：郑昱伦，浙江佳境规划建筑设计研究院城市建筑设计研究员。

授课题目：《"古与新"：体现中国式现代化的古建设计路径——以金华山智者寺和温州六合寺为例》

内容摘要：通过佳境20多年来对中式合院住宅、传统商业街、古典园林、传统宗教文化场所等古建设计创新的不断追求，摸索中国古建继承与创新之道：在"中而新"的设计观基础上，打造中国式"诗意的栖居"，结合现代日常生活需求的开放空间，利用新材料、新技术进行建筑与造景；佳境设计另一现代化路径即"古而新"，结合当代经济需求的商业空间，如在城市更新中运用"古建结合城市绿地 + 公共空间"等方式。

报告嘉宾：张春伟，浙江远鸿生态园林股份有限公司设计顾问，杭州瑞朗景观建筑设计有限公司总负责人，上海市园林设计研究总院有限公司设计顾问。

授课题目：《筑梦山水》

内容摘要：围绕"婺风宋韵 浙学开宗"理念，深入研究宋韵文化的金华特色、宋式建筑元素和园林元素等，打造出反映婺州地域、婺学文化和婺派思想的宋韵六景，并结合城市文化客厅、城市共享空间以及城市国粹课堂，运用筑山、理水、布建筑的造园手法，最终完成婺城区接力塘公园设计

图13 研讨会圆桌座谈现场

施工一体化总承包这一优秀园林工程项目,为金华地区创新文化活化、促进文化交流和坚定文化自信作出了远鸿人的贡献。

报告嘉宾:龚时辉,衢州市政园林股份有限公司总经理,朗尊建设集团总裁,风景园林专业高级工程师。

授课题目:《尺方间文化创意园》

内容摘要:通过对衢州市衢江区尺方间文化创意园第一期的介绍,根据"尺方间蕴含万种风情,方寸里尽显天地之势"的造园目标,目前已建成园艺大师工作室、园林设计研究所、枯山水景观区、中式园林景观区、雅公府、中式长廊、石笋园、假山园、梅林等景点,集园艺展示、盆景创作、休闲娱乐、研学科普、学术交流等多功能于一体,形成集珍品苗木、精品盆景、水系景观、古典建筑之大成的园艺美学空间。

报告嘉宾:施德法,浙江省风景园林学会理事长,《浙江园林》杂志主编,中国风景园林学会常务理事、城市绿化专业委员会副主任委员,资深园林专家,中国花卉协会茶花分会会长,浙江科技学院教授、硕士生导师。

授课题目:《守正创新 传承发展——大力推进中国式园林建设》

内容摘要:从人类社会的发展与建筑关系展开,指出国内在改革开放之初,盲目照搬国外做法,大规模铺设草坪、杂乱的园林小品……随着中国特色社会主义物质文明和精神文明建设的日趋深入,广大人民群众越来越具有民族自信和文化自信,认识到中国古建筑是东方古典建筑的典范,园林建筑形式优美、类别丰富,应大力传承和发展中式建筑。因此,加强对大众的科普宣传和专业的学术研讨,引领风景园林学科的发展,提振行业信心,加快中国式园林的建设,是全省风景园林人为发扬光大中国式现代化的文化内涵之义不容辞的责任和担当。

研讨会特别邀请了金华市风景园林学会秘书长诸葛浩、浙江省临海市古建筑工程有限公司董事长黄大树、诚邦生态环境股份有限公司副总裁朱国荣、建德市古建园林工程有限公司总经理舒国成、华甬工程设计集团有限公司常务副院长朱霞青等人举行了圆桌讨论。大家各抒己见,分享了自己多年来在古建·园林行业深耕的工作经验。

为推动中国古建技术和园林艺术的传承保护和创新发展,弘扬中国优秀建筑文化和园林文化,搭建古建园林规划设计和施工建设的人才培育平台,加快浙江省古建园林的融合发展,研讨会还提出了《关于大力推进古建园林传承保护和创新发展的倡议书》。

一是借鉴融合,积极开展古建园林文化与现代城市融合发展的研究。加强古建园林与城市规划、古建园林与文旅开发、古建园林与乡村振兴的探索,加快融合发展,促进古建园林在城乡建设的广泛应用。

二是守正传承,大力发展中国古典建筑。科学开展古建筑和古代园林的修缮和复建,坚持守正传承,推动建设古香古色、形正韵纯的古建作品,重振中国古典建筑雄风。

三是创新发展,大力推进新中式、简约式建筑。合理使用新材料、新技术和智能化,营造一批"中而新、古而新"的创新建筑。

四是绿色生态,大力发展中式园林。中式园林应成为中国园林未来发展的方向和目标,用心推进,大力发展,成为新时代中国园林的发展主流和特色。

五是文明共享,大力推进与文旅融合发展的开放式园林。以人民为中心,根据现代城市发展和市民的需求,积极探索时尚、现代、开放、大气,具有明显标识度的现代开放式园林,满足市民和现代城市发展需要。

研讨会呼吁,通过全行业和各界的努力,重振中国古建园林荣光,推动中国古建园林成为璀璨文明的标识性品牌,充实中国式现代化建设内涵,助力中华民族的伟大复兴,再创博大精深的中华文明。

研讨会期间还组织参会者考察了吕祖谦公园(接力塘)、北草坪、智者寺、万佛塔、古子城等金华市优秀园林工程和古建项目。

本届研讨会由浙江省风景园林学会主办,金华市风景园林学会承办,浙江远鸿生态园林股份有限公司、浙江佳境规划建筑设计研究院有限公司协办。